国家级实验教学示范中心基础化学实验系列教材

普 通 高 等 教 育 "十 二 五" 规 划 教 材

基础化学实验3
分析检测与表征

石志红　魏海英　张红医　主　编

王愈聪　于丽青　王　欢　副主编

第2版
2nd edition

U0261471

化学工业出版社

·北京·

《基础化学实验3　分析检测与表征》第2版是国家级实验教学示范中心基础化学实验系列教材中的一个分册。将化学分析实验与现代仪器分析实验整合到一起，使学生对分析化学实验有较为全面的认识。在保持第一版基本格局的前提下，主要修订内容如下：重新审定了全部实验，修正了第一版中的不妥之处；仪器设备更新换代之后，相应的仪器操作步骤和实验内容均作了调整；大部分章节增加了新的实验项目；色谱和质谱联用技术在补充了新的实验项目的基础上单独设立了一章；增加了第13章即计算机软件在分析化学实验中的应用；增设了附录以便于读者查找相关数据。

《基础化学实验3　分析检测与表征》第2版可作为高等学校化学、化工、应化、材化、高分子材料与工程、药学、生命科学、环境科学、环境工程、食品、农林、师范院校等相关专业学生化学分析和仪器分析实验课程的教材，也可作为高校教师及实验技术人员的参考书。

图书在版编目（CIP）数据

基础化学实验3，分析检测与表征/石志红，魏海英，张红医主编. —2版. —北京：化学工业出版社，2015.11（2024.2重印）

国家级实验教学示范中心基础化学实验系列教材

普通高等教育"十二五"规划教材

ISBN 978-7-122-25135-0

Ⅰ.①基… Ⅱ.①石…②魏…③张… Ⅲ.①化学实验-高等学校-教材　Ⅳ.O6-3

中国版本图书馆 CIP 数据核字（2015）第 218017 号

责任编辑：刘俊之　　　　　　　　　装帧设计：韩　飞
责任校对：吴　静

出版发行：化学工业出版社（北京市东城区青年湖南街 13 号　邮政编码 100011）
印　　装：北京科印技术咨询服务有限公司数码印刷分部
787mm×1092mm　1/16　印张 13　字数 323 千字　2024 年 2 月北京第 2 版第 2 次印刷

购书咨询：010-64518888　　　　　　　售后服务：010-64518899
网　　址：http://www.cip.com.cn
凡购买本书，如有缺损质量问题，本社销售中心负责调换。

定　　价：32.00 元　　　　　　　　　　　　　　　　　　版权所有　违者必究

前　言

《基础化学实验 3　分析检测与表征》于 2009 年 6 月出版发行，迄今已使用了 6 年。随着教学改革的深入进行以及教学仪器设备平台的完善，亟须对现有实验教材内容进行修订和更新。在保持第一版基本格局的前提下，本着改进、充实和提高的原则，对教材进行了修改和增删，主要修订内容如下：重新审定了全部实验，修正了第一版中的不妥之处；仪器设备更新换代之后，相应的仪器操作步骤和实验内容均作了调整；大部分章节增加了新的实验项目；色谱和质谱联用技术在补充了新的实验项目的基础上单独设立了一章；增加了第 13 章，计算机软件在分析化学实验中的应用；增设了附录，以便于读者查找相关数据。

《基础化学实验 3　分析检测与表征》第 2 版可作为高等学校化学、化工、应化、材化、高分子材料与工程、药学、生命科学、环境科学、环境工程、食品、农林、师范院校等相关专业学生化学分析和仪器分析实验课程的教材。

由于编者水平所限，第二版教材仍会存在不尽如人意之处，恳请读者批评指正。

编者
2015 年 6 月

第一版前言

根据教育部《关于进一步深化本科教学改革、全面提高教学质量的若干意见》、《高等学校本科教学质量与教学改革工程》、《普通高等学校本科化学专业规范》等相关要求，在知识传授、能力培养、素质提高、协调发展的教育理念和以培养学生创新能力为核心的实验教学观念指导下，在研究化学实验教学与认知规律的基础上，将实验内容整合为基础型实验、综合型实验和研究创新型实验三大模块，形成"基础—综合—研究创新"交叉递进式三阶段实验教学新体系。学生在接受系统的实验基本知识、基本技术、基本操作训练的基础上，进行一些综合性、设计性实验训练，而后通过创新实验进入毕业论文与设计环节，完成实验教学与科研的对接。

《基础化学实验》系列教材是在上述实验教学体系框架下，以强化基础训练为核心，以培养学生良好的科学实验规范为主要教学目标，以化学实验原理、方法、手段、操作技能和仪器使用为主要内容，逐步培养学生文献查阅、科研选题、实验组织、实验实施、实验探索、结果分析与讨论、科研论文的撰写能力，培养学生创新能力，为综合化学实验和研究创新实验打下良好的基础。在实验教学内容上增加现代知识、现代技术容量，充分融合化学实验新设备、新方法、新技术、新手段，将最新科研成果转化为优质实验教学资源，从宏观上本着宽领域、渐进式、交互式、创新式、开放式来编排，将原隶属于《无机化学实验》、《有机化学实验》、《物理化学实验》、《分析化学实验》、《仪器分析实验》和《化工基础实验》的相关内容按照新的实验教学体系框架综合整编为《基础化学实验1——基础知识与技能》、《基础化学实验2——物质制备与分离》、《基础化学实验3——分析检测与表征》、《基础化学实验4——物性参数与测定》、《基础化学实验5——综合设计与探索》五个分册，力争实现基础性和先进性的有机结合，教学、科研和应用的结合。

本系列教材可作为高等学校化学、化工、应用化学、材料化学、高分子材料与工程、药学、医学、生命科学、环境科学、环境工程、农林、师范院校等相关专业本科生基础化学实验教材，也可作为有关人员的参考用书。在使用时各校可结合具体的教学计划、教学时数、实验室条件等加以取舍，也可根据实际需要增减内容或提高要求。

本书是《基础化学实验》系列的一个分册，将化学分析实验与现代仪器分析实验整合到一起，使学生对分析化学有一种较为全面的认识；将基本原理下的基础实验和应用面较广的国家及行业标准结合起来，兼顾了教材的基础性和实用性；将近年来人们广泛关注的涉及食品安全的检测内容收录到本教材的实验中，增加了内容的新颖性。

本书的编写参考了其他院校的相关教材、国家及行业标准、专业期刊和互联网上有关内容，主要参考资料列在每个实验的参考文献部分，在此谨向文献原作者表示衷心的感谢。另外，本书采纳了河北大学仪器分析自编教材的部分内容，在此向石升勋、鲍所言、秦永慧等老教师深表谢意。感谢河北大学化学与环境科学学院和化学工业出版社给予的大力支持。

由于编者水平所限，书中疏漏和欠妥之处在所难免，恳切希望读者批评指正。

编者
2009 年 2 月

目 录

第1章　酸碱滴定法

实验 1-1　强酸强碱相互滴定实验

一、预习要点
1. 滴定分析基本原理；
2. 滴定管的使用与滴定分析基本操作步骤；
3. 容量瓶和移液管的使用。

二、实验目的
1. 学习、掌握滴定分析常用仪器的洗涤和正确使用方法；
2. 通过反复练习，初步掌握甲基橙、酚酞指示剂终点的判断。

三、实验原理
0.1mol·L^{-1}HCl 溶液（强酸）和 0.1mol·L^{-1}NaOH 溶液（强碱）相互滴定时，化学计量点的 pH 为 7.0，滴定曲线的 pH 突跃范围为 4.3～9.7，选用在突跃范围内变色的指示剂，可保证测定有足够的准确度。甲基橙（MO）的 pH 变色区域是 3.1(红)～4.4(黄)，酚酞（pp）的 pH 变色区域是 8.0(无色)～9.6（红）。在指示剂不变的情况下，一定浓度的 HCl 溶液和 NaOH 溶液相互滴定时，所消耗的体积之比值 V_{HCl}/V_{NaOH} 应是一定的，改变被滴定溶液的体积，此体积之比应基本不变。由此可以检验滴定操作技术和判断终点的能力。

四、仪器与试剂

1. 仪器
电子天平（精度 0.01g），酸式滴定管（50mL），碱式滴定管（50mL），锥形瓶（250mL），量筒（10mL），烧杯，试剂瓶等。

2. 试剂
原装浓盐酸，固体 NaOH，甲基橙溶液（1g·L^{-1}），酚酞溶液（2g·L^{-1}乙醇溶液）。

五、实验步骤

1. HCl 和 NaOH 溶液的配制
（1）0.1mol·L^{-1} HCl 溶液　在通风橱内用洁净的 10mL 量筒量取约 4.5mL 原装浓盐酸，倒入装有 450mL 水的 500mL 带刻度烧杯中，加水稀释至 500mL，倒入试剂瓶中，盖上玻璃塞，摇匀。

（2）0.1mol·L^{-1} NaOH 溶液　用洁净的表面皿或小烧杯在电子天平上称取固体 NaOH 2g，置于 500mL 烧杯中，马上加入蒸馏水使之溶解并稀释至 500mL，然后转入试剂瓶中，用橡胶塞塞好瓶口，充分摇匀。

2. 酸碱溶液的相互滴定

（1）用 $0.1 mol \cdot L^{-1}$ NaOH 溶液润洗碱式滴定管 2～3 次，每次用 5～10mL 溶液。然后将 NaOH 溶液倒入碱式滴定管中，将滴定管液面调节至 0.00 刻度。

（2）用 $0.1 mol \cdot L^{-1}$ HCl 溶液润洗酸式滴定管 2～3 次，每次用 5～10mL 溶液。然后将盐酸溶液倒入酸式滴定管中，调节液面至 0.00 刻度。

（3）由碱式滴定管中放出 20～25mL NaOH 溶液于锥形瓶中，放出时控制每分钟约 10mL 的速度即每秒滴入 3～4 滴溶液，加入 2 滴甲基橙指示剂，用 $0.1 mol \cdot L^{-1}$ HCl 溶液滴定至黄色转变为橙色，记下读数。平行滴定 3 份，计算体积比 V_{HCl}/V_{NaOH}，要求相对偏差在 $\pm 0.3\%$ 以内。

（4）用移液管移取 25.00mL 浓度为 $0.1 mol \cdot L^{-1}$ 的 HCl 溶液于 250mL 锥形瓶中，加 2～3 滴酚酞指示剂，用 $0.1 mol \cdot L^{-1}$ NaOH 溶液滴定至溶液呈微红色，此红色保持 30s 不褪色即为终点。平行测定 3 份，要求三次平行测定之间所消耗 NaOH 溶液体积的最大差值不超过 $\pm 0.04 mL$。

六、数据处理

参照表 1-1 和表 1-2 的格式认真记录实验数据并计算实验结果。

表 1-1　HCl 溶液滴定 NaOH 溶液（指示剂：甲基橙）

项　目	I	II	III
V_{NaOH}/mL			
V_{HCl}/mL			
V_{HCl}/V_{NaOH}			
$\bar{V}_{HCl}/\bar{V}_{NaOH}$			
相对偏差/%			
平均相对偏差/%			

表 1-2　NaOH 溶液滴定 HCl 溶液（指示剂：酚酞）

项　目	I	II	III
V_{HCl}/mL			
V_{NaOH}/mL			
$\bar{V}_{NaOH}/mL$			
n 次间 V_{NaOH} 最大绝对差值/mL			

七、注意事项

1. 滴定管一般分为两种：一种是下端带有玻璃旋塞的称为酸式滴定管，简称"酸管"，用于盛放酸性溶液或氧化性溶液。另一种是碱式滴定管，简称"碱管"，用于盛放碱性溶液，不能盛放 $KMnO_4$、I_2 等氧化性溶液。其下端联接一段医用橡皮管，内放一玻璃珠，以控制溶液的流速，橡皮管下端再连接一个尖嘴玻璃管。

2. 清洗滴定管时，零刻度线以上部位可用毛刷蘸洗涤剂刷洗，零刻度线以下部位如不干净，则采用铬酸洗液洗。最后用自来水、蒸馏水洗净。洗净后的滴定管内壁应被水均匀润湿而不挂水珠。

3. 酸式滴定管的玻璃旋塞涂凡士林时，不要涂的太多，以免旋塞孔被堵塞，也不要涂得太少，否则达不到使旋塞转动灵活和防止漏水之目的。涂凡士林后，应将旋塞直接插入旋塞套中。插时旋塞的小孔方向应与滴定管平行，此时旋塞不要转动，这样可以避免将凡士林挤到旋塞孔中去。然后，向同一方向不断旋转旋塞，直至旋塞全部呈透明状为止。旋转时，应有一定的向旋塞小头方向挤的力，以免来回移动旋塞而使凡士林堵塞塞孔。最后将橡皮圈套在旋塞的小头部分沟槽上。涂好凡士林后的滴定管，旋塞应转动灵活，凡士林层中没有纹络，旋塞呈均匀的透明状态。

4. 滴定操作要领：

(1) 滴定剂的装入。将滴定剂装入酸管或碱管之前，应将溶液摇匀，使凝结在瓶内壁上的水珠混入溶液，在天气较热或室温变化较大时，此项操作尤为必要。混匀后的滴定剂应直接倒入滴定管中，不得用其他容器（如烧杯、漏斗等）来转移。先用滴定剂润洗滴定管内壁三次，每次 10～15mL。最后将滴定剂直接倒入滴定管，直至充满至零刻度以上为止。

(2) 管嘴气泡的检查及排除。滴定管充满滴定剂后，应检查管的出口下部尖嘴部分是否充满溶液，是否留有气泡。为了排除碱管中的气泡，可将碱管垂直地夹在滴定管架上，左手拇指和食指捏住玻璃珠，使医用胶管向上弯曲翘起，并捏挤医用胶管，使溶液从管口喷出，即可排除气泡。当发现酸管有气泡时，右手拿滴定管上部无刻度处，并使滴定管倾斜 30°，左手迅速打开旋塞，使溶液冲出管口，反复数次，一般即可排除酸管出口处气泡。如果按上述方法仍无法排除酸管出口处的气泡，可以在出口尖嘴上接一根长约 10cm 的医用乳胶管，然后，按碱管排气的方法进行操作。

(3) 酸管的操作。使用酸管时，左手无名指和小指向手心弯曲，轻轻地贴着滴定管出口尖嘴部分，用其余三指控制旋塞的转动。应使旋塞稍有一点向手心的回力。不要向外用力，以免推出旋塞造成漏液。

(4) 碱管的操作。使用碱管时，左手拇指在前，食指在后，其余三指辅助夹住出口管。用拇指和食指捏住玻璃珠所在部位，向右边挤医用胶管，使玻璃珠移至手心一侧，溶液则从玻璃珠旁边的空隙流出。不要用力捏玻璃珠，也不要使玻璃珠上下移动，不要捏玻璃珠下部胶管，以免空气进入而形成气泡，影响读数。

(5) 滴定时。用右手的拇指、食指和中指拿住锥形瓶，其余两指辅助在下侧，使瓶底离滴定台高约 2～3cm，将滴定管下端伸入瓶口内约 1cm。左手操纵滴定管，边滴加溶液，边用右手摇动锥形瓶。摇瓶时，应微动腕关节，使溶液向同一方向旋转形成漩涡。不能前后振动，以免溶液溅出。左右手要配合好。注意左手不能离开旋塞，而任溶液自流。

滴定时，一定要观察滴落点周围颜色的变化，不要去看滴定管中液面的变化，而不顾滴定反应的进行。一般情况下，开始时滴定速度可稍快，呈"见滴成线"，即 3～4 滴/s。接近终点时，应改为一滴一滴加入，即加一滴摇几下；再加，再摇。最后是每加半滴，摇几下锥形瓶，直至溶液出现明显的颜色变化为止。应扎实地练好加入半滴溶液的方法。用酸管时，可轻轻转动旋塞，使溶液悬挂在出口管嘴上，形成半滴，用锥形瓶内壁将其沾落，再用洗瓶吹洗。对碱管，加半滴溶液时，应先松开拇指与食指，将悬挂的半滴溶液沾在锥形瓶内壁上，再放开无名指和小指，这样可避免出口管尖出现气泡。滴入半滴溶液时，也可采用倾斜锥形瓶的方法，将附于壁上的溶液涮至瓶中。这样可避免吹洗次数太多，造成被滴物稀释。

(6) 滴定管的读数。滴定管读数前，应注意管尖上是否挂着水珠。若在滴定后挂有水珠读数，这时是无法读准确的。读数时应将滴定管从滴定管架上取下，用右手大拇指和食指捏住滴定管上部无刻度处，其他手指从旁辅助，使滴定管保持垂直，然后再读数。由于水的附着力和内聚力的作用，滴定管内的液面呈弯月形，无色和浅色溶液的弯月面比较清晰，读数时，视线应与弯月面下缘实线的最低点相切。对于有色溶液（如 $KMnO_4$、I_2 等），其弯月面是不够清晰的，读数时，视线应与液面两侧的最高点相切，这样才较易读准。读数应记录到 0.01mL。

5. NaOH 溶液腐蚀玻璃，不能使用玻璃塞，否则长久放置，瓶子打不开，应使用橡胶塞。长期保存的 NaOH 溶液应装入广口瓶中，瓶塞上部装有一碱石灰装置，以防止吸收 CO_2 和水分。

6. 甲基橙由黄色转变为橙色终点不好观察，可用三个锥形瓶比较：1 号锥形瓶中加入 50mL 水，滴入 1 滴甲基橙，显黄色；2 号锥形瓶中加入 50mL 水，滴入 1 滴甲基橙，再滴入半滴 $0.1mol \cdot L^{-1}$ 的 HCl 溶液，则为橙色；3 号锥形瓶中加入 50mL 水，滴入 1 滴甲基橙，再滴入 1 滴 $0.1mol \cdot L^{-1}$ 的 NaOH 溶液，则呈现深黄色。对三个锥形瓶中的颜色进行比较有助于确定橙色。

八、思考题

1. HCl 和 NaOH 能直接配制成准确浓度的溶液吗？为什么？

2. 在滴定分析实验中，滴定管、移液管为何需要用滴定剂和要移取的溶液润洗几次？滴定中使用的锥形瓶是否也要用滴定剂润洗？为什么？

3. HCl 溶液与 NaOH 溶液定量反应完全后，生成 NaCl 和水，为什么用 HCl 滴定 NaOH 时采用甲基橙作为指示剂，而用 NaOH 滴定 HCl 溶液时使用酚酞（或其他适当的指示剂）？

九、参考文献

武汉大学主编．分析化学实验．第四版．北京：高等教育出版社．2005：119-125，156-160.

实验 1-2 食醋中醋酸含量的测定

一、预习要点

1. 强碱滴定弱酸的滴定曲线；

2. 碱式滴定管的使用与滴定分析基本操作步骤。

二、实验目的

1. 掌握强碱滴定弱酸的滴定过程、突跃范围及指示剂的选择原理；

2. 了解基准物质邻苯二甲酸氢钾（$KHC_8H_4O_4$）的性质及其应用；

3. 掌握 NaOH 标准溶液的配制、标定及保存要点。

三、实验原理

食醋是人们日常生活中不可缺少的调味品，常见的种类有白醋、陈醋、糯米甜醋、自制家醋等。适量地食用食醋，有益于人体健康。食醋中的酸性物质主要是醋酸（HAc），此外还含有少量的其他弱酸如乳酸等。醋酸能够杀灭细菌，溶解食物中的钙、铁、磷等元素而使人体容易吸收。醋酸的解离常数 $K_a=1.8\times10^{-5}$，可用 NaOH 标准溶液滴定，其反应式为：

$$NaOH+HAc \Longrightarrow NaAc+H_2O$$

反应产物为强碱弱酸盐。用 $0.1mol \cdot L^{-1}$ NaOH 滴定同浓度的 HAc 时，化学计量点的 pH 值为 8.73，滴定突跃在碱性范围内，可选用酚酞等碱性范围变色的指示剂指示终点。滴定终点时溶液由无色变为微红色。测定结果以醋酸（ρ_{HAc}）表示，单位为克每百毫升（$g \cdot 100mL^{-1}$）。醋精中醋酸含量大约 $15g \cdot 100mL^{-1}$，甜醋中醋酸含量大约 $1g \cdot 100mL^{-1}$，食用白醋、陈醋中醋酸含量大约在 $3.0\sim5.0g \cdot 100mL^{-1}$。

四、仪器与试剂

1. 仪器

分析天平（精度 0.1mg），电子天平（精度 0.01g），酸度计，磁力搅拌器，碱式滴定管

（50mL），锥形瓶（250mL），容量瓶（250mL），移液管（25mL、50mL），烧杯（500mL），试剂瓶（500mL）。

2. 试剂

酚酞指示剂（$2g \cdot L^{-1}$，乙醇溶液），邻苯二甲酸氢钾（$KHC_8H_4O_4$）基准物质（在 $100\sim125℃$ 干燥 1h 后，置于干燥器中备用），食用白醋或其他食醋。

五、实验步骤

1. NaOH 溶液（浓度约为 $0.1\ mol \cdot L^{-1}$）**的配制**

用洁净的小烧杯在电子天平上称取 2g 固体 NaOH，加入新鲜的或煮沸除去 CO_2 的蒸馏水，溶解完全后加水稀释至 500mL，转入带橡胶塞的试剂瓶中，充分摇匀。

2. $0.1mol \cdot L^{-1}$ NaOH 溶液准确浓度的标定

在称量瓶中以差减法称量 $KHC_8H_4O_4$ 3 份，每份 $0.4\sim0.6g$，分别倒入 250mL 锥形瓶中，加入 $40\sim50mL$ 蒸馏水，待试剂完全溶解后，加入 $2\sim3$ 滴酚酞指示剂，用待标定的 NaOH 溶液滴定至呈微红色并保持半分钟不褪色，即为终点，计算 NaOH 溶液的浓度和各次标定结果的相对偏差。

3. 食醋中醋酸含量的测定

（1）食醋的脱色及过滤　由于很多食醋有较深的颜色，影响借助酸碱指示剂的滴定反应终点的识别，并且食醋中经常可以观察到少许沉淀，因此在滴定开始前需要进行脱色和过滤处理。取适量食醋（约 50mL），倒入洁净干燥的大烧杯中，加入适量活性炭，经玻璃棒充分搅拌后进行过滤，得到较澄清、颜色较浅的试液。如果一次脱色处理后的溶液颜色仍然较深，则需多次脱色处理。一般糯米甜醋的脱色处理较困难，建议采用下面（3）的方法进行醋酸含量的测定。

（2）基于酸碱指示剂确定终点的滴定法　准确移取脱色处理后的食醋 25.00mL，置于 250mL 容量瓶中，用蒸馏水稀释至刻度，摇匀。用 50mL 移液管移取 3 份上述溶液，分别置于 250mL 锥形瓶中，加入酚酞指示剂 $2\sim3$ 滴，用 NaOH 标准溶液滴定至微红色在 30s 内不褪即为终点。计算每 100mL 食用白醋中含醋酸的质量。

（3）基于酸度计确定终点的滴定法　准确吸取脱色处理后的食醋试样 25.00mL，置于 250mL 容量瓶中，用蒸馏水稀释至刻度，摇匀。用 50mL 移液管移取 3 份上述溶液，分别置于 250mL 锥形瓶中，加入 100mL 水，开动磁力搅拌器，用 NaOH 标准溶液滴至酸度计指示 pH8.2。同时做试剂空白试验。根据 NaOH 标准溶液的用量，计算食醋的总酸含量。

六、数据处理

参照表 1-3 和表 1-4 的格式认真记录实验数据并计算实验结果。

表 1-3　$0.1mol \cdot L^{-1}$ NaOH 溶液准确浓度的标定

项　目	I	II	III
$m_{KHC_8H_4O_4}/g$			
V_{NaOH}/mL			
$c_{NaOH}/mol \cdot L^{-1}$			
$\bar{c}_{NaOH}/mol \cdot L^{-1}$			
相对偏差/%			
平均相对偏差/%			

表 1-4　食醋中醋酸含量的测定

项　目	I	II	III
$V_{食醋}/mL$			
V_{NaOH}/mL			
$\rho_{食醋}/g \cdot 100mL^{-1}$			
$\bar{\rho}_{食醋}/g \cdot 100mL^{-1}$			
相对偏差/%			
平均相对偏差/%			

七、注意事项

1. 由于 NaOH 固体易吸收空气中的 CO_2 和水分，不能直接配制碱标准溶液，而必须用标定法。

2. 为了除去 NaOH 表面吸收 CO_2 形成的 Na_2CO_3，可称取 3g 固体 NaOH，置于小烧杯中，用煮沸并冷却后的蒸馏水 5～10mL 迅速洗涤 2～3 次，以除去 NaOH 表面上少量的 Na_2CO_3。余下的固体 NaOH，用水溶解后加水稀释至 500mL。

3. 碱标准溶液侵蚀玻璃，长期保存最好用塑料瓶贮存，在一般情况下，可用玻璃瓶贮存，但必须用橡胶塞。

八、思考题

1. 标定 NaOH 溶液常用的基准物质有哪几种？

2. 称取 NaOH 及 $KHC_8H_4O_4$ 各用什么天平？为什么？

3. 已标定的 NaOH 标准溶液在保存时吸收了空气中的 CO_2，以它测定 HCl 溶液的浓度，若用酚酞为指示剂，对测定结果产生何种影响？改用甲基橙为指示剂，结果如何？

4. 测定食用白醋中醋酸含量时，为什么选用酚酞为指示剂？能否选用甲基橙或甲基红为指示剂？

5. 酚酞指示剂由无色变为微红时，溶液的 pH 为多少？变红的溶液在空气中放置后又会变为无色的原因是什么？

九、参考文献

[1] 武汉大学主编. 分析化学实验. 第四版. 北京：高等教育出版社，2005：164-165.

[2] GB/T 5009.41—2003 食醋卫生标准的分析方法.

[3] 李志林编著. 无机及分析化学实验. 北京：化学工业出版社，2007：156.

实验 1-3　工业纯碱总碱度的测定

一、预习要点

1. 强酸滴定二元弱碱的可行性判断及化学计量点 pH 的计算；

2. 移液管的使用。

二、实验目的

1. 掌握强酸滴定二元弱碱的滴定过程；

2. 掌握滴定突跃范围及指示剂的选择；

3. 掌握盐酸标准溶液的配制和标定过程；

4. 掌握定量转移的基本操作。

三、实验原理

工业纯碱的主要成分是碳酸钠，俗称苏打。其中含少量 $NaHCO_3$、$NaCl$、Na_2SO_4、$NaOH$ 等杂质。生产中常用 HCl 标准溶液测定总碱度来衡量产品的质量。滴定反应为：

$$Na_2CO_3 + 2HCl \Longrightarrow 2NaCl + H_2O + CO_2 \uparrow$$

化学计量点：pH＝3.8～3.9，可选甲基橙作为指示剂。用 HCl 溶液滴定，溶液由黄色变为橙色即为终点。此时，试样中少量 $NaOH$ 或 $NaHCO_3$ 也被中和。由于工业纯碱容易吸收水分和 CO_2，所以通常将试样于 270～300℃烘干 2h，以除去吸附水并使 $NaHCO_3$ 转化为 Na_2CO_3。对于工业纯碱这类试样，很难使其内部各成分分布均匀，并且也很难使其完全匀和。所以，分析时将试样溶解，用容量瓶配成一定浓度的试液，然后再用移液管移取部分试液进行滴定。工业纯碱的总碱度常以 $\omega_{Na_2CO_3}$ 或 ω_{Na_2O} 表示。

四、仪器与试剂

1. 仪器

分析天平（精度 0.1mg），电子天平（精度 0.01g），酸式滴定管（50mL），容量瓶（250mL），移液管（25mL），量筒（10mL），试剂瓶（500mL），锥形瓶（250mL），烧杯（500mL），称量瓶等。

2. 试剂

（1）无水 Na_2CO_3：于 180℃干燥 2～3h。也可将 $NaHCO_3$ 置于瓷坩埚内，在 270～300℃的烘箱内干燥 2h，使之转变为 Na_2CO_3。然后放入干燥器内冷却后备用；

（2）硼砂（$Na_2B_4O_7 \cdot 10H_2O$）：应在盛有 NaCl 和蔗糖饱和溶液的干燥器内保存，以使相对湿度为 60%，防止失去结晶水；

甲基橙指示剂（$1g \cdot L^{-1}$），甲基红（$2g \cdot L^{-1}$，60%的乙醇溶液）。

五、实验步骤

1. $0.1mol \cdot L^{-1}$ HCl 溶液的配制

用量筒量取原装浓盐酸约 4.5mL，倒入烧杯中，加水稀释至 500mL，充分摇匀，转入试剂瓶中保存。配制时应在通风橱中操作。

2. $0.1mol \cdot L^{-1}$ HCl 溶液准确浓度的标定

（1）用无水 Na_2CO_3 基准物质标定　用差减法准确称取 0.15～0.20g 无水 Na_2CO_3 三份，分别倾入 250mL 锥形瓶中。称量瓶称样时一定要带盖，以免吸湿。然后加入 20～30mL 水使之完全溶解，再加入 1～2 滴甲基橙指示剂，用待标定的 HCl 溶液滴定至溶液由黄色恰变为橙色即为终点。计算 HCl 溶液的准确浓度。

（2）用硼砂 $Na_2B_4O_7 \cdot 10H_2O$ 标定　准确称取 0.4～0.6g 硼砂三份，分别倾入 250mL 锥形瓶中，加入 50mL 水使之溶解。加入 2 滴甲基红指示剂，用 HCl 标准溶液滴定至溶液由黄色恰变为浅红色即为终点。根据硼砂的质量和滴定时所消耗的 HCl 溶液的体积，计算 HCl 溶液的准确浓度。

3. 工业纯碱总碱度的测定

准确称取工业纯碱试样约 2g 倾入烧杯中，加少量水，稍加热使其溶解。冷却后，将溶液定量转移至 250mL 容量瓶中，加水稀释至刻度，充分摇匀。平行移取试液 25.00mL 三份，分别放入 250mL 锥形瓶中，加水 20mL，加入 1～2 滴甲基橙指示剂，用 HCl 标准溶液滴定至溶液由黄色恰变为橙色即为终点。计算试样中 Na_2CO_3 或 Na_2O 的质量分数，即为总碱度。测定的各次相对偏差应在 ±0.5% 以内。

六、数据处理

参照表 1-5 和表 1-6 的格式认真记录实验数据并计算实验结果。

表 1-5　0.1mol·L⁻¹ HCl 溶液准确浓度的标定

项　目	I	II	III
$m_{Na_2CO_3}/g$			
V_{HCl}/mL			
$c_{HCl}/mol·L^{-1}$			
$\bar{c}_{HCl}/mol·L^{-1}$			
相对偏差/%			
平均相对偏差/%			

表 1-6　工业纯碱总碱度的测定

项　目	I	II	III
V_{HCl}/mL			
$w_{Na_2CO_3}/\%$			
$\bar{w}_{Na_2CO_3}/\%$			
相对偏差/%			
平均相对偏差/%			

七、注意事项

1. 取用无水 Na_2CO_3 时一定要将盖子盖严,以免吸湿;

2. 移取试液一定要准确,定量转移操作的手法要掌握;

3. 三次平行滴定,初读数都要在"0.00"附近。

八、思考题

1. 如果无水 Na_2CO_3 保存不当,吸收了 1% 的水分,用此基准物质标定 HCl 溶液浓度时,将对结果产生何种影响?

2. 标定 HCl 的基准物质有哪些?各有哪些优缺点?

3. 在以 HCl 溶液滴定时,怎样使用甲基橙及酚酞两种指示剂来判别试样是由 NaOH-Na_2CO_3 还是由 Na_2CO_3-$NaHCO_3$ 组成的?

九、参考文献

[1] 武汉大学主编. 分析化学实验. 第四版. 北京:高等教育出版社,2005:166-168.

[2] 龚凡. 分析化学实验. 哈尔滨:哈尔滨工业大学出版社,2000:57-59.

实验 1-4　混合碱的含量测定

一、预习要点

1. 实现多元碱分步滴定的条件;

2. 双指示剂法测定混合碱的原理。

二、实验目的

1. 掌握用双指示剂法测定氢氧化钠和碳酸钠混合液中各组分含量的原理和方法。

2. 熟悉混合碱中各组分含量的计算。

三、实验原理

混合碱是 NaOH 与 Na_2CO_3 或 Na_2CO_3 与 $NaHCO_3$ 的混合物。欲测定同一份试样中各组分的含量，可用 HCl 标准溶液滴定，根据滴定过程中 pH 值变化的情况，选用酚酞和甲基橙为指示剂，常称之为"双指示剂法"。

若混合碱是由 NaOH 与 Na_2CO_3 组成，滴定到第一化学计量点时，反应如下：

$$HCl + NaOH \Longrightarrow NaCl + H_2O$$
$$HCl + Na_2CO_3 \Longrightarrow NaHCO_3 + NaCl$$

以酚酞为指示剂（变色 pH 范围为 8.0~9.6），用 HCl 标准溶液滴定至溶液由红色恰好变为无色。设此时所消耗的盐酸标准溶液体积为 V_1（mL）。滴定至第二化学计量点时，反应为：

$$HCl + NaHCO_3 \Longrightarrow NaCl + CO_2 \uparrow + H_2O$$

以甲基橙为指示剂（变色 pH 范围为 3.1~4.4），用 HCl 标准溶液滴定至溶液由黄色变为橙色。消耗的盐酸标准溶液体积为 V_2（mL）。

若混合碱是由 Na_2CO_3 与 $NaHCO_3$ 组成，滴定到第一化学计量点时，反应如下：

$$Na_2CO_3 + HCl \Longrightarrow NaCl + NaHCO_3$$

以酚酞为指示剂，用 HCl 标准溶液滴定至溶液由红色恰好变为无色。消耗的盐酸标准溶液体积为 V_1（mL）。滴定至第二化学计量点时，反应为：

$$HCl + NaHCO_3 \Longrightarrow NaCl + CO_2 \uparrow + H_2O$$

以甲基橙为指示剂，用 HCl 标准溶液滴定至溶液由黄色变为橙色。消耗的盐酸标准溶液体积为 V_2（mL）。

当 $V_1 > V_2$ 时，试样为 NaOH 与 Na_2CO_3 的混合物，中和 Na_2CO_3 所消耗的 HCl 标准溶液体积为 $2V_2$（mL），中和 NaOH 时所消耗的 HCl 标准溶液体积应为 $(V_1 - V_2)$ mL。据此，可求得混合碱中 NaOH 和 Na_2CO_3 的含量。

当 $V_1 < V_2$ 时，试样为 Na_2CO_3 与 $NaHCO_3$ 的混合物，此时中和 Na_2CO_3 消耗的 HCl 标准溶液体积为 $2V_1$ mL，中和 $NaHCO_3$ 消耗的 HCl 标准溶液体积为 $(V_2 - V_1)$ mL。可求得混合碱中 Na_2CO_3 和 $NaHCO_3$ 的含量。

本实验测定 NaOH 和 Na_2CO_3 混合碱试样中两种组分的含量。

四、仪器与试剂

1. 仪器

分析天平（精度 0.1mg），酸式滴定管（50mL），容量瓶（250mL），移液管（25mL），锥形瓶（250mL），烧杯等。

2. 试剂

(1) 无水 Na_2CO_3 基准物质：将无水 Na_2CO_3 置于烘箱内，在 180℃干燥 2~3h；

(2) 混合碱试样溶液（2g NaOH 与 3g Na_2CO_3 加水溶解定容至 1L）。

原装浓盐酸，酚酞指示剂（$2g \cdot L^{-1}$ 乙醇溶液），甲基橙指示剂（$1g \cdot L^{-1}$ 水溶液）。

五、实验步骤

1. $0.1mol \cdot L^{-1}$ HCl 溶液的配制

用量筒量取原装浓盐酸约 4.5mL，倒入试剂瓶中，加水稀释至 500mL，充分摇匀。配制时应在通风橱中操作。

2. $0.1mol \cdot L^{-1}$ HCl 溶液准确浓度的标定

用差减法准确称取 0.15~0.20g 无水 Na_2CO_3 三份，分别倾入 250mL 锥形瓶中。称量瓶称样时一定要带盖，以免吸湿。然后加入 20~30mL 水使之完全溶解，再加入 1~2 滴甲基橙指示剂，用待标定的 HCl 溶液滴定至溶液由黄色恰变为橙色即为终点。计算 HCl 溶液的准确浓度。

3．混合碱试样的测定

（1）精密移取 25.00mL 混合碱试样溶液于 250mL 锥形瓶内，加入 1 滴酚酞指示剂，用 HCl 标准溶液滴定至红色刚好消失，记录所消耗滴定剂的体积 V_1。

（2）在上述溶液中加入 1 滴甲基橙指示剂，继续用 HCl 标准溶液滴定至溶液颜色由黄色恰好变为橙色，记录所消耗 HCl 标准溶液的体积 V_2。

（3）平行测定 3 次，计算混合碱试样中各组分的含量。

六、数据记录与处理

按表 1-7 和表 1-8 记录数据，并计算实验结果及相对偏差。

表 1-7　0.1mol·L^{-1} HCl 溶液的标定

项　目	I	II	III
$m_{Na_2CO_3}$/g			
V_{HCl}/mL			
c_{HCl}/mol·L^{-1}			
$\bar{c}$/mol·L^{-1}			
相对偏差/%			
平均相对偏差/%			

表 1-8　混合碱各组分含量的测定

项　目	I	II	III
$V_{混合溶液}$/mL			
$V_{1,HCl}$/mL			
$\bar{V}_{1,HCl}$/mL			
$V_{2,HCl}$/mL			
$\bar{V}_{2,HCl}$/mL			
$\rho_{Na_2CO_3}$/g·L^{-1}			
$\bar{\rho}_{Na_2CO_3}$/g·L^{-1}			
相对偏差/%			
平均相对偏差/%			
ρ_{NaOH}/g·L^{-1}			
$\bar{\rho}_{NaOH}$/g·L^{-1}			
相对偏差/%			
平均相对偏差/%			

相关计算公式：

$$\rho_{Na_2CO_3}=\frac{c_{HCl}V_2 M_{Na_2CO_3}}{25.00} \qquad \rho_{NaOH}=\frac{c_{HCl}(V_1-V_2)M_{NaOH}}{25.00}$$

七、注意事项

1．实验中要使用新煮沸并冷却的蒸馏水。

2．滴定到达第一化学计量点时，滴定速度应慢，防止盐酸局部过浓，但滴定速度又不能太慢，否则会吸收空气中的二氧化碳。

3．滴定到达第二化学计量点时，由于易形成 CO_2 过饱和溶液，滴定过程中生成的 H_2CO_3 慢慢地分解出 CO_2，使溶液的酸度稍有增大，终点出现过早，因此在终点附近应剧烈摇动溶液。或者当溶液由黄色变为橙色后，停止滴定，煮沸 2min，冷却后溶液又呈黄色，继续滴定至溶液再呈橙色即为终点。

4．若混合碱是固体样品，应尽可能混匀。

1. 实验中除了酚酞和甲基橙构成的双指示剂，还可以用其他指示剂吗？

2. 双指示剂法测定混合碱，在同一份溶液中测定，判断下列五种情况下试样的组成：

(1) $V_1=0$ (2) $V_2=0$ (3) $V_1>V_2$ (4) $V_1<V_2$ (5) $V_1=V_2$

九、参考文献

[1] 武汉大学化学与分子科学学院实验中心编．分析化学实验（第二版），武汉：武汉大学出版社．2013：58-61.

[2] 王新宏主编．分析化学实验（双语版）．北京：科学出版社．2009：19-21.

实验 1-5 硫酸铵肥料中含氮量的测定

一、预习要点

1. 酸碱指示剂的选择原理；

2. 弱酸强化的基本原理。

二、实验目的

1. 熟悉 NaOH 标准溶液的配制和标定方法；

2. 掌握甲醛法测定铵态氮的原理和方法；

3. 了解弱酸强化的基本原理。

三、实验原理

硫酸铵是常见的无机化肥，是强酸弱碱盐。由于 NH_4^+ 的酸性太弱（$K_a=5.6\times10^{-10}$），不能用 NaOH 标准溶液直接滴定，生产和实验室中广泛采用凯氏定氮法或甲醛法测定铵盐中的含氮量。

甲醛法是基于甲醛与一定量铵盐作用，生成相当量的酸（H^+）和质子化的六亚甲基四胺（$K_a=7.1\times10^{-6}$），反应式如下：

$$4NH_4^+ + 6HCHO \Longrightarrow (CH_2)_6N_4H^+ + 3H^+ + 6H_2O$$

所生成的 H^+ 和六亚甲基四胺盐，可以用 NaOH 标准溶液准确滴定，该反应称为弱酸的强化。此处 4mol 的 NH_4^+ 置换出 4mol H^+，消耗 4mol 的 NaOH，即 1mol 的 NH_4^+ 与 1mol NaOH 相当。终点产物是 $(CH_2)_6N_4$，应选酚酞作指示剂，滴定至溶液呈现稳定的微红色即为终点。

四、仪器与试剂

1. 仪器

分析天平（精度 0.1mg）、电子天平（精度 0.01g），滴定管（50mL），锥形瓶（250mL），容量瓶（250mL），移液管（25mL），烧杯，试剂瓶等。

2. 试剂

$0.1mol \cdot L^{-1}$ NaOH 溶液，0.2% 酚酞溶液，0.2% 甲基红指示剂，原装甲醛（40%），硫酸铵试样。

五、实验步骤

1. $0.1mol \cdot L^{-1}$ NaOH 溶液的配制和标定

参见实验 1-2。

2. 甲醛溶液的处理

甲醛中常含有微量甲酸，是由甲醛受空气氧化所致，应除去，否则会产生正误差。处理方法如下：取原装甲醛（40%）的上层清液于烧杯中，用水稀释一倍，加入 1～2 滴 0.2% 酚酞指示剂，用 0.1mol·L^{-1}NaOH 溶液中和至甲醛溶液呈淡红色。

3. 试样中含氮量的测定

准确称取 1.5～2.0g $(NH_4)_2SO_4$ 试样于烧杯中，用适量蒸馏水溶解，然后定量地移至 250mL 容量瓶中，最后用蒸馏水稀释至刻度，摇匀。用移液管移取试液 25.00mL 于锥形瓶中，加 1～2 滴甲基红指示剂，溶液呈红色，用 0.1mol·L^{-1}NaOH 溶液中和至红色转为黄色，然后加入 10mL 已中和的 1+1 甲醛溶液，再加入 1～2 滴酚酞指示剂摇匀，静置 1min 后，用 0.1mol·L^{-1}NaOH 标准溶液滴定至溶液呈淡红色持续半分钟不褪，即为终点。记录读数，平行测定 3 次。

六、数据处理

根据 NaOH 标准溶液的浓度和滴定剂消耗的体积，计算试样中氮的含量。

七、注意事项

1. 甲醛常以白色聚合状态存在，称为多聚甲醛。可加入少量的浓硫酸加热使之解聚。

2. 由于溶液中已经有甲基红，再用酚酞为指示剂，存在两种变色不同的指示剂，用 NaOH 滴定时，溶液颜色由红转变为浅黄色（pH 约为 6.2），再转变为淡红色（pH 约为 8.2）。终点为甲基红的黄色和酚酞的红色的混合色。

八、思考题

1. 硝酸铵、氯化铵、碳酸氢铵中的含氮量能否用甲醛法测定？

2. NH_4^+ 为什么不能用 NaOH 直接滴定？

九、参考文献

［1］GB/T 3600—2000 肥料中氨态氮含量的测定 甲醛法.

［2］武汉大学主编. 分析化学实验. 第四版. 北京：高等教育出版社，2005：170.

实验 1-6 食用植物油酸值的测定

一、预习要点

1. 酸碱滴定法的原理；

2. 食用植物油酸值测定的意义。

二、实验目的

1. 学习实际样品的分析方法，包括试样的制备、分析条件及方法的选择、标准溶液的配制及标定，综合训练食品分析的基本技能；

2. 了解鉴别食用植物油脂品质好坏的基本检验方法。

三、实验原理

食用植物油脂品质的好坏可通过测定其酸值、碘值、过氧化值、羰基值等理化特性来判断。食用植物油在空气中暴露过久，部分油脂会被水解产生游离脂肪酸，游离脂肪酸进一步被氧化形成过氧化物，过氧化物分解，产生醛、酮、酸等，并且这些物质具有刺激性气味，油脂则被酸败。酸败的程度是以游离脂肪酸为指标的，常以"酸值"表示。

油脂酸值是指中和 1.0g 油脂所含游离脂肪酸所需氢氧化钾的质量（mg）。油脂中游离脂肪酸与 KOH 产生中和反应，从 KOH 标准溶液的消耗量中可计算出游离脂肪酸的含量，反应式如下：

$$R—COOH + KOH \longrightarrow R—COOK + H_2O$$

同一种植物油酸值越高，说明油脂水解产生的游离脂肪酸越多，其质量越差，越不新鲜。测定酸值可以评定油脂品质的好坏和贮藏方法是否恰当。中国《食用植物油卫生标准》规定，酸值：花生油、菜子油、大豆油≤4，棉籽油≤1。

四、仪器与试剂

1. 仪器

分析天平（精度 0.1mg），电子天平（精度 0.01g），碱式滴定管（50mL），量筒（50mL），试剂瓶（500mL），锥形瓶（250mL），烧杯，称量瓶等。

2. 试剂

酚酞指示剂（10g·L^{-1}）：1g 酚酞溶解于 90mL（95%）乙醇与 10mL 水中；

氢氧化钾标准溶液（0.05mol·L^{-1}），乙醚，乙醇。

五、实验步骤

1. 氢氧化钾标准溶液（0.05mol·L^{-1}）的配制与标定

称取 1.4～1.5g KOH 于洁净的烧杯中，加水溶解后稀释至 500mL，贮存于试剂瓶中。

用差减法称取 0.15～0.20g 邻苯二甲酸氢钾三份，分别置于三个 250mL 锥形瓶中，各加约 25mL 水溶解，加 2 滴酚酞指示剂，用上述待标定的 KOH 溶液滴定至刚好出现粉红色为终点，记录所用体积。根据邻苯二甲酸氢钾的质量和消耗的 KOH 溶液的体积求出 KOH 溶液的准确浓度。

2. 中性乙醚-乙醇（2+1）混合液的制备

按乙醚-乙醇（2+1）混合，以酚酞为指示剂，用所配的 KOH 溶液中和至刚呈淡红色，且 30s 内不褪色为止。

3. 样品测定

称取 3.00～5.00g 混匀的试样，置于锥形瓶中，加入 50mL 中性乙醚-乙醇混合液，振摇使油溶解，必要时可置于热水中，温热使其溶解。冷至室温，加入酚酞指示剂 2～3 滴，以氢氧化钾标准溶液滴定至溶液呈现微红色且 0.5min 内不褪色为终点。

六、数据处理

$$X = \frac{Vc \times 56.11}{m}$$

式中　X——试样的酸值，mg·g^{-1}；

　　　V——试样消耗氢氧化钾标准溶液的体积，mL；

　　　c——氢氧化钾标准溶液实际浓度，mol·L^{-1}；

　　　m——试样质量，g；

　56.11——与 1.0mL 氢氧化钾标准溶液（$c_{KOH} = 1.000$mol·L^{-1}）相当的氢氧化钾质量，mg。

计算结果保留两位有效数字。

七、注意事项

当样液颜色较深时，可减少试样用量，或适当增加混合溶剂的用量。

八、思考题

1. 哪些指标可以表征油脂的品质？

2. 何谓酸值？测定酸值时加入乙醇的作用是什么？

九、参考文献

GB/T 5009.37—2003 食用植物油卫生标准的分析方法.

第2章 络合滴定法

实验 2-1 水的总硬度测定及水中钙、镁含量的分别测定

一、预习要点
1. 络合滴定的基本原理；
2. EDTA 的结构及其络合性能；
3. 金属指示剂的作用原理。

二、实验目的
1. 掌握 EDTA 标准溶液的配制和标定原理，了解 EDTA 的性质和用途；
2. 了解水的硬度测定的意义和常用的硬度表示方法；
3. 掌握 EDTA 测定水的硬度的原理和方法；
4. 掌握铬黑 T 和钙指示剂的应用，了解金属指示剂的特点；
5. 掌握 Ca^{2+}、Mg^{2+} 共存时分别测定 Ca^{2+}、Mg^{2+} 含量的方法。

三、实验原理
水的硬度是一种比较古老的概念，最初是指水沉淀肥皂的能力，使肥皂沉淀的主要原因是水中存在的钙镁离子。总硬度是指水中钙镁离子的总浓度，其中包括碳酸盐硬度（也叫暂时硬度，即通过加热能以碳酸盐形式沉淀下来的钙镁离子）和非碳酸盐硬度（亦称永久硬度，即加热后不能沉淀下来的那部分钙镁离子）。

硬度对工业用水影响很大，尤其是锅炉用水，硬度较高的水要经过软化处理并经滴定分析达到一定的标准后才能输入锅炉。其他很多工业对水的硬度也有很高的要求。生活饮用水中硬度过高会影响肠胃的消化功能，我国生活饮用水卫生标准中规定硬度（以 $CaCO_3$ 计）不得超过 $450mg \cdot L^{-1}$。硬度的表示方法，国际、国内都尚未统一，除了上述饮用水卫生标准中的表示方法外，我国目前使用较多的表示方法还有 $mmol \cdot L^{-1}$。

水的硬度测定分为水的总硬度测定和钙镁硬度测定两种，前者是测定 Ca^{2+}、Mg^{2+} 的总量，后者则是分别测定 Ca^{2+}、Mg^{2+} 含量。水的总硬度测定一般采用络合滴定法，在 pH≈10 的氨性缓冲溶液中，以铬黑 T（EBT）为指示剂，用 EDTA 标准溶液直接测定 Ca^{2+}、Mg^{2+} 总量。由于 $K_{CaY} > K_{MgY} > K_{Mg \cdot EBT} > K_{Ca \cdot EBT}$，铬黑 T 先与部分 Mg^{2+} 络合为 Mg-EBT（紫红色），当 EDTA 滴入时，EDTA 与 Ca^{2+}、Mg^{2+} 络合，终点时 EDTA 夺取 Mg-EBT 中的 Mg^{2+} 将 EBT 置换出来，溶液由紫红色转为纯蓝色。分别测定 Ca^{2+}、Mg^{2+} 含量时，是将水样用 NaOH 溶液调节 pH > 12，此时 Mg^{2+} 完全沉淀为 $Mg(OH)_2$ 沉淀，而 Ca^{2+} 不沉淀，加钙指示剂（NN），则 NN 与 Ca^{2+} 络合形成红色络合物，溶液显红色，用 EDTA 标准溶液滴定，Ca^{2+} 与 EDTA 络合，当滴定达到化学计量点时，EDTA 夺取 Ca-NN

络合物中的 Ca^{2+}，使 NN 游离出来，溶液呈现明显蓝色，指示滴定终点到达。根据 EDTA 标准溶液的浓度和用量计算 Ca^{2+} 含量。从测定的 Ca^{2+}、Mg^{2+} 总量中减去 Ca^{2+} 含量，可以得到 Mg^{2+} 含量。

滴定时，水中微量杂质 Al^{3+}、Fe^{3+} 的干扰可加三乙醇胺掩蔽，Cu^{2+}、Pb^{2+}、Zn^{2+} 等重金属离子可加 Na_2S 或 KCN 掩蔽。

四、仪器与试剂

1. 仪器

分析天平（精度 0.1mg），电子天平（精度 0.01g），酸式滴定管（50mL）；锥形瓶（250mL），移液管（25mL），容量瓶（250mL），聚乙烯塑料瓶（500mL）。

2. 试剂

(1) HCl 溶液（1+1）：将原装浓盐酸与蒸馏水等体积混合；

(2) NH_3-NH_4Cl 缓冲溶液（pH=10）：称取 20g NH_4Cl 溶于水，加 100mL 原装氨水，加蒸馏水稀释至 1L；

(3) $CaCO_3$ 基准物质：于 110℃ 烘箱中干燥 2h，稍冷后置于干燥器中冷却至室温，备用；

(4) Mg^{2+}-EDTA 溶液：先配制 $0.05mol \cdot L^{-1}$ 的 $MgCl_2$ 和 $0.05mol \cdot L^{-1}$ 的 EDTA 溶液各 500mL，然后在 pH=10 的氨性条件下，以铬黑 T 作指示剂，用上述 EDTA 滴定 Mg^{2+}，按所得比例把 $MgCl_2$ 和 EDTA 混合，确保 Mg：EDTA=1：1；

(5) 氨水（1+2）：市售氨水与蒸馏水按体积比为 1：2 混合；

(6) 铬黑 T 指示剂 $5g \cdot L^{-1}$：称取 0.50g 铬黑 T，加 25mL 三乙醇胺，再加 75mL 无水乙醇；

(7) 钙指示剂：与无水 Na_2SO_4 按 1：100 质量比混合，研磨均匀，贮于棕色瓶中，放在干燥器内；

乙二胺四乙酸二钠盐（M_r 372.2），三乙醇胺溶液（$200g \cdot L^{-1}$ 水溶液），Na_2S 溶液（$20g \cdot L^{-1}$ 水溶液），甲基红 $1g \cdot L^{-1}$：60% 乙醇溶液，NaOH 溶液：$100g \cdot L^{-1}$ 水溶液。

五、实验步骤

1. $0.01mol \cdot L^{-1}$ EDTA 溶液的配制和标定

(1) $0.01mol \cdot L^{-1}$ EDTA 溶液的配制　称取 EDTA 二钠盐 1.8~1.9g 置于烧杯中，加水温热溶解，冷却后稀释至 500mL，移入聚乙烯塑料瓶中贮存。

(2) Ca^{2+} 标准溶液的配制　用差减法准确称取 0.25g 基准 $CaCO_3$ 于 150mL 烧杯中。先以少量水润湿，盖上表面皿，从烧杯嘴处往烧杯中滴加约 5mL（1+1）HCl 溶液，使 $CaCO_3$ 全部溶解。加水 50mL，微沸几分钟以除去 CO_2。冷却后用水冲洗烧杯内壁和表面皿，定量转移 $CaCO_3$ 溶液于 250mL 容量瓶中，用水稀释至刻度，摇匀，计算 Ca^{2+} 标准溶液的浓度。

(3) $0.01mol \cdot L^{-1}$ EDTA 溶液的标定　用移液管吸取 25.00mL Ca^{2+} 标准溶液于锥形瓶中，加 1 滴甲基红，用氨水中和 Ca^{2+} 标准溶液中的 HCl，当观察到溶液颜色由红变黄即可。加入 20mL 水和 5mL Mg^{2+}-EDTA 溶液，然后加入 10mL pH=10 的 NH_3-NH_4Cl 缓冲溶液，再加入 3 滴铬黑 T 指示剂，立即用 EDTA 溶液滴定，当溶液颜色由紫红色转变为蓝紫色即为终点。平行滴定 3 次，计算 EDTA 溶液的准确浓度。

2. 水的总硬度——水中 Ca^{2+}、Mg^{2+} 总量的测定

用移液管移取水样 100mL 于 250mL 锥形瓶中，加入 1~2 滴（1+1）HCl 酸化试液，

微沸数分钟以除去 CO_2。冷却后，加入 3mL 三乙醇胺溶液，5mL NH_3-NH_4Cl 缓冲溶液，1mL Na_2S 溶液，再加入 2~3 滴铬黑 T 指示剂，立即用 EDTA 标准溶液滴定至溶液由紫红色变为纯蓝色即为滴定终点。记录用去的 EDTA 标准溶液的体积 V_1。平行测定 3 份样品，计算水的总硬度，以 $mmol \cdot L^{-1}$ 表示测定结果。

3. 水中 Ca^{2+}、Mg^{2+} 含量的分别测定

用移液管另取 100mL 水样于 250mL 锥形瓶中，加入 2 滴（1+1）HCl 酸化试液，微沸数分钟以除去 CO_2。冷却后，加入 3mL 三乙醇胺溶液和 10mL $100g \cdot L^{-1}$ 的 NaOH 溶液，使溶液 pH 达到 12~14，再加约 30mg 钙指示剂，用 EDTA 标准溶液滴定至溶液由红色变为蓝色，即为滴定终点。记录用去 EDTA 标准溶液的体积 V_2，从 Ca^{2+}、Mg^{2+} 总量测定所用去的 EDTA 体积 V_1 中减去测定 Ca^{2+} 时所用去的 EDTA 体积 V_2，即为测定 Mg^{2+} 实际用去的 EDTA 体积，从而可以求出水样中 Mg^{2+} 的含量。

六、数据处理

按下式计算水的总硬度（单位分别为 $mmol \cdot L^{-1}$ 和 $mg \cdot L^{-1}$）：

$$c_{CaCO_3} = \frac{c_{EDTA}V_1}{V_{水样}} \times 1000$$

$$\rho_{CaCO_3} = \frac{c_{EDTA}V_1M_{CaCO_3}}{V_{水样}} \times 1000$$

按下式计算水样中 Ca^{2+} 的含量（$mg \cdot L^{-1}$）：

$$\rho_{Ca} = \frac{c_{EDTA}V_2M_{Ca}}{V_{水样}} \times 1000$$

按下式计算水样中 Mg^{2+} 的含量（$mg \cdot L^{-1}$）：

$$\rho_{Mg} = \frac{c_{EDTA}(V_1-V_2)M_{Mg}}{V_{水样}} \times 1000$$

七、注意事项

1. 乙二胺四乙酸二钠盐简称 EDTA，由于 EDTA 与大多数金属离子形成稳定的 1:1 型螯合物，故常用作络合滴定的标准溶液。标定 EDTA 溶液的基准物有 Zn、ZnO、$CaCO_3$、Cu、B、$MgSO_4 \cdot 7H_2O$、Ni、Pb 等。通常选用的标定条件应尽可能与测定条件一致，以免引起系统误差。

2. 水样中含有 HCO_3^-，为防止在以后加入缓冲液时生成碳酸盐沉淀，而使 Ca^{2+} 的测定结果偏低，一般先用盐酸使水样酸化并加热，使 HCO_3^- 分解。

3. Mg^{2+} 含量很低时，终点变色不敏锐，可以预先在 NH_3-NH_4Cl 缓冲溶液中加入适量的 MgY。

4. 三乙醇胺作掩蔽剂掩蔽 Al^{3+}、Fe^{3+}，必须在酸性溶液中加入，然后再调节溶液 pH 至碱性，否则掩蔽效果不佳。

5. 若用 KCN 掩蔽 Cu^{2+}、Zn^{2+} 等离子，必须在碱性溶液中使用，若在酸性溶液中使用，则易产生剧毒的挥发性 HCN，造成危害。

6. 测定 Ca^{2+} 时，加 NaOH 生成 $Mg(OH)_2$ 沉淀，若沉淀过多则可能吸附 Ca^{2+}，使 Ca^{2+} 测定的结果偏低，此时需加入糊精或阿拉伯树胶，消除吸附现象。糊精浓度为 $50g \cdot L^{-1}$，加入量约为 10mL，并先用 EDTA 滴定至指示剂显蓝色。

八、思考题

1. 何谓水的硬度？水的硬度有哪几种表示方式？

2. 水样滴定前为什么要先用 HCl 酸化？

3. 在测定水的硬度时，先于三个锥形瓶中加水样，再加 NH_3-NH_4Cl 缓冲液，加……然后再一份一份地滴定，这样好不好？为什么？

九、参考文献

[1] 祁玉成，王屹主编. 分析化学实验. 青岛：中国海洋大学出版社，2003：99-102.

[2] 武汉大学主编. 分析化学实验. 第四版. 北京：高等教育出版社，2005：184-186，189.

[3] 华中师范大学等编. 分析化学实验. 第三版. 北京：高等教育出版社，2001：70.

[4] 北京大学化学系分析化学教学组. 基础分析化学实验. 第二版. 北京：北京大学出版社，1998：176-177.

实验 2-2　铋、铅混合液中铋、铅含量的连续测定

一、预习要点

1. 控制酸度实现金属离子分步滴定的实验原理；

2. 二甲酚橙作为金属指示剂的特点。

二、实验目的

1. 了解控制酸度实现金属离子分步滴定的实验原理；

2. 掌握用 EDTA 进行连续滴定的方法。

三、实验原理

Bi^{3+}、Pb^{2+} 均能与 EDTA 形成稳定的络合物，其 $\lg K$ 值分别为 27.94 和 18.04，两者稳定性相差很大，$\Delta \lg K = 9.90 > 6$。因此，可以用控制酸度的方法在一份试液中连续滴定 Bi^{3+} 和 Pb^{2+}。在测定中，均以二甲酚橙（XO）作指示剂，XO 在 pH<6.3 时呈黄色，在 pH>6.3 时呈红色，而它与 Bi^{3+}、Pb^{2+} 所形成的络合物呈紫红色。

测定时，先用 HNO_3 调节溶液 pH=1.0，用 EDTA 标准溶液滴定至溶液由紫红色突变为亮黄色，即为滴定 Bi^{3+} 的终点（Pb^{2+} 在此条件下不会与二甲酚橙形成有色络合物）。然后加入六亚甲基四胺，使溶液 pH 为 5~6，此时 Pb^{2+} 与 XO 形成紫红色络合物，继续用 EDTA 标准溶液滴定至溶液由紫红色突变为亮黄色，即为滴定 Pb^{2+} 的终点。

四、仪器与试剂

1. 仪器

分析天平（精度 0.1mg），电子天平（精度 0.01g），酸式滴定管（50mL），锥形瓶（250mL），移液管（25mL），容量瓶（250mL），聚乙烯塑料瓶（500mL），烧杯，表面皿，电热板。

2. 试剂

EDTA 二钠盐，基准锌粒（纯度 99.9%），HCl 溶液（1+1），六亚甲基四胺 $200g \cdot L^{-1}$ 水溶液，二甲酚橙 $2g \cdot L^{-1}$ 水溶液；

Bi^{3+}、Pb^{2+} 混合液（含 Bi^{3+}、Pb^{2+} 各约为 $0.010mol \cdot L^{-1}$）：称取 48g $Bi(NO_3)_3$，33g $Pb(NO_3)_2$，移入含 312mL HNO_3 的烧杯中，在电热板上微热溶解后，稀释至 10L。

五、实验步骤

1. $0.01mol \cdot L^{-1}$ EDTA 溶液的配制

称取 EDTA 二钠盐 1.8~1.9g，加水温热溶解，冷却后稀释至 500mL，移入聚乙烯塑料瓶中贮存。

2. $0.01 mol \cdot L^{-1} Zn^{2+}$ 标准溶液的配制

准确称取基准 Zn 粒（应称取多少？）置于 150mL 的烧杯中。加入 6mL（1+1）HCl 溶液，盖上表面皿，待 Zn 粒全部溶解后以少量水冲洗烧杯内壁和表面皿，定量转移 Zn^{2+} 溶液于 250mL 容量瓶中，用水稀释至刻度，摇匀，计算 Zn^{2+} 标准溶液的浓度。

3. $0.01 mol \cdot L^{-1}$ EDTA 溶液的标定

用移液管移取 25.00mL Zn^{2+} 标准溶液于 250mL 锥形瓶中，加入 2 滴二甲酚橙指示剂，滴加 $200g \cdot L^{-1}$ 六亚甲基四胺溶液至呈现稳定的紫红色，再多加 5mL 六亚甲基四胺溶液，用待标定的 EDTA 滴定至溶液由紫红色突变为亮黄色，即为终点。平行滴定 3 次，计算 EDTA 溶液的准确浓度。

4. 铋、铅混合液中铋、铅含量的连续测定

用移液管移取 25.00mL Bi^{3+}、Pb^{2+} 混合试液于 250mL 锥形瓶中，加入 2 滴二甲酚橙指示剂，用 EDTA 标准溶液滴定至溶液由紫红色突变为亮黄色，即为滴定 Bi^{3+} 的终点，记取消耗 EDTA 溶液的体积 V_1（mL）。然后加入 $200g \cdot L^{-1}$ 六亚甲基四胺溶液至呈现稳定的紫红色，再多加 5mL 六亚甲基四胺溶液，此时溶液的 pH 约为 5~6。继续用 EDTA 标准溶液滴定至溶液由紫红色突变为亮黄色，即为滴定 Pb^{2+} 的终点，记下消耗的 EDTA 溶液的体积 V_2（mL）。平行测定三份，计算混合试液中 Bi^{3+} 和 Pb^{2+} 的含量（$g \cdot L^{-1}$）。

六、数据处理

按表 2-1 和表 2-2 记录数据，并计算实验结果及相对偏差。

表 2-1　EDTA 溶液的标定

项 目	I	II	III
m_{Zn}/g			
$V_{Zn^{2+}}/mL$			
V_{EDTA}/mL			
$c_{EDTA}/mol \cdot L^{-1}$			
$\bar{c}_{EDTA}/mol \cdot L^{-1}$			
相对偏差/%			
平均相对偏差/%			

$$c_{EDTA} = \frac{m_{Zn}/M_{Zn} \times 10^3}{V_{EDTA}}$$

表 2-2　铋、铅含量的测定

项 目	I	II	III
$V_{混合液}/mL$			
$V_{1(EDTA)}/mL$			
$\rho_{Bi^{3+}}/g \cdot L^{-1}$			
$\bar{\rho}_{Bi^{3+}}/g \cdot L^{-1}$			
相对偏差/%			
平均相对偏差/%			
$V_{2(EDTA)}/mL$			
$\rho_{Pb^{2+}}/g \cdot L^{-1}$			
$\bar{\rho}_{Pb^{2+}}/g \cdot L^{-1}$			
相对偏差/%			
平均相对偏差/%			

$$\rho_{Pb^{2+}} = \frac{c_{EDTA}V_{1(EDTA)} \times 10^3 \times M_{Pd}}{25.00}$$

$$\rho_{Bi^{3+}} = \frac{c_{EDTA}V_{2(EDTA)} \times 10^3 \times M_{Bi}}{25.00}$$

七、思考题

1. 描述连续滴定 Bi^{3+}、Pb^{2+} 过程中，锥形瓶中颜色变化的情况及原因。

2. 为什么不用 NaOH、NaAc 或 $NH_3 \cdot H_2O$，而用六亚甲基四胺调节 pH 到 5～6？

3. 能否在同一份溶液中先测定 Pb^{2+} 的含量，然后测定 Bi^{3+}？

4. 有人说"用 EDTA 标液滴定某种金属离子时，在这种离子不水解的情况下，溶液的 pH 越高越好"。这种说法是否正确？为什么？

5. 原始的 Bi^{3+}、Pb^{2+} 混合液中 c_{H^+} 为 $3mol \cdot L^{-1}$，计算一下测定 Bi^{3+} 时溶液的 pH 为多少？是否需要再调节溶液的 pH？

八、参考文献

[1] 武汉大学主编. 分析化学实验. 第四版. 北京：高等教育出版社，2005：189-190.

[2] 华中师范大学等主编. 分析化学实验. 第三版. 北京：高等教育出版社，2001：73.

[3] 刘淑萍. 分析化学实验教程. 北京：高等教育出版社，2004：70.

实验 2-3　络合滴定法测定蛋壳中的 Ca、Mg 含量

一、预习要点

1. 络合滴定的原理；

2. 络合滴定中常用掩蔽剂的性质及使用条件。

二、实验目的

1. 进一步掌握络合滴定分析的方法与原理；

2. 学习使用络合掩蔽剂排除干扰离子影响的方法；

3. 掌握实际样品分析的一般步骤。

三、实验原理

鸡蛋壳的主要成分为 $CaCO_3$，其次为 $MgCO_3$、蛋白质、色素及少量的 Fe、Al。在 pH＝10 的条件下，用铬黑 T 作指示剂，EDTA 可直接测量 Ca^{2+}、Mg^{2+} 总量，Fe^{3+}、Al^{3+} 等离子的干扰可通过加入掩蔽剂三乙醇胺使之生成更稳定的络合物而予以消除。

四、仪器与试剂

1. 仪器

分析天平（精度 0.1mg），烧杯，容量瓶（250mL），酸式滴定管（50mL），移液管（25mL）。

2. 试剂

HCl 溶液（$6mol \cdot L^{-1}$），铬黑 T 指示剂，三乙醇胺水溶液（1∶2），NH_4Cl-$NH_3 \cdot H_2O$ 缓冲溶液（pH＝10），EDTA 标准溶液（$0.01mol \cdot L^{-1}$），乙醇（95％）。

五、实验步骤

1. 鸡蛋壳预处理

先将蛋壳洗净，加水煮沸 5～10min，去除蛋壳内表层的蛋白薄膜，然后把蛋壳烘干，研成粉末，过 80～100 目筛，备用。

2. 鸡蛋壳中 Ca、Mg 含量的测定

准确称取一定量的蛋壳粉末，小心滴加 $6mol \cdot L^{-1}$ 的 HCl $4\sim5mL$，微火加热至完全溶解，冷却，转移至 250mL 容量瓶，稀释至接近刻度线，若有泡沫，滴加 $2\sim3$ 滴 95% 乙醇，泡沫消除后，滴加水至刻度线摇匀。

吸取试液 25.00mL 置于 250mL 锥形瓶中，分别加去离子水 20mL、三乙醇胺 5mL，摇匀。再加 $NH_4Cl-NH_3 \cdot H_2O$ 缓冲液 10mL，摇匀。加入 2 滴铬黑 T 指示剂，用 EDTA 标准溶液滴定至溶液由紫红色恰变为纯蓝色，即达终点。

六、数据处理

根据 EDTA 消耗的体积计算 Ca^{2+}、Mg^{2+} 总量，以 CaO 的含量表示。

七、思考题

1. 蛋壳粉溶解稀释时为何加 95% 乙醇？
2. 应何时加入三乙醇胺掩蔽剂？为什么？
3. 列出求钙镁总量的计算式（以 CaO 含量表示）。

八、参考文献

曹作刚主编. 无机及分析化学实验. 东营：中国石油大学出版社，2005：258.

实验 2-4　明矾中铝含量的测定

一、预习要点

1. 明矾的组成和化学性质；
2. 返滴定法的原理；
3. 络合滴定法测定铝盐的原理及方法。

二、实验目的

1. 掌握络合滴定中返滴定法的应用；
2. 掌握络合滴定法测定铝盐的原理及方法。

三、实验原理

明矾即十二水合硫酸铝钾 $[KAl(SO_4)_2 \cdot 12H_2O，M_r=474.4]$，又称白矾、钾矾、钾铝矾、钾明矾。明矾可用于制备铝盐、发酵粉、油漆、鞣料、澄清剂、媒染剂、防水剂等。明矾性味酸涩，具有抗菌作用、收敛作用等，可用做中药。

明矾的定量测定一般是测定其组成中的铝，然后换算成明矾的质量分数。Al^{3+} 与 EDTA 的络合反应速度缓慢，需要加过量 EDTA 并加热煮沸，络合反应才比较完全。另外，Al^{3+} 对二甲酚橙指示剂有封闭作用，而且当酸度不高时，Al^{3+} 易水解生成一系列多核羟基络合物，如 $[Al_2(H_2O)_6(OH)_3]^{3+}$、$[Al_3(H_2O)_6(OH)_6]^{3+}$ 等，即使将酸度提高至 EDTA 滴定 Al^{3+} 的最高酸度，仍不能避免多核羟基络合物的生成。因此，Al^{3+} 不能用直接法滴定。一般是采用返滴定法测定 Al^{3+}，即在 pH≈3.5 的试液中先加入一定量过量的 EDTA 标准溶液，煮沸以加速 Al^{3+} 与 EDTA 的反应。由于此时酸度较高，故不利于形成多核羟基络合物，又因 EDTA 过量较多，故能使 Al^{3+} 与 EDTA 络合完全。冷却后，调节 pH 至 5~6，此时 AlY 稳定，也不会重新水解析出多核络合物。加入二甲酚橙指示剂，用 Zn^{2+} 标准溶液滴定过量的 EDTA。由两种标准溶液的浓度和用量即可求得 Al^{3+} 的含量。

二甲酚橙在 pH<6.3 时呈黄色，pH>6.3 时呈红色，而 Zn^{2+} 与二甲酚橙的络合物呈紫红色：

$$Zn^{2+} + XO(黄色) \Longleftrightarrow Zn^{2+}XO(紫红色)$$

因此溶液的酸度应控制在 pH<6.3。此时游离的二甲酚橙显黄色，滴定至 Zn^{2+} 稍微过量时，Zn^{2+} 与部分二甲酚橙生成紫红色络合物，黄色与紫红色混合显橙色，故终点颜色为橙色。

四、仪器与试剂

1. 仪器

分析天平（精度 0.1mg），电子天平（精度 0.01g），酸式滴定管（50mL），容量瓶（250mL，2 个），移液管（25mL），锥形瓶（250mL，3 个），聚乙烯塑料试剂瓶（500mL），电热板，表面皿，称量瓶，量筒等。

2. 试剂

明矾 $[KAl(SO_4)_2 \cdot 12H_2O]$ 试样，乙二胺四乙酸二钠盐（$Na_2H_2Y \cdot 2H_2O$），二甲酚橙指示剂（$2g \cdot L^{-1}$ 水溶液），六亚甲基四胺溶液（$200g \cdot L^{-1}$ 水溶液），盐酸溶液（1+1），基准锌粒（纯度 99.9%），pH=3.5 的氯乙酸-醋酸钠缓冲液（250mL 的 $2mol \cdot L^{-1}$ 氯乙酸与 500mL 的 $1mol \cdot L^{-1}$ NaAc 混匀）。

五、实验步骤

1. $0.02mol \cdot L^{-1}$ Zn^{2+} 标准溶液的配制

用分析天平准确称取 Zn 粒 0.3～0.4g 于小烧杯中，盖上表面皿，沿烧杯嘴滴加约 10mL（1+1）HCl 溶液，加热煮沸至完全溶解（防止蒸干）后，用少量蒸馏水淋洗表面皿及烧杯内壁，然后将溶液定量转移至 250mL 的容量瓶中，加蒸馏水稀释至刻度，摇匀备用。计算 Zn^{2+} 标准溶液的准确浓度。

2. $0.02 mol \cdot L^{-1}$ EDTA 溶液的配制

用电子天平称取约 3.72g 固体 EDTA 二钠盐于 500mL 的烧杯中，加入蒸馏水加热使其完全溶解，然后加水稀释至 500mL。冷却后转入聚乙烯塑料试剂瓶中，盖紧瓶盖，摇匀备用。

3. EDTA 溶液准确浓度的标定

用移液管平行移取三份 25.00mL Zn^{2+} 标准溶液分别置于 250mL 锥形瓶中，滴加 2 滴二甲酚橙指示剂，加入 10mL 20% 的六亚甲基四胺溶液，用 EDTA 溶液滴定，直至锥形瓶中溶液颜色由紫红色恰好转变为亮黄色，并持续 30s 不褪色即为终点。记录所用 EDTA 溶液的体积，计算 EDTA 溶液的浓度。

4. 明矾试样中 Al 含量的测定

用分析天平准确称取明矾试样约 2.5g 于小烧杯中，加热使其完全溶解，待冷却后将溶液定量转移至 250mL 容量瓶中，用蒸馏水稀释至刻度，摇匀备用。

用移液管移取 25.00mL 明矾试液置于 250mL 的锥形瓶中，加入 10mL pH=3.5 的缓冲溶液，然后用滴定管准确加入 EDTA 标准溶液 50.00mL，在电炉上加热煮沸近 10min，然后放置冷却至室温。加入六亚甲基四胺缓冲液 10mL，二甲酚橙指示剂 3～4 滴，用 Zn^{2+} 标准溶液返滴定至溶液由黄色变为橙色，并持续 30s 不褪色即为终点。

平行测定 3 份，根据所消耗的 Zn^{2+} 标准溶液的体积，计算所测明矾中铝的含量。

六、数据处理

计算公式为：

$$c_{EDTA} = \frac{m_{Zn^{2+}} \times 25.00}{M_{Zn^{2+}} \times 250.0 \times V_{EDTA} \times 10^{-3}}$$

$$w_{Al} = \dfrac{c_{EDTA} \times 50.00 \times 10^{-3} - \dfrac{m_{Zn^{2+}} \times V_{Zn^{2+}}}{M_{Zn^{2+}} \times 250.0}}{m_s} \times M_{Al} \times 100\%$$

七、注意事项

1. 明矾试样溶于水后,会因溶解缓慢而变浑浊,但在加入过量 EDTA 标准溶液并加热后,即可溶解,故不影响测定。

2. 加热促进 Al^{3+} 与 EDTA 的络合反应,一般在沸水浴中加热 3min 络合反应程度可达99%,为使反应尽量完全,可加热 10min。

3. 在 pH<6.3 时,游离二甲酚橙显黄色,滴定至 Zn^{2+} 稍微过量时,Zn^{2+} 与部分二甲酚橙生成紫红色络合物,黄色与紫红色混合显橙色,故滴定至橙色即为终点。

八、思考题

1. 明矾中铝含量的测定为什么采用返滴定法?

2. 加入缓冲溶液的目的是什么?

3. 此滴定能用铬黑 T 作指示剂吗?

九、参考文献

赵怀清. 分析化学实验指导. 第 3 版. 北京:人民卫生出版社,2012:48-49.

第 3 章　氧化还原滴定法

实验 3-1　高锰酸钾法测定过氧化氢含量

一、预习要点
1. 氧化还原滴定法的基本原理；
2. 高锰酸钾滴定法的特点。

二、实验目的
1. 掌握 $KMnO_4$ 溶液的配制方法；
2. 掌握用 $Na_2C_2O_4$ 基准物质标定 $KMnO_4$ 的条件（温度、酸度、滴定速度）；
3. 学习 $KMnO_4$ 法测定 H_2O_2 的原理及方法；
4. 对自动催化反应有所了解；
5. 对 $KMnO_4$ 自身指示剂的特点有所体会。

三、实验原理
高锰酸钾是一种强氧化剂，其氧化作用和还原产物与溶液酸度有关。MnO_4^- 与多数还原剂反应较快，氧化能力强，这是 $KMnO_4$ 法中应用最广的一类反应。

过氧化氢又名双氧水（H_2O_2），在工业、生物、医药等方面应用很广泛。过氧化氢既具有氧化性又具有还原性，在酸性介质和室温条件下能被高锰酸钾定量氧化，其反应方程式为：

$$2MnO_4^- + 5H_2O_2 + 6H^+ \Longrightarrow 2Mn^{2+} + 5O_2 \uparrow + 8H_2O$$

开始时反应速率缓慢，待 Mn^{2+} 生成后，由于 Mn^{2+} 的催化作用，加快了反应速率，故能顺利地滴定到呈现稳定的微红色为终点，因而称为自动催化反应。稍过量的滴定剂（2×10^{-6} $mol \cdot L^{-1}$）本身的紫红色即显示终点。

四、仪器与试剂
1. 仪器
分析天平（精度 0.1mg），电热板，酸式滴定管（50mL），移液管（25mL），容量瓶（250mL），锥形瓶（250mL），吸量管（10mL），棕色试剂瓶（500mL），烧杯，表面皿，微孔玻璃漏斗（3 号或 4 号）。

2. 试剂
$Na_2C_2O_4$ 基准物质（于 105℃ 干燥 2 h 后备用），H_2SO_4（1＋5），$KMnO_4$ 溶液 0.02mol $\cdot$ L^{-1}（即 $c_{1/5KMnO_4} = 0.1mol \cdot L^{-1}$），$MnSO_4$（1mol $\cdot$ L^{-1}），原装 H_2O_2（约 30%）。

五、实验步骤

1. KMnO₄ 溶液的配制

称取 KMnO₄ 固体约 1.6g 溶于 500mL 水中，盖上表面皿，加热至沸并保持微沸状态 1h，冷却后，用微孔玻璃漏斗（3 号或 4 号）过滤。滤液贮存于棕色试剂瓶中。将溶液在室温条件下静置 2～3 天后过滤备用。

2. 用 Na₂C₂O₄ 标定 KMnO₄ 溶液

准确称取 0.15～0.20g Na₂C₂O₄ 基准物质 3 份，分别置于 250mL 锥形瓶中，加入 60mL 水使之溶解，加入 15mL H₂SO₄，在水浴上加热到 75～85℃。趁热用高锰酸钾溶液滴定。开始滴定时反应速率慢，待溶液中产生了 Mn^{2+} 后，滴定速度可加快，直到溶液呈现微红色并持续半分钟内不褪色即为终点。

3. H₂O₂ 含量的测定

用吸量管吸取 1.00mL 原装 H₂O₂ 置于 250mL 容量瓶中，加水稀释至刻度，充分摇匀。用移液管移取 25.00mL 溶液置于 250mL 锥形瓶中，加 60mL 水、30mL H₂SO₄，用 KMnO₄ 标准溶液滴定至微红色在半分钟内不消失即为终点。

因 H₂O₂ 与 KMnO₄ 溶液开始反应速率很慢，可加入 2～3 滴 MnSO₄ 溶液（相当于 10～13mg Mn^{2+}）为催化剂，以加快反应速率。

平行测定三次，计算试样中 H₂O₂ 的质量分数和平均相对偏差。

六、数据处理

见表 3-1 和表 3-2。

表 3-1　KMnO₄ 溶液的标定

项目	Ⅰ	Ⅱ	Ⅲ
$m_{Na_2C_2O_4}$/g			
V_{KMnO_4}/mL			
c_{KMnO_4}/mol·L⁻¹			
$\bar{c}_{KMnO_4}$/mol·L⁻¹			
相对偏差/%			
平均相对偏差/%			

计算公式：

$$c_{KMnO_4} = \frac{m_{Na_2C_2O_4}/M_{Na_2C_2O_4} \times \frac{2}{5} \times 10^3}{V_{KMnO_4}}$$

表 3-2　H₂O₂ 含量的测定

项目	Ⅰ	Ⅱ	Ⅲ
$V_{H_2O_2}$/mL			
V_{KMnO_4}/mL			
$w_{H_2O_2}$/%			
$\bar{w}_{H_2O_2}$/%			
相对偏差/%			
平均相对偏差/%			

$$w = \frac{c_{KMnO_4} V_{KMnO_4} \times \frac{5}{2} \times M_{H_2O_2}}{1 \times \rho}$$

七、注意事项

1. 市售 KMnO₄ 试剂纯度一般约为 99%～99.5%，其中含少量 MnO₂ 及其他杂质。同时，去离子水中常含有少量的还原性物质，使 $KMnO_4$ 还原为 $MnO_2 \cdot nH_2O$，它能加速 $KMnO_4$ 的分解，因此，$KMnO_4$ 标准溶液不能直接配制。为了获得稳定的 $KMnO_4$ 溶液，应按下述方法配制：

（1）称取稍多于计算用量的 $KMnO_4$，溶解于一定体积的去离子水中；

（2）将溶液加热至沸，保持微沸约 1h，放置 2～3 天，使还原性物质完全氧化，然后用微孔玻璃漏斗过滤除去沉淀物；

（3）将过滤后的 $KMnO_4$ 溶液贮存于棕色试剂瓶中，置于暗处以避免光照分解。

2. 标定 $KMnO_4$ 溶液的基准物质可选择 $H_2C_2O_4 \cdot 2H_2O$、$Na_2C_2O_4$、$(NH_4)_2Fe(SO_4)_2 \cdot 6H_2O$、$As_2O_3$ 和纯铁丝等。其中最常用的基准物质是 $Na_2C_2O_4$。反应方程式为：

$$5C_2O_4^{2-} + 2MnO_4^- + 16H^+ = 2Mn^{2+} + 10CO_2 + 8H_2O$$

为使反应定量进行，应注意：

（1）温度。此反应在室温下速率极慢，需加热至 $75 \sim 85℃$，但若超过 $85℃$，则有部分 $H_2C_2O_4$ 分解，$H_2C_2O_4 = CO_2\uparrow + CO\uparrow + H_2O$，导致标定结果偏高。

（2）酸度。酸度过低，MnO_4^- 会被部分地还原成 MnO_2；酸度过高，会促进 $H_2C_2O_4$ 分解。最宜酸度为 $1mol \cdot L^{-1}$。为防止诱导氧化 Cl^- 的发生，应当尽量避免在 HCl 介质中滴定，通常在 H_2SO_4 中滴定。

（3）滴定速度 开始滴定时，MnO_4^- 与 $C_2O_4^{2-}$ 反应很慢，滴定速度不宜太快，否则，滴入的 $KMnO_4$ 来不及和 $C_2O_4^{2-}$ 反应，就在热的酸性溶液中分解了，导致标定结果偏低。若滴定开始前加入少量 $MnSO_4$，则在最初阶段就可以较快速度滴定。

3. $KMnO_4$ 标准溶液为有色溶液，盛装有色溶液的滴定管读数时，应看液面两侧最高点。

4. 原装 H_2O_2 约 30%，密度约为 $1.1g \cdot cm^{-3}$。

5. H_2O_2 试样若系工业产品，用高锰酸钾法测定不合适，因为产品中常加有少量乙酰苯胺等有机化合物作稳定剂，滴定时也将被 $KMnO_4$ 氧化，引起误差。此时应采用碘量法或硫酸铈法进行测定。

八、思考题

1. $KMnO_4$ 溶液的配制过程中要用微孔玻璃漏斗过滤，试问能否用定量滤纸过滤？为什么？

2. 配制 $KMnO_4$ 溶液应注意些什么？用 $Na_2C_2O_4$ 标定 $KMnO_4$ 溶液时，为什么开始滴入的 $KMnO_4$ 紫色消失缓慢，后来却会消失得越来越快，直至滴定终点出现稳定的微红色？

3. 用 $KMnO_4$ 法测定 H_2O_2 时，能否用 HNO_3、HCl 和 HAc 控制酸度，为什么？

4. 配制 $KMnO_4$ 溶液时，过滤后的滤器上黏附的物质是什么？应选用什么物质清洗干净？

九、参考文献

[1] 武汉大学主编. 分析化学实验. 第四版. 北京：高等教育出版社，2005：195-197.

[2] 彭崇慧，冯建章，张锡瑜等. 定量化学分析简明教程. 第二版. 北京：北京大学出版社，2002：233.

[3] 华中师范大学等主编. 分析化学实验. 第三版. 北京：高等教育出版社，2001：77.

实验 3-2 高锰酸钾法测定水的化学耗氧量（COD）

一、预习要点

1. 氧化还原滴定法的基本原理；

2. 高锰酸钾滴定法的特点；

3. 测定化学耗氧量（COD）的意义。

二、实验目的

1. 掌握高锰酸钾法测定 COD 的原理及实验方法。

2. 对 COD 与水体污染的关系有所了解。

三、实验原理

化学耗氧量（chemical oxygen demand，COD）是指氧化 1L 水样中还原性物质所消耗的氧化剂的量，折算成每升水样全部被氧化后，需要氧的质量，单位 $mg \cdot L^{-1}$。COD 是衡量水体污染程度的重要综合指标之一，是环境保护和水质控制中经常需要测定的项目。COD 值越高，说明水体污染越严重。

COD 的测定方法分为酸性高锰酸钾法、碱性高锰酸钾法、重铬酸钾法和碘酸盐法。

本实验采用酸性高锰酸钾法，其原理如下。

在酸性条件下，高锰酸钾具有很强的氧化性：

$$MnO_4^- + 8H^+ =\!=\!= Mn^{2+} + 4H_2O \qquad \varphi^{\ominus} = 1.51V$$

测定时，向水样中加入 H_2SO_4 及一定量的 $KMnO_4$ 溶液，加热煮沸水样，使其中的还原性有机污染物被氧化，反应过程相当复杂，主要发生以下反应：

$$4MnO_4^- + 5C + 12H^+ =\!=\!= 4Mn^{2+} + 5CO_2\uparrow + 6H_2O$$

溶液中剩余的 $KMnO_4$ 用一定量过量的 $Na_2C_2O_4$ 还原，最后再用 $KMnO_4$ 标准溶液返滴过量的 $Na_2C_2O_4$ 至微红色为终点，由此计算出水样的 COD 值。反应如下：

$$2MnO_4^- + 5C_2O_4^{2-} + 16H^+ =\!=\!= 2Mn^{2+} + 10CO_2\uparrow + 8H_2O$$

氧化温度与时间会影响测定结果，本实验采用煮沸法加速 $KMnO_4$ 对水样中还原性物质的氧化。若水样中含有 F^-、H_2S（或 S）、SO_3^{2-}、NO_2^- 等还原性离子，会干扰测定，可在冷的水样中直接用高锰酸钾滴定至微红色后，再进行 COD 测定。由于 Cl^- 对此法有干扰，因而本法仅适合于地表水、地下水、饮用水和生活污水中的 COD 的测定，含 Cl^- 较高的工业废水则应采用 $K_2Cr_2O_7$ 法测定。

四、仪器与试剂

1. 仪器

移液管（10mL、25mL），酸式滴定管（50mL），容量瓶（250mL），锥形瓶（250mL），水浴锅。

2. 试剂

（1）$KMnO_4$ 溶液（$0.02mol \cdot L^{-1}$）：称取 $KMnO_4$ 固体约 1.6g 溶于 500mL 水中，盖上表面皿，加热至沸并保持微沸状态 1h，冷却后，用微孔玻璃漏斗（3 号或 4 号）过滤。滤液贮存于棕色试剂瓶中。将溶液在室温条件下静置 2～3 天后过滤备用；

（2）$Na_2C_2O_4$：将 $Na_2C_2O_4$ 于 100～105℃ 干燥 2h，在干燥器中冷却至室温；

H_2SO_4（1+5），H_2SO_4（1+3）。

五、实验步骤

1. $0.02mol \cdot L^{-1}$ $KMnO_4$ 溶液准确浓度的标定

准确称取 0.15～0.20g $Na_2C_2O_4$ 基准物质 3 份，分别置于 250mL 锥形瓶中，加入 60mL 水使之溶解，加入 15mL H_2SO_4（1+5），在水浴上加热到 75～85℃。趁热用高锰酸钾溶液滴定。开始滴定时反应速率慢，待溶液中产生了 Mn^{2+} 后，滴定速度可加快，直到溶液呈现微红色并持续半分钟内不褪色即为终点。

2. 0.002mol·L⁻¹ KMnO₄ 溶液的配制

移取已标定好的 $0.02mol·L^{-1}$ KMnO₄ 标准溶液 25.00mL 置于 250mL 容量瓶中，以新煮沸且冷却的蒸馏水稀释至刻度，摇匀。

3. 0.005mol·L⁻¹ Na₂C₂O₄ 标准溶液的配制

准确称取 0.17g 左右的 Na₂C₂O₄ 于小烧杯中，加水溶解后，定量转移至 250mL 容量瓶中，以水稀释至刻度，摇匀。

4. 水样 COD 的测定

视水质污染程度取水样 10～100mL，置于 250mL 锥形瓶中，加入 10mL H_2SO_4（1+3），再准确加入 10mL $0.002mol·L^{-1}$ KMnO₄ 溶液，立即加热至沸，若此时红色褪去，说明水样中有机物含量较多，应补加适量 KMnO₄ 溶液至试样溶液呈现稳定的红色。从冒第一个大泡开始计时，用小火准确煮沸 10min，取下锥形瓶，稍冷后（约 80℃），加入 10.00mL $0.005mol·L^{-1}$ Na₂C₂O₄ 标准溶液，摇匀，此时溶液应当由红色转为无色。用 $0.002mol·L^{-1}$ KMnO₄ 标准溶液滴定至呈现稳定的淡红色即为终点。平行测定 3 份取平均值。

另取 100mL 蒸馏水代替水样，同时操作，求得空白值，计算 COD 时将空白值减去。

六、数据处理

按下式计算化学耗氧量 COD：

$$COD=\frac{\left[\frac{5}{4}c_{MnO_4^-}-(V_1+V_2)_{MnO_4^-}-\frac{1}{2}(cV)_{C_2O_4^{2-}}\right]\times 32.00g·mol^{-1}\times 1000}{V_{水样}}$$

式中，V_1 为第一次加入的 KMnO₄ 溶液体积，V_2 为第二次加入的 KMnO₄ 溶液的体积。

七、注意事项

1. 水样采集后，应加入 H_2SO_4 使 pH<2，抑制微生物繁殖。试样应尽快分析，必要时在 0～5℃ 保存，应在 48h 内测定。取水样的量由外观可初步判断：洁净透明的水样取 100mL，污染严重、浑浊的水样取 10～30mL，补加蒸馏水至 100mL。

2. 一般测定清洁水（地表水、饮用水和生活污水）中 COD 时，采用高锰酸钾法比较简便、快速。但用这个方法测定污水或工业废水时不够满意，因为这些水中含有许多复杂的有机物质，用高锰酸钾很难氧化，不易严格控制操作条件。用于测定污染严重的水样时不如重铬酸钾法好。重铬酸钾法能将大部分有机物氧化，适合于污水和工业废水分析。

3. 本实验在加热氧化有机污染物时，完全敞开，如果废水中易挥发性化合物含量较高时，应使用回流冷凝装置加热，否则测定结果将偏低。

八、思考题

1. 哪些因素会影响 COD 测定的结果，为什么？

2. 酸性溶液测定 COD 时，若加热煮沸出现棕色是什么原因？需重做吗？

3. 当水样中 Cl⁻ 含量高时，能否用该法测定？为什么？

九、参考文献

[1] 武汉大学主编. 分析化学实验. 第四版. 北京：高等教育出版社，2005：198-200.

[2] 南京大学无机及分析化学实验编写组编. 无机及分析化学实验. 第三版. 北京：高等教育出版社，1998：131-132.

[3] 李志林，马志领，翟永清编著. 无机及分析化学实验. 北京：化学工业出版社. 2007：168-170.

实验 3-3　间接碘量法测定铜合金中铜的含量

一、预习要点

1. 间接碘量法的原理和特点；
2. 淀粉指示剂的作用原理；
3. $Na_2S_2O_3$ 溶液的配制及标定方法。

二、实验目的

1. 掌握 $Na_2S_2O_3$ 溶液的配制及标定要点；
2. 了解淀粉指示剂的作用原理；
3. 了解间接碘量法测定铜的原理；
4. 学习铜合金试样的分解方法。

三、实验原理

碘量法利用 I_2 的氧化性和 I^- 的还原性来进行滴定，是无机物和有机物分析中应用都较为广泛的一种氧化还原滴定法，分为直接碘量法（碘滴定法）和间接碘量法（滴定碘法）两种。铜合金种类较多，主要有黄铜和各种青铜。铜合金中铜的测定，一般采用间接碘量法。

在弱酸性溶液中（pH＝3～4），Cu^{2+} 与过量的 I^- 作用生成不溶性的 CuI 沉淀并定量析出 I_2，反应式如下：

$$2Cu^{2+}+4I^-===2CuI\downarrow +I_2$$

生成的 I_2 用 $Na_2S_2O_3$ 标准溶液滴定，以淀粉为指示剂，滴定至溶液的蓝色刚好消失即为终点。

$$I_2+2S_2O_3^{2-}===2I^-+S_4O_6^{2-}$$

根据 $Na_2S_2O_3$ 标准溶液的浓度、消耗的体积及试样的质量，计算试样中铜的含量。

I^- 不仅是还原剂，而且也是 Cu^+ 的沉淀剂（可以提高 Cu^{2+}/Cu^+ 的氧化还原电位，使 Cu^{2+} 被定量地还原）和 I_2 的络合剂（增大 I_2 的溶解度，抑制其挥发）。

上述反应必须在弱酸性溶液中进行，酸度过低，Cu^{2+} 易水解，使反应不完全，结果偏低，而且反应速率慢，终点拖长；酸度过高，则 I^- 被空气中的氧氧化为 I_2（Cu^{2+} 催化此反应），使结果偏高。通常用 NH_4HF_2 控制溶液的 pH 为 3.0～4.0（HF 的 $K_a=6.6\times10^{-4}$）。这种介质对测定铜矿和铜合金特别有利，铜矿中的 Fe、As、Sb 及铜合金中的 Fe 都干扰铜的测定，F^- 可以掩蔽 Fe^{3+}。pH＞3.5 时，五价的 As、Sb 其氧化性可降低至不能氧化 I^-。

由于 CuI 沉淀表面吸附 I_2 会使分析结果偏低，为了减少 CuI 沉淀对 I_2 的吸附，可在大部分 I_2 被 $Na_2S_2O_3$ 溶液滴定后，再加入 KSCN，使 CuI 沉淀转化为溶解度更小的 CuSCN 沉淀。

$$CuI+SCN^-===CuSCN\downarrow +I^-$$

CuSCN 吸附 I_2 的倾向较小，因而可以提高测定结果的准确度。KSCN 应在接近终点时加入，否则 SCN^- 会还原大量存在的 I_2，致使测定结果偏低。

四、仪器与试剂

1. 仪器

分析天平（精度 0.1mg），碱式滴定管（50mL），碘量瓶（250mL），容量瓶（250mL），移液管（25mL），量筒（10mL），烧杯等。

2. 试剂

(1) $Na_2S_2O_3$（$0.1mol \cdot L^{-1}$）：称取 12.5g $Na_2S_2O_3 \cdot 5H_2O$ 于烧杯中，加入 150～250mL 新煮沸经冷却的蒸馏水，溶解后，加入约 0.1g Na_2CO_3，用新煮沸且冷却的蒸馏水稀释至 500 mL，贮存于棕色试剂瓶中，在暗处放置 3～5 天后标定；

(2) 淀粉溶液（$5g \cdot L^{-1}$）：称取 0.5g 可溶性淀粉，用少量水搅匀；加入 100mL 沸水，搅匀。若需放置，可加少量 HgI_2 或 H_3BO_3 作防腐剂；

(3) $K_2Cr_2O_7$ 基准物质：将 $K_2Cr_2O_7$ 在 150～180℃ 干燥 2h，置于干燥器中冷却至室温；

KI 溶液（$200g \cdot L^{-1}$），NH_4SCN 溶液（$100g \cdot L^{-1}$），H_2O_2 30%（原装），Na_2CO_3 固体，H_2SO_4 $1mol \cdot L^{-1}$，HCl（1+1），NH_4HF_2 $200g \cdot L^{-1}$，HAc（1+1），氨水（1+1），铜合金试样。

五、实验步骤

1. $c_{1/6K_2Cr_2O_7}=0.1000mol \cdot L^{-1}$ 的 $K_2Cr_2O_7$ 标准溶液的配制

采取固定质量称量法，用洁净干燥的小烧杯准确称取 1.2258g $K_2Cr_2O_7$ 基准物质，加水溶解，定容于 250mL 容量瓶中，摇匀。

2. $0.1mol \cdot L^{-1}$ $Na_2S_2O_3$ 溶液准确浓度的标定

用移液管准确移取 25.00mL $K_2Cr_2O_7$ 标准溶液于 250mL 碘量瓶中，加入 5mL $6mol \cdot L^{-1}$ HCl 溶液、5mL $200g \cdot L^{-1}$ KI 溶液，塞紧瓶塞并加水封。摇匀，放在暗处 5min，使 $Cr_2O_7^{2-}$ 和 I^- 充分反应。待反应完全后，加入 100mL 蒸馏水稀释并冲洗瓶塞，用待标定的 $Na_2S_2O_3$ 溶液滴定至接近终点（溶液呈浅黄绿色）时，加入 2mL $5g \cdot L^{-1}$ 淀粉指示剂，继续滴定至深蓝色消失，溶液呈现亮绿色即为终点。平行标定三份，计算 $c_{Na_2S_2O_3}$。

3. 铜合金中铜含量的测定

准确称取黄铜试样（质量分数为 80%～90%）0.10～0.15g，置于 250mL 碘量瓶中，加入 10mL（1+1）HCl 溶液，滴加约 2mL 30% H_2O_2，加热使试样溶解完全后，再加热使 H_2O_2 分解赶尽，然后煮沸 1～2min。冷却后，加 60mL 水，滴加（1+1）氨水直到溶液中刚刚有稳定的沉淀出现（此时呈浅蓝色浑浊液），然后加入 8mL（1+1）HAc，10mL NH_4HF_2 缓冲溶液，10mL KI 溶液，用 $0.1mol \cdot L^{-1}$ $Na_2S_2O_3$ 溶液滴定至浅黄色。再加入 3mL $5g \cdot L^{-1}$ 淀粉指示剂，滴定至颜色变浅，最后加入 10 mL NH_4SCN 溶液，继续滴定，终点应为白色浑浊液（有时略带粉红色）。根据滴定时所消耗的 $Na_2S_2O_3$ 体积计算 Cu 的含量。

六、数据处理

见表 3-3 和表 3-4。

表 3-3　$Na_2S_2O_3$ 溶液的标定

项　　　　目	I	II	III
$m_{K_2Cr_2O_7}$ /g			
$V_{K_2Cr_2O_7}$ /mL			
$V_{Na_2S_2O_3}$ /mL			
$c_{Na_2S_2O_3}$ /mol $\cdot$ L^{-1}			
$\bar{c}_{Na_2S_2O_3}$ /mol $\cdot$ L^{-1}			
相对偏差/%			
平均相对偏差/%			

$$c_{Na_2S_2O_3} = \frac{c_{1/6K_2Cr_2O_7} V_{K_2Cr_2O_7}}{V_{Na_2S_2O_3}}$$

表 3-4　铜合金中铜含量的测定

项　　目	I	II	III
m_s/g			
$V_{Na_2S_2O_3}$/mL			
w_{Cu}/%			
$\bar{w}_{Cu}$/%			
相对偏差/%			
平均相对偏差/%			

$$w_{Cu} = \frac{c_{Na_2S_2O_3} V_{Na_2S_2O_3} M_{Cu} \times 10^{-3}}{m_s} \times 100\%$$

七、注意事项

1. 结晶的 $Na_2S_2O_3 \cdot 5H_2O$ 容易风化，并含杂质，不能直接配制成准确浓度的标准溶液，而是采用标定法配制。可用 $K_2Cr_2O_7$、KIO_3、纯铜等基准物质采用间接碘量法标定 $Na_2S_2O_3$ 的准确浓度。本实验中采用 $K_2Cr_2O_7$ 作为基准物质标定 $Na_2S_2O_3$ 的准确浓度。

2. $Na_2S_2O_3$ 溶液不稳定，易被酸（即使是 $CO_2 + H_2O$）、微生物、空气中 O_2 所分解。配制 $Na_2S_2O_3$ 溶液时，应用新煮沸（除去 CO_2 和杀死细菌）并冷却了的蒸馏水，并加入 Na_2CO_3 呈弱碱性以抑制细菌生长，贮存于棕色瓶中并置于暗处防光照分解。经过一段时间后应重新标定。如溶液变浑（S↓），应过滤后再标定或另配。

3. 淀粉溶液最好能在终点前 0.5mL 时加入，在滴定第二份溶液时应做到这一点。滴定 Cu^{2+} 时，终点应为白色浑浊液，但往往略带粉红色，第一次滴定时，应了解终点前后颜色变化的情况。

4. 铜合金溶解后加热赶 H_2O_2 时，火力不要太大。根据实践经验，开始冒小气泡，然后冒大气泡，这时表明 H_2O_2 已赶尽。如果体积太小，可加几毫升水。

八、思考题

1. 为什么不能直接用 $K_2Cr_2O_7$ 标定 $Na_2S_2O_3$ 溶液，而采用间接法？为什么 $K_2Cr_2O_7$ 与 KI 反应必须加酸，且要放置 5min？滴定前加水稀释的目的是什么？终点的亮绿色是什么物质的颜色？

2. 标定 $Na_2S_2O_3$ 溶液时，为什么要在滴定到黄绿色时再加入淀粉？

3. 碘量法测定铜时，为什么要加入 NH_4HF_2？为什么临近终点时加入 NH_4SCN（或 KSCN）？

4. 铜合金试样能否用 HNO_3 分解？本实验采用 HCl 和 H_2O_2 分解试样，试写出反应式。

5. 如果铜合金试样溶解后 H_2O_2 没有赶尽，对测定结果会有什么影响？

九、参考文献

［1］武汉大学主编. 分析化学实验. 第四版. 北京：高等教育出版社，2005：202-206.

［2］北京大学化学系分析化学教学组. 基础分析化学实验. 第二版. 北京：北京大学出版社，1998：183-186.

实验 3-4　直接碘量法测定维生素 C 的含量

一、预习要点

1. 直接碘量法的原理和特点；

2. I_2 标准溶液的配制和标定方法；

3. 维生素 C 的化学性质和生理作用。

二、实验目的

1. 掌握 I_2 标准溶液和 $Na_2S_2O_3$ 标准溶液的配制和标定方法；

2. 通过 $Na_2S_2O_3$ 的标定，熟悉间接碘量法的基本原理和操作过程；

3. 通过维生素 C 的含量测定，熟悉直接碘量法的基本原理及操作过程。

三、实验原理

维生素 C（V_C）又称抗坏血酸，分子式为 $C_6H_8O_6$，是维持机体正常生理功能的重要维生素之一，属水溶性维生素，缺乏时会产生坏血病。新鲜蔬菜、水果中含有丰富的 V_C，是生物体摄取 V_C 的主要来源。测定 V_C 的经典方法是碘量法。V_C 分子中的烯二醇基具有还原性，能被 I_2 氧化成二酮基：

V_C 的半反应为：

$$C_6H_8O_6 \longrightarrow C_6H_6O_6 + 2H^+ + 2e^-$$

1mol V_C 与 1mol I_2 定量反应，V_C 的摩尔质量为 176.12g·mol^{-1}。使用淀粉作为指示剂，用直接碘量法可测定药片、注射液、蔬菜、水果中 V_C 的含量。

I_2 标准溶液采用标定法配制，用 $Na_2S_2O_3$ 标准溶液标定，反应如下：

$$2S_2O_3^{2-} + I_2 \Longrightarrow S_4O_6^{2-} + 2I^-$$

V_C 的还原性很强，在空气中极易被氧化，尤其是在碱性介质中，更易于被氧化。因此测定时需加入 HAc 使溶液呈弱酸性，减少 V_C 的副反应。

四、仪器与试剂

1. 仪器

分析天平（精度 0.1mg），酸式滴定管（50mL），碱式滴定管（50mL），碘量瓶（250mL），移液管（25mL）等。

2. 试剂

（1）0.05mol·L^{-1} I_2 溶液：称取 3.3g I_2 和 5g KI，置于研钵中，加入少量水研磨（通风橱中操作），待 I_2 全部溶解后，将溶液转入棕色试剂瓶中，加水稀释至 250mL，充分摇匀，放暗处保存；

（2）$Na_2S_2O_3$ 溶液（0.1mol·L^{-1}）：称取 12.5g $Na_2S_2O_3$·$5H_2O$ 于烧杯中，加入 150~250mL 新煮沸并冷却的蒸馏水，溶解后加入约 0.1g Na_2CO_3，用新煮沸并冷却的蒸馏水稀释至 500mL，贮存于棕色试剂瓶中，暗处放置 3~5 天后标定；

（3）淀粉溶液（5g·L^{-1}）：称取 0.5g 可溶性淀粉，用少量水搅匀；加入 100mL 沸水搅匀。若需放置，可加少量 HgI_2 或 H_3BO_3 作防腐剂。

醋酸（2mol·L^{-1}），HCl（1+1），KI 200g·L^{-1}，$K_2Cr_2O_7$ 基准物质，V_C 药粉，水

果（取水果可食部分捣碎为果浆）。

五、实验步骤

1. $c_{1/6K_2Cr_2O_7} = 0.1000mol \cdot L^{-1}$ 的 $K_2Cr_2O_7$ 标准溶液的配制

采取固定质量称量法，用洁净干燥的小烧杯准确称取 1.2258g 左右的 $K_2Cr_2O_7$ 基准物质，加水溶解，定容于 250mL 容量瓶中，摇匀。

2. $0.1mol \cdot L^{-1}$ $Na_2S_2O_3$ 溶液准确浓度的标定

用移液管准确移取 25.00mL $K_2Cr_2O_7$ 标准溶液于 250mL 碘量瓶中，加入 5mL 6mol·L^{-1} HCl 溶液，5mL 200g·L^{-1} KI 溶液，塞紧瓶塞并加水封。摇匀放在暗处 5min，使 $Cr_2O_7^{2-}$ 和 I^- 充分反应。待反应完全后，加入 100mL 蒸馏水稀释并冲洗瓶塞，用待标定的 $Na_2S_2O_3$ 溶液滴定至接近终点（溶液呈浅黄绿色）时，加入 2mL 5g·L^{-1} 淀粉指示剂，继续滴定至深蓝色消失，溶液呈现亮绿色即为终点。平行标定三份，计算 $c_{Na_2S_2O_3}$。

3. $0.05mol \cdot L^{-1}$ I_2 溶液的标定

移取 25.00mL $Na_2S_2O_3$ 标准溶液于 250mL 锥形瓶中，加蒸馏水 60mL，淀粉指示剂 2mL，用待标定的 I_2 溶液滴定至溶液刚刚呈现稳定的淡蓝色且半分钟内不褪色即为终点。平行标定三份，计算 c_{I_2}。

4. V_C 药粉中 V_C 含量的测定

精密称取 0.2g 的 V_C 药粉，置于锥形瓶中，加入 2mol·L^{-1} 的 HAc 10mL，然后加入新煮沸放冷的蒸馏水 100mL，待样品溶解后，加淀粉指示剂 2mL，立即用 0.05mol·L^{-1} I_2 标准溶液滴定至溶液显蓝色并在 30s 内不褪色为终点。平行测定三份，计算 V_C 的质量分数。

5. 水果中 V_C 含量的测定

用 100mL 小烧杯准确称取新捣碎的果浆（番茄、橙、橘子等）30～50g，立即加入 10mL 的 2mol·L^{-1} HAc，定量转入 250mL 锥形瓶中，加入 2mL 淀粉溶液，立即用 0.005mol·L^{-1} I_2 标准溶液（将实验步骤 3 中标定好的 0.05mol·L^{-1} I_2 标准溶液稀释 10 倍后使用）滴定至溶液刚呈现稳定的蓝色即为终点。平行测定 3 份，计算果浆中 V_C 的含量。

六、数据处理

正确记录数据并计算出样品中 V_C 的含量。

七、思考题

1. 为什么 V_C 含量可以用碘量法测定？

2. V_C 本身就是一个酸，为什么测定时还要加入 HAc？

3. 标定 $Na_2S_2O_3$ 溶液的准确浓度时，淀粉指示剂为什么要在溶液呈浅黄绿色时再加入？而在测定 V_C 时，可在滴定前就加入淀粉指示剂？

八、参考文献

武汉大学主编. 分析化学实验. 第四版. 北京：高等教育出版社，2005：206-208.

实验 3-5   间接碘量法测定葡萄糖的含量

一、预习要点

1. 间接碘量法的原理；

2. 间接碘量法测定葡萄糖的原理和操作要点。

二、实验目的

1. 学习间接碘量法的原理与实验操作；

2. 熟悉碘价态变化的条件及其应用。

三、实验原理

碘量法分为碘滴定法和滴定碘法。碘滴定法是以碘作氧化剂直接滴定,例如用碘标准溶液直接滴定 SO_3^{2-} 或 SO_2 水溶液。滴定碘法是以 I^- 作还原剂,被测物氧化 I^- 成 I_2 后,用 $Na_2S_2O_3$ 标准溶液滴定生成的 I_2,间接求出被测物含量。

碘量法可用于无机物测定,但更多地是用于有机物测定。

I_2 在水中的溶解度只有 $0.013mol \cdot L^{-1}$,故常加入 KI,使 $I_2 + I^- \rightleftharpoons I_3^-$,增大溶解度,而且 $\varphi_{I_2/I^-}^{\ominus}$ 与 $\varphi_{I_3^-/I^-}^{\ominus}$ 基本上相等,所以 I_3^- 的作用也就与 I_2 相同,经常将 I_3^- 写成 I_2。在碱性条件下有以下反应发生:

$$I_2 + 2OH^- \rightleftharpoons IO^- + I^- + H_2O$$

而 IO^- 在碱性溶液中还可以缓慢地继续歧化:

$$3IO^- \rightleftharpoons IO_3^- + 2I^-$$

葡萄糖 ($C_6H_{12}O_6$,$M_r = 180.2g \cdot mol^{-1}$) 分子中的醛基能定量地被 IO^- 氧化成羧酸:

$$CH_2OH(CHOH)_4CHO + IO^- + OH^- \rightleftharpoons CH_2OH(CHOH)_4COO^- + I^- + H_2O$$

但反应速率慢,所以要控制反应条件,让 I_2 歧化所产生的 IO^- 充分用于氧化葡萄糖中的醛基,以保证醛基完全氧化,剩余的 IO^- 再发生歧化生成 IO_3^- 和 I^-,再将溶液酸化时,发生如下反应:

$$IO_3^- + 5I^- + 6H^+ \rightleftharpoons 3I_2 + 3H_2O$$

用 $Na_2S_2O_3$ 标准溶液滴定剩余的 I_2。

$$I_2 + 2S_2O_3^{2-} \rightleftharpoons 2I^- + S_4O_6^{2-}$$

则 1mol 葡萄糖 ~ 1mol I_2 ~ 2mol $Na_2S_2O_3$,以此计算葡萄糖含量。

四、仪器与试剂

1. 仪器

分析天平(精度 0.1mg),碱式滴定管(50mL),碘量瓶(250mL),容量瓶(250mL),移液管(25mL),烧杯(500mL),量筒(10mL)等。

2. 试剂

(1) $Na_2S_2O_3 \cdot 5H_2O$ 标准溶液($0.05mol \cdot L^{-1}$):称取 6.2g $Na_2S_2O_3 \cdot 5H_2O$,加入 150~250mL 新煮沸并冷却的蒸馏水,溶解后加入约 0.05g Na_2CO_3,用新煮沸并冷却的蒸馏水稀释至 500mL,贮存于棕色试剂瓶中,暗处放置 3~5 天后标定;

(2) I_2($c_{1/2I_2} = 0.05mol \cdot L^{-1}$):称取 3.3g I_2 和 5g KI,置于研钵中,加入少量水研磨(通风橱中操作),待 I_2 全部溶解后,将溶液转入棕色试剂瓶中。加水稀释至 500mL,充分摇匀,放暗处保存;

KI;$K_2Cr_2O_7$(140℃干燥 2h,贮存于干燥器中);HCl(1+1);NaOH 溶液($2mol \cdot L^{-1}$,使用时稀释 $0.1mol \cdot L^{-1}$);淀粉溶液(0.5%,称取 5g 淀粉,置于小烧杯中,用水调成糊状,在搅动下缓缓加到煮沸的 1L 水中,继续煮沸至透明,冷却至室温,转移至洁净的滴瓶中,一周内有效)。

五、实验步骤

1. $K_2Cr_2O_7$ 标准溶液($c_{1/6K_2Cr_2O_7} = 0.05mol \cdot L^{-1}$)的配制

准确称取 0.6128g 左右的 $K_2Cr_2O_7$ 于烧杯中,加水溶解后转移到 250mL 容量瓶中,定容,摇匀。

2. $Na_2S_2O_3$ 溶液的标定

移取 25.00mL $K_2Cr_2O_7$ 标准溶液于碘量瓶中,加 3mL HCl 和 1g KI,塞紧瓶塞并加水封。轻轻摇动溶解后于暗处（实验柜中）放置 5min，使 $Cr_2O_7^{2-}$ 和 I^- 充分反应。待反应完全后，加入 100mL 蒸馏水稀释并冲洗瓶塞，立即用 $Na_2S_2O_3$ 溶液滴定至红棕色变黄绿色后加入 2mL 淀粉溶液，继续滴定至溶液由蓝色变为亮绿色为终点。平行滴定 3 次，所消耗 $Na_2S_2O_3$ 溶液体积相差不超过 0.05mL，取其平均值，计算 $Na_2S_2O_3$ 标准溶液的浓度。

3. 测定 $Na_2S_2O_3$ 标准溶液与 I_2 溶液的体积比

移取 15.00mL I_2 溶液于锥形瓶中，加水至 80mL，用 $Na_2S_2O_3$ 标准溶液滴定至浅黄色，加 2mL 淀粉溶液，继续滴定至蓝色消失为终点。平行滴定 3 次，计算 $\dfrac{V_{I_2}}{V_{Na_2S_2O_3}}$。

4. 葡萄糖含量的测定

准确称取 0.40～0.45g 葡萄糖试样于烧杯中，加少量水溶解后定量转移至 250mL 容量瓶中，加水至刻度，摇匀。移取 25.00mL 试液于碘量瓶中，加入 25.00mL I_2 溶液，边摇边缓慢滴加稀 NaOH 溶液，至溶液变为浅黄色（约需 NaOH 溶液 20mL），塞紧瓶塞并加水封，放置 15min。然后加入 2mL HCl，立即用 $Na_2S_2O_3$ 标准溶液滴定至浅黄色。加 2mL 淀粉溶液，继续滴定至蓝色消失为终点。平行滴定 3 份，计算试样中葡萄糖的含量（%）。

六、注意事项

1. 配制 I_2 溶液时，一定要等固体 I_2 完全溶解后再转移。做完实验后将剩余的 I_2 溶液倒入回收瓶中。

2. 氧化葡萄糖时，加稀氢氧化钠溶液的速度要慢，否则暂时过量的 IO^- 来不及和葡萄糖反应就歧化为不具氧化性的 IO_3^-，致使葡萄糖氧化不完全。

七、思考题

1. 为什么不直接用 $K_2Cr_2O_7$ 标定 $Na_2S_2O_3$ 溶液，而采用间接法？为什么 $K_2Cr_2O_7$ 与 KI 反应需避光？滴定前为什么要加 100mL 水稀释？

2. 标定 $Na_2S_2O_3$ 溶液时，为什么淀粉溶液要在变黄绿色时加入？终点的亮绿色是什么离子的颜色？

3. I_2 溶液是否可用移液管移取？可否装在碱式滴定管中？各为什么？

4. 列出计算葡萄糖的最简单计算式。说明 I_2 溶液可以粗略配制的原因。

5. 氧化葡萄糖时若快速滴加稀 NaOH 溶液时，将会如何影响结果？为什么？

八、参考文献

[1] 华中师范大学等主编. 分析化学实验. 第三版. 北京：高等教育出版社，2001：86-67.

[2] 北京大学化学系分析化学教学组. 基础分析化学实验. 第二版. 北京：北京大学出版社，1998：186-188.

实验 3-6　　溴酸钾法测定苯酚含量

一、预习要点

1. 溴酸钾法的原理和特点；

2. 苯酚的来源及性质。

二、实验目的

1. 掌握溴酸钾-溴化钾溶液的配制方法；

2. 掌握溴酸钾法测定苯酚的原理及方法。

三、实验原理

溴酸钾是一种强氧化剂，容易制纯，在 180℃烘干后可直接配制标准溶液。在酸性溶液中，可以直接滴定一些还原性物质。溴酸钾主要用于测定有机物。在配制溴酸钾标准溶液时，加入过量的溴化钾，在酸性试液中发生如下反应：

$$BrO_3^- + 5Br^- + 6H^+ \rightleftharpoons 3Br_2 + 3H_2O$$

实际上相当于溴溶液。溴水不稳定，不适于配成标准溶液作滴定剂；而 $KBrO_3$-KBr 标准溶液很稳定，只在酸化时才发生上述反应，这就像及时配制的溴标准溶液一样。借溴的取代作用，可以测定酚类及芳香胺有机化合物；借加成反应可以测定有机物的不饱和程度。溴与有机物反应的速率较慢，必须加入过量的试剂。反应完成后，过量的 Br_2 用碘量法测定，即

$$Br_2 + 2I^- \rightleftharpoons 2Br^- + I_2$$
$$I_2 + 2S_2O_3^{2-} \rightleftharpoons 2I^- + S_4O_6^{2-}$$

因此，$KBrO_3$ 法一般是与碘量法配合使用的。

本实验采用溴酸钾法测定苯酚。苯酚是煤焦油的主要成分之一，广泛应用于消毒、杀菌，并作为高分子材料、染料、医药、农药合成的原料，由于苯酚的生产和应用造成了环境污染，因此它也是常规环境监测的主要项目之一。

溴酸钾法测定苯酚是基于 $KBrO_3$ 与 KBr 在酸性介质中反应，定量地产生 Br_2。Br_2 与苯酚发生取代反应生成三溴苯酚，反应式如下：

剩余的 Br_2 用过量 KI 还原，析出的 I_2 以 $Na_2S_2O_3$ 标准溶液滴定。计量关系为：

$$C_6H_5OH \sim BrO_3^- \sim 3Br_2 \sim 3I_2 \sim 6S_2O_3^{2-}$$

$Na_2S_2O_3$ 的标定，通常是用 $K_2Cr_2O_7$ 或纯铜作为基准物质，本实验为了与测定苯酚的条件一致，采用 $KBrO_3$-KBr 法标定，标定过程与上述测定过程相同，只是以水代替苯酚试样进行操作。

四、仪器与试剂

1. 仪器

分析天平（精度0.1mg），碱式滴定管（50mL），碘量瓶（250mL），容量瓶（250mL），移液管（25mL），吸量管（10mL），烧杯（100mL、500mL），量筒（10mL、100mL）等。

2. 试剂

(1) $Na_2S_2O_3$（$0.05mol \cdot L^{-1}$）：称取 12.5g $Na_2S_2O_3 \cdot 5H_2O$ 于烧杯中，加入 $150 \sim 250mL$ 新煮沸经冷却的蒸馏水，溶解后，加入约 0.1g Na_2CO_3，用新煮沸且冷却的蒸馏水稀释至 1L，贮存于棕色试剂瓶中，在暗处放置 $3 \sim 5$ 天后标定；

(2) 淀粉溶液（$5g \cdot L^{-1}$）：称取 0.5g 可溶性淀粉，用少量水搅匀；加入 100mL 沸水，搅匀。若需放置，可加入少量 HgI_2 或 H_3BO_3 作防腐剂；

KI（$100g \cdot L^{-1}$），HCl（1+1），NaOH $100g \cdot L^{-1}$，苯酚试样。

五、实验步骤

1. $KBrO_3$-KBr 标准溶液（$c_{1/6KBrO_3} = 0.1000mol \cdot L^{-1}$）的配制

准确称取 0.6959g $KBrO_3$ 置于小烧杯中，加入 4g KBr，用水溶解后，定量转移至 250mL 容量瓶中，以水稀释至刻度，摇匀。

2. $Na_2S_2O_3$ 溶液的标定

准确移取 25.00mL $KBrO_3$-KBr 标准溶液于 250mL 碘量瓶中，加入 25mL 水，10mL

HCl 溶液，摇匀，盖上表面皿，放置 5～8min，然后加入 KI 20mL，摇匀，再放置 5～8min，用 $Na_2S_2O_3$ 溶液滴定至浅黄色。加入 2mL 淀粉溶液。继续滴定至蓝色消失为终点。平行测定 3 份，计算 $Na_2S_2O_3$ 溶液的浓度。

3. 苯酚试样的测定

准确称取 0.2～0.3g 试样于 100mL 烧杯中，加入 5mL NaOH，用少量水溶解后，定量转入 250mL 容量瓶中，稀释至刻度，摇匀。移取 10mL 试样溶液于 250mL 锥形瓶中，用移液管加入 25.00mL $KBrO_3$-KBr 标准溶液，然后加入 10mL HCl 溶液，充分摇动 2min，使三溴苯酚沉淀完全分散后，盖上表面皿，再放置 5min，加入 20mL KI，放置 5～8min 后，用 $Na_2S_2O_3$ 标准溶液滴定至浅黄色。加入 2mL 淀粉溶液，继续滴定至蓝色消失为终点。平行测定 3 份，计算苯酚含量。

六、数据处理

计算苯酚含量的公式：

$$w_{C_6H_5OH} = \frac{\left[(cV)_{BrO_3^-} - \frac{1}{6}(cV)_{S_2O_3^{2-}}\right]M_{C_6H_5OH}}{m_s}$$

七、思考题

1. 标定 $Na_2S_2O_3$ 及测定苯酚时，能否用 $Na_2S_2O_3$ 溶液直接滴定 Br_2？为什么？

2. 苯酚试样中加入 $KBrO_3$-KBr 溶液后，用力摇动锥形瓶的目的是什么？

八、参考文献

[1] 武汉大学主编. 分析化学实验. 第四版. 北京：高等教育出版社，2005：210-212.

[2] 彭崇慧，冯建章，张锡瑜等. 定量化学分析简明教程. 第二版. 北京：北京大学出版社，2002：243.

实验 3-7　蒸馏后溴化容量法测定水中挥发性酚

一、预习要点

1. 溴酸钾法的原理和特点；

2. 水中挥发性酚的来源及性质。

二、实验目的

1. 掌握溴酸钾-溴化钾溶液的配制方法；

2. 掌握溴酸钾法测定水中挥发性酚的实验原理及方法。

三、实验原理

挥发性酚通常指沸点在 230℃ 以下的酚类化合物，属一元酚，是高毒性物质。长期饮用被酚污染的水，可引起头昏、瘙痒、出疹、贫血及各种神经系统症状。水中含低浓度（0.1～0.2mg·L^{-1}）酚类时，其中生长的鱼的鱼肉有异味；高浓度（>5mg·L^{-1}）则可使鱼中毒死亡。含酚浓度高的废水不宜用于农田灌溉，否则会引起农作物枯死或减产。生活饮用水和 I、II 类地表水中挥发性酚类的限值均为 0.002mg·L^{-1}，污染水最高容许排放浓度为 0.5mg·L^{-1}。

本实验采用溴酸钾法测定工业废水中挥发性酚。先采用蒸馏法使挥发性酚类化合物蒸馏出，由于酚类化合物的挥发速度是随馏出液体积而变化的，因此，馏出液体积必须与试样体积相等。

在含过量溴（由溴酸钾和溴化钾所产生）的溶液中，使酚与溴生成三溴酚，并进一步生成溴代三溴酚。在剩余的溴与碘化钾作用、释放出游离碘的同时，溴代三溴酚与碘化钾反应生成三溴酚和游离碘，用硫代硫酸钠溶液滴定释出的游离碘，并根据其消耗量，计算出挥发酚的含量（以苯酚计）。

四、仪器与试剂

1. 仪器

常用实验室仪器及 500mL 全玻璃蒸馏器。

2. 试剂

（1）溴酸钾-溴化钾标准溶液 $c_{1/6KBrO_3} = 0.1mol \cdot L^{-1}$：称取 2.784g $KBrO_3$ 溶于水，加入 10g KBr 溶解后移入 1L 容量瓶中，用水稀释至标线；

（2）碘酸钾溶液 $c_{1/6KIO_3} = 0.0125mol \cdot L^{-1}$：称取预先经 180℃ 烘干的碘酸钾 0.4458g 溶于水中，移入 1L 容量瓶，稀释至标线；

（3）硫代硫酸钠溶液 0.0125mol $\cdot L^{-1}$：称取 3.1g 硫代硫酸钠溶于煮沸放冷的水中，加入 0.2g 碳酸钠，稀释至 1L，临用前用碘酸钾溶液标定；

（4）淀粉溶液：称取 1g 可溶性淀粉，用少量水调成糊状，加沸水至 100mL，冷后，置冰箱内保存；

（5）碘化钾-淀粉试纸：称取 1.58g 可溶性淀粉，用少量水搅成糊状，加入 200mL 沸水，混匀，放冷，加 0.5g 碘化钾和 0.5g 碳酸钠，用水稀释至 250mL，将滤纸条浸渍后，取出晾干，盛于棕色瓶中，密塞保存；

（6）10% (m/V) 硫酸铜溶液：称取 100g $CuSO_4 \cdot 5H_2O$ 溶于水，稀释至 1L；

甲基橙指示液（0.58g $\cdot L^{-1}$），硫酸亚铁（$FeSO_4 \cdot 7H_2O$），碘化钾；磷酸溶液（1+9），10% (m/V) 氢氧化钠溶液；四氯化碳溶液；硫酸溶液（1+5、0.5mol $\cdot L^{-1}$），乙醚，盐酸。

五、实验步骤

1. 样品的采集

在样品采集现场，应检测有无游离氯等氧化剂存在，如有发现，则应及时加入过量硫酸亚铁除去。样品应贮存于硬质玻璃瓶中。

采集后样品应及时加磷酸酸化至 pH 约 4.0，并加适量硫酸铜（1g $\cdot L^{-1}$）以抑制微生物对酚类的生物氧化作用，同时应将样品冷藏（5~10℃），在采集后 24h 内进行测定。

2. 预蒸馏

取 250mL 样品移入蒸馏瓶中，加数粒玻璃珠以防止暴沸，再加数滴甲基橙指示液，用磷酸溶液调节到 pH=4（溶液呈橙红色），加 5mL 硫酸铜溶液（如采样时已加过硫酸铜，则适量补加）。连接冷凝器，加热蒸馏，至蒸馏出约 225mL 时，停止加热，放冷，向蒸馏瓶中加入 25mL 水，继续蒸馏至馏出液为 250mL 止。

3. 硫代硫酸钠溶液的标定

取 20.00mL 碘酸钾溶液置于 250mL 碘量瓶中，加水稀释至 100mL，加 1g 碘化钾，再加 5mL（1+5）的硫酸，加塞，轻轻摇匀。置暗处放置 5min，用硫代硫酸钠溶液滴定至淡黄色，加 1mL 淀粉溶液，继续滴定至蓝色刚褪去为止，记录用去硫代硫酸钠的体积，计算硫代硫酸钠溶液的准确浓度。

4. 溴化滴定

取 100mL 馏出液（如酚含量较高，则酌情减量，用水稀释至 100mL，使含酚不超过 10mg）于碘量瓶中，加 5mL 盐酸，徐徐摇动碘量瓶，从滴定管中滴加溴酸钾溶液至溶液呈淡黄色，再加至过量 50%，记录用量。

迅速盖上瓶塞，混匀，在 20℃ 放置 15min，加入 1g 碘化钾，盖上瓶塞，混匀后置于暗处放置 5min。用硫代硫酸钠标准溶液滴定至淡黄色后，加 1mL 淀粉溶液，继续滴定至蓝色刚好褪去，记录用量。

同时以 100mL 水做空白试验，加入相同体积的溴酸钾-溴化钾溶液。

六、数据处理

挥发酚含量 $c(mg \cdot L^{-1})$ 按下式计算：

$$c = \frac{(V_1 - V_2)c_B \times 15.68 \times 1000}{V}$$

式中　V_1——空白试验滴定时硫代硫酸钠溶液用量，mL；

　　　V_2——试样滴定时硫代硫酸钠溶液用量，mL；

　　　c_B——硫代硫酸钠溶液的浓度，mol·L⁻¹；

　　　V——试样体积，mL；

　　　15.68——苯酚（$1/6C_6H_5OH$）摩尔质量，g·mol⁻¹。

七、注意事项

本实验的干扰可分下述情况分别予以排除：

1. 氧化剂（如游离氯），当样品经酸化后滴于碘化钾-淀粉试纸上出现蓝色时，说明存在氧化剂。遇此情况，可加入过量的硫酸亚铁。

2. 硫化物，样品中含有少量硫化物时，在磷酸酸化后，加入适量硫酸铜即可形成硫化铜而除去，当含量较高时，则应在样品用磷酸酸化后，置通风柜内进行搅拌曝气，使其生成硫化氢逸出。

3. 油类，将样品移入分液漏斗中，静置分离出浮油后，加粒状氢氧化钠调节至 pH 12～12.5，立即用四氯化碳萃取（每升样品用 40mL 四氯化碳萃取两次），弃去四氯化碳层，将萃取后样品移入烧杯中，于水浴上加热以除去残留的四氯化碳，再用磷酸调节至 pH 4.0。

4. 甲醛、亚硫酸盐等有机或无机还原性物质，可分取适量样品于分液漏斗中，加硫酸溶液使呈酸性，分次加入 50mL、30mL、30mL 乙醚以萃取酚，合并乙醚层于另一分液漏斗中，分次加入 4mL、3mL、3mL 氢氧化钠溶液进行反萃取，使酚类转入碱液中，合并碱萃取液，移入烧杯中，置水浴上加热，以除去残余乙醚，然后用水将碱萃取液稀释到原分取样品的体积。

八、思考题

1. 实验中可能在哪几个步骤遇到干扰？如何避免这些干扰？
2. 为了实验的操作安全，在实验过程中需要注意哪几个问题？

九、参考文献

[1] GB 7491—87 水质挥发酚的测定——蒸馏后溴化容量法.
[2] 彭崇慧，冯建章，张锡瑜等. 定量化学分析简明教程. 第二版. 北京：北京大学出版社，2002：243.

第4章　沉淀滴定法

实验 4-1　莫尔法测定生理盐水中 NaCl 含量

一、预习要点
1. 沉淀滴定法的原理；
2. 莫尔法的特点。

二、实验目的
1. 掌握沉淀滴定法中标准溶液的配制及标定方法；
2. 掌握银量法中以 K_2CrO_4 为指示剂测定氯离子的原理和方法。

三、实验原理
某些可溶性氯化物中氯含量的测定可采用银量法。银量法根据所用指示剂不同又分为莫尔法、佛尔哈德法和法扬司法。

本实验采用莫尔法。此方法是在中性或弱碱性溶液中，以 K_2CrO_4 为指示剂，用 $AgNO_3$ 标准溶液进行滴定。由于 AgCl 的溶解度比 Ag_2CrO_4 小，因此溶液中首先析出 AgCl 沉淀，当 AgCl 定量沉淀后，稍过量的 $AgNO_3$ 溶液即与 CrO_4^{2-} 生成砖红色 Ag_2CrO_4 沉淀，指示到达终点。

主要反应式如下：

$$Ag^+ + Cl^- \Longrightarrow AgCl\downarrow（白色） \quad K_{sp} = 1.8 \times 10^{-10}$$

$$2Ag^+ + CrO_4^{2-} \Longrightarrow Ag_2CrO_4\downarrow（砖红色） \quad K_{sp} = 2.0 \times 10^{-12}$$

莫尔法最适宜的 pH 范围是 6.5～10.5。若溶液酸度太高，则 CrO_4^{2-} 会转变为 $Cr_2O_7^{2-}$，溶液中 $[CrO_4^{2-}]$ 将减小，导致 Ag_2CrO_4 沉淀出现过迟，甚至不会沉淀；但若碱度过高，又将出现 Ag_2O 沉淀。由于 AgCl 沉淀易吸附 Ag^+，所以在到达终点前需剧烈振摇溶液，以减少 AgCl 沉淀对 Ag^+ 的吸附作用。

$AgNO_3$ 标准溶液可直接用干燥的一级试剂配制。将优级纯的 $AgNO_3$ 置于烘箱中，在 110℃烘干 2h，以除去吸湿水。然后称取一定量烘干的 $AgNO_3$ 晶体，溶解后转移至一定体积的容量瓶中，加水稀释至刻度，即得到一定浓度的标准溶液。

$AgNO_3$ 与有机物接触易起还原作用，贮存的试剂瓶须使用玻璃塞，滴定时亦须使用酸式滴定管。$AgNO_3$ 有腐蚀性，应注意勿与皮肤接触。$AgNO_3$ 见光易分解，析出黑色的金属银。所以 $AgNO_3$ 标准溶液应贮存于棕色试剂瓶中，放置于暗处。保存时间过久的 $AgNO_3$ 标准溶液，使用前应重新标定。

一般的硝酸银试剂中，往往含有水分、金属银、有机物、氧化银、亚硝酸银及游离酸和不溶物等杂质，因此，用不纯的硝酸银试剂配制的溶液，必须进行标定。标定 $AgNO_3$ 溶液最常用的基准物质为 NaCl，但是 NaCl 容易吸收空气中的水分，所以在使用时应在 500～600℃ 高温炉中灼烧半小时后，放置于干燥器中冷却备用。标定 $AgNO_3$ 溶液的方法，最好和用此标准溶液测定试样的方法相同，这样可以消除系统误差。本实验只介绍用莫尔法（Mohr）标定 $AgNO_3$ 溶液。

四、仪器与试剂

1. 仪器

分析天平（精度 0.1mg），酸式滴定管（50mL），容量瓶（100mL），称量瓶，锥形瓶（250mL），移液管（25mL），量筒（10mL）等。

2. 试剂

NaCl 固体（基准试剂）：使用前先在 500～600℃ 马弗炉中灼烧半小时后，放置在干燥器中冷却。也可将 NaCl 置于带盖的瓷坩埚中加热，并不断搅动，待迸溅声停止后，继续加热 15min，将坩埚放入干燥器中冷却后再用；

K_2CrO_4 5%水溶液（称取 5g K_2CrO_4 溶于 100mL 水中），$AgNO_3$（A. R.），生理盐水。

五、实验步骤

1. 0.1mol·L^{-1} $AgNO_3$ 标准溶液的配制与标定

称取 1.7g $AgNO_3$，溶于不含 Cl^- 的蒸馏水中，并用不含 Cl^- 的蒸馏水稀释至 100mL。如欲保存，则需置于棕色试剂瓶中，在暗处保存，以防见光分解。

准确称取 0.15～0.20g 基准 NaCl 三份，分别置于三个锥形瓶中，各加 25mL 蒸馏水溶解后，用吸量管加入 5% K_2CrO_4 溶液 1mL，在充分摇动下，用 $AgNO_3$ 溶液滴定至溶液刚呈现稳定的砖红色即为终点，记录 $AgNO_3$ 溶液用量，计算 $AgNO_3$ 的浓度（mol·L^{-1}）。

2. 生理盐水中 NaCl 含量的测定

将生理盐水稀释 1 倍后，用移液管准确移取 25.00mL 已稀释的生理盐水于锥形瓶中，用吸量管加入 5% K_2CrO_4 溶液 1mL，在充分摇动下，用标准 $AgNO_3$ 溶液滴定至刚呈现稳定的砖红色即为终点。平行测定三次，计算生理盐水中 NaCl 的含量。

六、注意事项

1. 滴定必须在中性或弱碱性溶液中进行，最适宜 pH 范围为 6.5～10.5。若溶液碱性太强，可先用稀 HNO_3 中和至甲基红变橙，再滴加稀 NaOH 至由橙变黄；酸性太强，则用 $NaHCO_3$、$CaCO_3$ 或硼砂中和。如有铵盐存在，溶液的 pH 值最好控制在 6.5～7.2 之间。

2. 指示剂 K_2CrO_4 的用量对滴定有影响，一般以 5×10^{-3} mol·L^{-1} 为宜。若加入的 K_2CrO_4 浓度过高，则终点将出现过早且溶液颜色过深，影响终点的观察；若 K_2CrO_4 浓度过低，则终点出现过迟，也影响测定的准确度。

3. 凡是能与 Ag^+ 生成难溶性化合物或配合物的阴离子都干扰测定，如 PO_4^{3-}、AsO_4^{3-}、AsO_3^{3-}、S^{2-}、SO_3^{2-}、CO_3^{2-}、$C_2O_4^{2-}$ 等。其中 H_2S 可加热煮沸除去，将 SO_3^{2-} 氧化成 SO_4^{2-} 后不再干扰测定。

4. 凡是能与 CrO_4^{2-} 指示剂生成难溶化合物的阳离子都干扰测定，如 Ba^{2+}、Pb^{2+} 能与 CrO_4^{2-} 分别生成 $BaCrO_4$ 和 $PbCrO_4$ 沉淀。Ba^{2+} 的干扰可加入过量 Na_2SO_4 消除。

5. 实验完毕后，应将装 $AgNO_3$ 溶液的滴定管先用蒸馏水洗涤 2～3 次后，再用自来水冲洗干净，以免产生 AgCl 沉淀黏附于滴定管内壁上。

七、思考题

1. 莫尔法测定 Cl^- 时，为什么溶液的 pH 应控制为 6.5～10.5？

2. 以 K_2CrO_4 作指示剂时, 其浓度太大或太小对测定有何影响?

八、参考文献

[1] 李志林, 马志领, 翟永清编著. 无机及分析化学实验. 北京: 化学工业出版社, 2007: 160-161.

[2] 武汉大学主编. 分析化学实验. 第四版. 北京: 高等教育出版社, 2005: 215-217.

[3] 彭崇慧, 冯建章, 张锡瑜等. 分析化学——定量化学分析简明教程. 第 3 版. 北京: 北京大学出版社, 2009: 199-200.

实验 4-2　佛尔哈德法测定氯化物中氯含量
(有机溶剂包覆法隔离氯化银沉淀)

一、预习要点

1. 沉淀滴定法的原理;

2. 佛尔哈德 (Volhard) 返滴定法测定 Cl^- 的原理及特点。

二、实验目的

1. 学习 NH_4SCN 标准溶液的配制和标定;

2. 掌握用佛尔哈德返滴定测定氯化物中氯含量的原理和方法。

三、实验原理

在含 Cl^- 的酸性试液中, 加入一定量过量的 Ag^+ 标准溶液, 定量生成 AgCl 沉淀后, 过量 Ag^+ 以铁铵矾为指示剂, 用 NH_4SCN 标准溶液返滴定, 由 $Fe(SCN)^{2+}$ 络离子的红色, 指示滴定终点。主要反应为:

$$Ag^+ + Cl^- \Longrightarrow AgCl\downarrow \text{（白色）} \qquad K_{sp} = 1.8 \times 10^{-10}$$
$$Ag^+ + SCN^- \Longrightarrow AgSCN\downarrow \text{（白色）} \qquad K_{sp} = 1.0 \times 10^{-12}$$
$$Fe^{3+} + SCN^- \Longrightarrow Fe(SCN)^{2+} \text{（红色）} \qquad K_1 = 138$$

指示剂用量大小对滴定有影响, 一般控制 Fe^{3+} 浓度为 $0.015mol \cdot L^{-1}$ 为宜。

滴定时, 控制氢离子浓度为 $0.1 \sim 1mol \cdot L^{-1}$, 激烈摇动溶液, 并加入硝基苯 (有毒!) 或石油醚保护 AgCl 沉淀, 使其与溶液隔开, 防止 AgCl 沉淀与 SCN^- 发生交换反应而消耗滴定剂。

测定时, 能与 SCN^- 生成沉淀, 或生成络合物, 或能氧化 SCN^- 的物质均有干扰。PO_4^{3-}、AsO_4^{3-}、CrO_4^{2-} 等离子, 由于酸效应的作用而不影响测定。

佛尔哈德法常用于直接测定银合金和矿石中银的质量分数。

四、仪器与试剂

1. 仪器

分析天平 (精度 0.1mg), 酸式滴定管 (50mL), 容量瓶 (100mL), 称量瓶, 锥形瓶 (250mL), 移液管 (25mL), 量筒 (10mL)。

2. 试剂

(1) $AgNO_3$ ($0.1mol \cdot L^{-1}$): 称取 8.5g $AgNO_3$ 溶解于 500mL 不含 Cl^- 的蒸馏水中, 将溶液转入棕色试剂瓶中, 置暗处保存, 以防光照分解;

(2) NH_4SCN ($0.1mol \cdot L^{-1}$): 称取 3.8g NH_4SCN, 用 500mL 水溶解后转入试剂瓶中;

(3) 铁铵矾指示剂溶液 ($400 g \cdot L^{-1}$): $1mol \cdot L^{-1}$ HNO_3 溶液;

(4) HNO_3 (1+1), 若含有氮的氧化物而呈黄色时, 应煮沸驱除氮化合物;

（5）硝基苯；

（6）NaCl 试样：在 $500\sim600\,^{\circ}\!C$ 高温炉中灼烧半小时后，置于干燥器中冷却。也可将 NaCl 置于带盖的瓷坩埚中，加热，并不断搅拌，待进溅声停止后，继续加热 15min，将坩埚放入干燥器中冷却后使用。

五、实验步骤

1. NH_4SCN 溶液的标定

用移液管移取 $AgNO_3$ 标准溶液 25.00mL 于 250mL 锥形瓶中，加入 5mL（1＋1）HNO_3，铁铵矾指示剂 1.0mL，然后用 NH_4SCN 溶液滴定。滴定时，激烈振荡溶液，当滴至溶液颜色为淡红色稳定不变时即为终点。平行标定 3 份。计算 NH_4SCN 溶液浓度。

2. 试样分析

准确称取约 2g NaCl 试样于 50mL 烧杯中，加水溶解后，转入 250mL 容量瓶中，稀释至刻度，摇匀。

用移液管移取 25.00mL 试样溶液于 250mL 锥形瓶中，加 25mL 水，5mL（1＋1）HNO_3，由滴定管加入 $AgNO_3$ 标准溶液至过量 5～10mL（加入 $AgNO_3$ 溶液时，生成白色 AgCl 沉淀，接近计量点时，氯化银要凝聚，振荡溶液，再让其静置片刻，使沉淀沉降，然后加入几滴 $AgNO_3$ 到清液层，如不生成沉淀，说明 $AgNO_3$ 已过量，这时，再适当过量 5～10mL $AgNO_3$ 即可）。然后，加入 2mL 硝基苯，用橡皮塞塞住瓶口，剧烈振荡半分钟，使 AgCl 沉淀进入硝基苯层而与溶液隔开。再加入铁铵矾指示剂 1.0mL，用 NH_4SCN 标准溶液滴至出现淡红色的 $Fe(SCN)^{2+}$ 络合物稳定不变时即为终点。平行测定 3 份。计算 NaCl 试样中氯的含量。

六、思考题

1. 佛尔哈德法测氯时，为什么要加入石油醚或硝基苯？当用此法测定 Br^-，I^- 时，还需加入石油醚或硝基苯吗？

2. 试讨论酸度对佛尔哈德法测定卤素离子含量时的影响。

3. 本实验为什么用 HNO_3 酸化？可否用 HCl 溶液或 H_2SO_4 酸化？为什么？

七、参考文献

武汉大学主编. 分析化学实验. 第四版. 北京：高等教育出版社，2005：217-219.

实验4-3 佛尔哈德法测定调味品中氯化钠的含量
（氯化银沉淀过滤法）

一、预习要点

1. 沉淀滴定法的原理；

2. 佛尔哈德返滴定法测定 Cl^- 的原理及特点。

二、实验目的

1. 学习 NH_4SCN 标准溶液的配制和标定方法；

2. 掌握用佛尔哈德返滴定法测定 Cl^- 含量的原理和方法。

三、实验原理

用铁铵矾做指示剂的银量法称为佛尔哈德法，包括直接滴定法和返滴定法两种。本实验采用佛尔哈德返滴定法测定调味品中氯化钠的含量。样品经处理、酸化后，加入一定量过量的硝酸银标准溶液，定量生成 AgCl 沉淀后，过量的 Ag^+ 以铁铵矾为指示剂，用硫氰酸钾标准溶液返滴定，由 Fe(SCN)$^{2+}$ 络离子的红色指示滴定终点。根据硫氰酸钾标准溶液的消耗量，计算食品中氯化钠的含量。

四、仪器与试剂

1. 仪器

分析天平（精度 0.1mg），滴定管（50mL），容量瓶（100mL），锥形瓶（250mL），移液管（50mL），量筒（10mL、100mL），研钵，水浴锅。

2. 试剂

以下试剂均为分析纯，水为蒸馏水。

(1) 硝酸溶液（1+3）：量取 1 体积浓硝酸与 3 体积水混匀，使用前须经煮沸、冷却；

(2) 0.1mol·L^{-1} 硝酸银溶液：称取 17g 硝酸银溶于水中，转移到 1000mL 容量瓶中，用水稀释至刻度，摇匀，置于暗处；

(3) 0.1mol·L^{-1} 硫氰酸钾溶液：称取 9.7g 硫氰酸钾溶于水中，转移到 1000mL 容量瓶中，用水稀释至刻度，摇匀；

(4) 铁铵矾饱和溶液：称取 50g 硫酸铁铵溶于 100mL 水中，如有沉淀需过滤。

五、实验步骤

1. 0.1mol·L^{-1} 硝酸银溶液和 0.1mol·L^{-1} 硫氰酸钾溶液的标定

称取 0.10～0.15g 基准试剂氯化钠或经 500～600℃灼烧至恒重的分析纯氯化钠，于 100mL 烧杯中，用水溶解，转移到 100mL 容量瓶中。加入 5mL 硝酸溶液，边猛烈摇动边加入 30.00mL（V_1）0.1mol·L^{-1} 硝酸银溶液，用水稀释至刻度，摇匀。在避光处放置 5min，用快速定量滤纸过滤，弃去最初滤液 10mL。取上述滤液 50.00mL 于 250mL 锥形瓶中，加入 2mL 硫酸铁铵饱和溶液，边猛烈摇动边用 0.1mol·L^{-1} 硫氰酸钾标准溶液滴定至出现淡棕红色，保持 1min 不褪色。记录消耗硫氰酸钾溶液的体积（V_2）。取 0.1mol·L^{-1} 硝酸银溶液 20.00mL（V_3）于 250mL 锥形瓶中，加入 30mL 水、5mL 硝酸溶液和 2mL 硫酸铁铵饱和溶液。以下按上述标定步骤操作，记录消耗 0.1mol·L^{-1} 硫氰酸钾溶液的体积（V_4）。

2. 试样的制备

称取约 5g 试样，置于 100mL 烧杯中，加入适量水使其溶解（液体样品可直接转移），全部转移至 250mL 容量瓶中。

3. 分析检测

(1) 沉淀氯化物　取一定体积试液，使之含 50～100mg 氯化钠，置于 100mL 容量瓶中，加入 5mL 硝酸溶液。边猛烈摇动边加入 20.00～40.00mL 0.1mol·L^{-1} 硝酸银标准溶液，用水稀释至刻度，在避光处放置 5min。用快速定量滤纸过滤，弃去最初滤液 10mL。当加入 0.1mol·L^{-1} 硝酸银标准溶液后，如不出现氯化银凝聚沉淀，而呈现胶体溶液时，应在定容、摇匀后移入 250mL 锥形瓶中，置沸水浴中加热数分钟（不得用直火加热）直至出现氯化银凝聚沉淀。取出，在冷水中迅速冷却至室温，用快速定量滤纸过滤，弃去最初滤液 10mL。

(2) 滴定　取 50.00mL 滤液于 250mL 锥形瓶中。以下按 0.1mol·L^{-1} 硝酸银溶液和 0.1mol·L^{-1} 硫氰酸钾溶液的标定步骤操作，记录消耗 0.1mol·L^{-1} 硫氰酸钾标准溶液的体积（V_5）。

(3) 空白试验　用 50mL 水代替 50.00mL 滤液，加入滴定试样时消耗 0.1mol·L^{-1} 硝酸银标准溶液体积的 1/2，以下按第 (2) 项步骤操作。记录空白试验消耗 0.1mol·L^{-1} 硫氰酸钾标准溶液的体积（V_0）。

六、数据处理

（1）硝酸银溶液和硫氰酸钾溶液的浓度（c_1、c_2）计算：根据硝酸银溶液与硫氰酸钾溶液的体积比（F），计算硝酸银溶液和硫氰酸钾溶液的浓度（c_1、c_2）：

$$F = \frac{V_3}{V_4} = \frac{c_1}{c_2} \tag{4-1}$$

$$c_2 = \frac{\dfrac{m_0}{0.05844}}{V_1 - 2V_2 F} \tag{4-2}$$

$$c_1 = c_2 F \tag{4-3}$$

式中　F——硝酸银溶液与硫氰酸钾溶液的体积比；

　　　c_1——硫氰酸钾溶液的实际浓度，$mol \cdot L^{-1}$；

　　　c_2——硝酸银溶液的实际浓度，$mol \cdot L^{-1}$；

　　　m_0——氯化钠的质量，g；

　　　V_1——标定时加入硝酸银溶液的体积，mL；

　　　V_2——滴定时消耗硫氰酸钾溶液的体积，mL；

　　　V_3——测定体积比（F）时，硝酸银溶液的体积，mL；

　　　V_4——测定体积比（F）时，硫氰酸钾溶液的体积，mL；

　0.05844——与 1.00 mL 硝酸银溶液 $[c(AgNO_3) = 1.000 \, mol \cdot L^{-1}]$ 相当的氯化钠的质量，g。

（2）食品中氯化钠的含量以质量分数表示，按式(4-4) 计算：

$$w(\%) = \frac{0.05844 c_1 (V_0 - V_5) K_1}{m} \times 100\% \tag{4-4}$$

式中　w——食品中氯化钠的含量（质量分数），%；

　　　V_0——空白试验时消耗 0.1 mol $\cdot$ L^{-1} 硫氰酸钾标准溶液的体积，mL；

　　　V_5——滴定试样时消耗 0.1 mol $\cdot$ L^{-1} 硫氰酸钾标准溶液的体积，mL；

　　　K_1——稀释倍数；

　　　m——试样的质量，g。

计算结果精确至小数点后第二位。

七、思考题

1. 本实验为何用硝酸酸化？可否用盐酸酸化？

2. 佛尔哈德法测定氯时，为什么要将生成的 AgCl 过滤除去？还有其他的解决办法吗？

八、参考文献

GB/T 12457—2008 食品中氯化钠的测定方法.

实验 4-4　氯化物中氯含量的测定（法扬司法）

一、预习要点

1. 法扬司法的实验原理；

2. 吸附指示剂的作用原理。

二、实验目的

1. 掌握法扬司法测定卤化物的基本原理、方法和计算；

2. 掌握吸附指示剂的作用原理；

3. 学会以二氯荧光黄为指示剂判断滴定终点的方法。

三、实验原理

法扬司法又称为吸附指示剂法。它可以测定样品中 Cl^-、Br^-、I^-、SCN^- 的含量。AgX(X 代表 Cl^-、Br^-、I^- 和 SCN^-)胶体沉淀具有强烈的吸附作用，能选择性地吸附溶液中的离子，首先是构晶离子。就 AgCl 沉淀而言，若溶液中 Cl^- 过量，则沉淀表面吸附 Cl^-，使胶粒带负电荷。吸附层中的 Cl^- 能疏松地吸附溶液中的阳离子（抗衡离子）组成扩散层。当溶液中 Ag^+ 过量时，则沉淀表面吸附 Ag^+，使胶粒带正电荷，而溶液中的阴离子作为抗衡离子主要存在于扩散层中。

滴定终点可用二氯荧光黄（$pK_a=4$）等有机染料来指示。当二氯荧光黄（以 HIn 表示，其离解的阴离子 In^- 为黄绿色）被吸附在胶体表面后，可能由于形成某种化合物而导致分子结构的变化，从而引起颜色的变化。因此，在滴定过程中，终点前后沉淀结构的变化可用下面两个方程表示：

$$2Ag^+ + NO_3^- + AgCl + Cl^- \vdots Na^+(\text{固}) = 2AgCl \cdot Ag^+ \vdots NO_3^- \downarrow + Na^+$$

$$AgCl \cdot Ag^+ \vdots NO_3^-(\text{固}) + HIn = AgCl \cdot Ag^+ \vdots In^- + H^+ + NO_3^-$$
$$\qquad\qquad\quad (\text{黄色}) \qquad\qquad\qquad (\text{红色})$$

滴定酸度的控制由指示剂的离解常数 K_a 和 Ag^+ 的水解酸度决定。应用二氯荧光黄指示剂时，虽然可在 pH4～10 范围内进行，但要注意 pH 太高时，指示剂 In^- 阴离子形式浓度较大，势必导致化学计量点前，会有一些指示剂的 In^- 形式与 $AgCl + Cl^-$ 吸附层中的 Cl^- 交换，致使终点颜色变化不明显。

为了保持 AgCl 沉淀尽量呈胶体状态，滴定时，可加入糊精或聚乙烯醇溶液。

四、仪器与试剂

1. 仪器

分析天平（精度 0.1mg），滴定管（50mL），容量瓶（250mL），锥形瓶（250mL），移液管（25mL），量筒（10mL）。

2. 试剂

(1) NaCl 基准试剂：在 500～600℃高温炉中灼烧半小时后，放置干燥器中冷却。也可将 NaCl 置于带盖的瓷坩埚中，加热，并不断搅拌，待迸溅声停止后，继续加热 15min，将坩埚放入干燥器中冷却后使用。

(2) $AgNO_3$($0.05mol \cdot L^{-1}$)：称取 4.25g $AgNO_3$ 溶解于 500mL 不含 Cl^- 的蒸馏水中，将溶液转入棕色试剂瓶中，置暗处保存，以防见光分解。

(3) 二氯荧光黄 0.1％的乙醇溶液：称取 0.1g 二氯荧光黄溶于 100mL 70％的乙醇溶液中。

(4) 糊精（固体）或 1％糊精的水溶液：称取 1g 糊精用少量水调成糊状后，将预先煮沸的 100mL 沸水加入其中，搅匀。

五、实验步骤

1. $AgNO_3$ 溶液的标定

准确称取 1.4621g 基准 NaCl，置于小烧杯中，用蒸馏水溶解后，转入 250mL 容量瓶中，稀释至刻度，摇匀。用移液管移取 25.00mL NaCl 标准溶液于 250mL 锥形瓶中，加入 10 滴二氯荧光黄指示剂、0.1g 糊精（或加入 10mL 1％的糊精水溶液），摇匀。用 $AgNO_3$ 溶液进行滴定，滴定时不断摇动，仔细观察，当颜色由淡黄到红色时，即为滴定终点。平行测定三份，计算 $AgNO_3$ 浓度。

2. 试样分析

称取相当于含 1g NaCl 的样品，用水溶解后，转入 250mL 容量瓶中，用水稀释至刻度。用移液管移取 25.00mL 试液三份，分别置于三个 250mL 锥形瓶中，以下步骤和标定 $AgNO_3$ 溶液浓度操作相同，记下滴定消耗的 $AgNO_3$ 溶液体积。计算试样中 Cl^- 的质量分数。

六、数据处理

$$w_{Cl^-} = c_{AgNO_3} V_{AgNO_3} \times 10^{-3} \times M_{Cl^-} / m \times 100\%$$

式中　w_{Cl^-}——氯的质量分数，%；

　　　c_{AgNO_3}——$AgNO_3$ 标准溶液的浓度，$mol \cdot L^{-1}$；

　　　V_{AgNO_3}——滴定时消耗 $AgNO_3$ 标准溶液的体积，mL；

　　　M_{Cl^-}——Cl^- 的摩尔质量，$g \cdot mol^{-1}$；

　　　m——称取 NaCl 试样的质量，g。

七、思考题

1. 为什么本实验要尽量保持 AgCl 为胶体状态？如何保持？
2. 举例说明吸附指示剂的变色原理。
3. 说明在法扬司法中，选择吸附指示剂的原则。

八、参考文献

[1] 胡伟光，张文英主编. 定量化学分析实验. 北京：化学工业出版社，2004：163.

[2] 武汉大学主编. 分析化学实验. 第二版. 北京：高等教育出版社，1985：339.

第 5 章 重量分析法

实验 5-1 硫酸钡晶形沉淀重量法测定二水合氯化钡中钡含量

一、预习要点
1. 重量分析法的分类、原理和特点；
2. 沉淀的分类及晶形沉淀析出条件的控制；
3. 沉淀的溶解度概念，影响溶解度的因素。

二、实验目的
1. 了解重量法测定 $BaCl_2 \cdot 2H_2O$ 中钡含量的原理和方法；
2. 掌握晶形沉淀的制备、过滤、洗涤、灼烧及恒重等基本操作技术。

三、实验原理

重量分析法是通过称量物质的质量进行分析的方法。测定时，通常先用适当的方法使被测组分与其他组分分离，然后称量，由称得的质量计算该组分的含量。重量分析法具有准确度高、不需标准溶液的优点，但操作繁琐，耗时长。

重量分析法分为挥发法、电解法和沉淀法三类。沉淀重量法是利用沉淀反应使待测组分以微溶化合物的形式沉淀出来，再使之转化为称量形式进行称量。$BaSO_4$ 晶形沉淀重量法是通过控制适当的条件，使 Ba^{2+} 与 SO_4^{2-} 反应，形成晶形沉淀。晶形沉淀的沉淀条件是"稀、热、慢、搅、陈"五字原则。沉淀经过滤、洗涤、烘干、炭化、灰化、灼烧后，以 $BaSO_4$ 形式称量，既可用于测定 Ba^{2+}，也可用于测定 SO_4^{2-} 的含量。

硫酸钡重量法一般在 $0.05mol \cdot L^{-1}$ 左右盐酸介质中进行沉淀，它是为了防止产生 $BaCO_3$、$BaHPO_4$、$BaHAsO_4$ 沉淀以及防止生成 $Ba(OH)_2$ 共沉淀。同时，适当提高酸度，增加 $BaSO_4$ 在沉淀过程中的溶解度，以降低其相对过饱和度，有利于获得较好的晶形沉淀。

用 $BaSO_4$ 重量法测定 Ba^{2+} 时，一般用稀 H_2SO_4 作沉淀剂。为了使 $BaSO_4$ 沉淀完全，H_2SO_4 必须过量。由于 H_2SO_4 在高温下可挥发除去，故沉淀带下的 H_2SO_4 不致引起误差，因此沉淀剂可过量 50%～100%。

四、仪器与试剂

1. 仪器
分析天平（精度 0.1mg），瓷坩埚（25mL）2～3 个，坩埚钳，定量滤纸（慢速或中速），玻璃漏斗两个，淀帚一把，烧杯，马弗炉，干燥器。

2. 试剂
H_2SO_4（$1mol \cdot L^{-1}$），HCl（$2mol \cdot L^{-1}$），HNO_3（$2mol \cdot L^{-1}$），$AgNO_3$（$0.1mol \cdot L^{-1}$），$BaCl_2 \cdot 2H_2O$（A. R）。

五、实验步骤

1. 空坩埚的恒重

取两个洁净的瓷坩埚，蘸三氯化铁溶液在坩埚外壁做好标记。置于（800±20）℃的马弗炉中灼烧40min，待马弗炉中红热稍降后，戴上微波炉手套，用坩埚钳夹入干燥器中，干燥器不可马上盖严，要暂留以小缝隙，过1min后盖严。冷却至室温后在分析天平上准确称量。为防止受潮，称量速度要快，平衡后马上读数。第二次后每次只灼烧20min。如果两次灼烧后所称得的坩埚质量之差不超过0.4mg，即已恒重。

2. 沉淀的制备

准确称取0.4~0.6g $BaCl_2 \cdot 2H_2O$ 试样两份，分别置于250mL烧杯中，加入约100mL水，3mL 2mol·L^{-1} HCl溶液，搅拌溶解，加热至近沸。

取4mL 1mol·L^{-1} H_2SO_4 两份于两个100mL烧杯中，加水30mL，加热至近沸，趁热将两份稀 H_2SO_4 溶液分别用小滴管逐滴地加入到两份热的钡盐溶液中，边滴加沉淀剂边用玻璃棒不断搅拌，直至两份稀 H_2SO_4 溶液加完为止。待 $BaSO_4$ 沉淀下沉后，于上层清液中加入1~2滴0.1mol·L^{-1} H_2SO_4 溶液，仔细观察沉淀是否完全。沉淀完全后，盖上表面皿（切勿将玻璃棒拿出杯外），放置过夜陈化。也可将沉淀放在水浴上，保温40min陈化。

3. 沉淀的过滤和洗涤

沉淀用倾泻法过滤，可选用中速或慢速定量滤纸。用稀 H_2SO_4（用1mL 1mol·L^{-1} H_2SO_4 加100mL水配成）洗涤沉淀3~4次，每次约10mL。然后，将沉淀定量转移到滤纸上，用沉淀帚由上到下擦试烧杯内壁，并用折叠滤纸时撕下的小片滤纸擦试杯壁，并将此小片滤纸放于漏斗中，再用稀 H_2SO_4 洗涤4~6次，直至洗涤液中不含 Cl^- 为止。

4. 沉淀的灼烧和恒重

将折叠好的沉淀滤纸包置于已恒重的瓷坩埚中烘干、炭化、灰化后，在（800±20）℃的马弗炉中灼烧至恒重。计算 $BaCl_2 \cdot 2H_2O$ 中 Ba^{2+} 的含量。

六、注意事项

1. $PbSO_4$、$SrSO_4$ 的溶解度均较小，Pb^{2+}、Sr^{2+} 对钡的测定有干扰。NO_3^-、ClO_3^-、Cl^- 等阴离子和 K^+、Na^+、Ca^{2+}、Fe^{3+} 等阳离子均可以引起共沉淀现象，故应严格掌握沉淀条件，减少共沉淀现象，以获得纯净的 $BaSO_4$ 晶形沉淀。

2. 沉淀采用倾泻法过滤，目的是为了避免沉淀堵塞滤纸上的空隙，影响过滤速度。

3. 过滤开始后，应随时检查滤液是否透明，如不透明，说明有穿滤。这时必须换另一洁净烧杯接液，在原漏斗上将穿滤的滤液进行第二次过滤。若滤纸穿孔，应更换滤纸重新过滤，原来的滤纸应保留。

4. 洗涤沉淀时为了检验洗涤液中是否还含有 Cl^-，用试管收集2mL滤液，加1滴2mol·L^{-1} HNO_3 酸化，再加入2滴 $AgNO_3$，若无白色浑浊产生，表示 Cl^- 已洗净。

5. 高温坩埚放入干燥器后，不能立即盖紧干燥器盖子。原因如下：（1）干燥器中空气由于高温而剧烈膨胀，推动干燥气盖，会将盖子推落打碎；（2）当干燥器中空气从高温降到室温后，压力大大降低，盖子很难打开，即使能够打开也会由于空气的冲入而将坩埚中的被测物冲散使分析失败。正确的做法是：先留一小缝（2mm宽），1min后盖严，然后再推开1~2次，放出热空气。

七、思考题

1. 为什么要在稀热 HCl 溶液中且不断搅拌下逐滴加入沉淀剂沉淀 $BaSO_4$？HCl 加入太

多有什么影响？

2. 为什么要在热溶液中沉淀 $BaSO_4$，但要在冷却后过滤？晶形沉淀为何要陈化？

3. 什么叫倾泻法过滤？洗涤沉淀时，为什么用洗涤液或水都要少量、多次？

4. 何谓灼烧至恒重？

5. 应如何检查沉淀是否完全？

6. 本实验的误差来源主要有哪些？

八、参考文献

[1] 武汉大学主编. 分析化学实验. 第四版. 北京：高等教育出版社，2005：219-222.

[2] 彭崇慧，冯建章，张锡瑜等. 定量化学分析简明教程. 第二版. 北京：北京大学出版社，2002：261-262.

实验 5-2　微波干燥恒重法测定 $BaCl_2 \cdot 2H_2O$ 中钡含量

一、预习要点

1. 重量分析的原理和一般操作；

2. 微波加热的原理和微波炉的使用方法。

二、实验目的

1. 了解测定 $BaCl_2 \cdot 2H_2O$ 中钡含量的原理和方法；

2. 掌握晶型沉淀的制备方法及重量分析的基本操作技术，建立恒重概念；

3. 了解微波技术在样品干燥方面的应用。

三、实验原理

在重量分析法中，为了使获得的产品（如 $BaSO_4$）转化为一定的"称量形式"，在称量前必须干燥除水，以保证测定的准确度和精密度。本实验采用微波炉干燥 $BaSO_4$ 沉淀。

传统的 $BaSO_4$ 重量法采用马弗炉灼烧恒重，由外到内热传导，升温慢，且需长时间冷却，操作繁琐，耗能多，耗时长。微波的"体加热作用"可在不同深度同时产生热，分子通过对微波能的吸收和微波炉内交变磁场的作用，快速升温与冷却，加热均匀，既可节省实验时间，节省能源，又可改善加热质量，对于稳定的 $BaSO_4$ 晶形沉淀来说，是一种非常好的恒重方法。

由于微波干燥的时间短，所选用的微波炉功率低，在使用微波法干燥 $BaSO_4$ 沉淀时，包藏在 $BaSO_4$ 沉淀中的高沸点的杂质如 H_2SO_4 等不易在干燥过程中被分解或挥发而除去，所以对沉淀条件和沉淀洗涤操作要求更加严格。沉淀时应将试液进一步稀释，并且使过量的沉淀剂控制在 20%～50% 之间，沉淀剂的滴加速度要缓慢，尽可能减少杂质的包藏。

四、仪器与试剂

1. 仪器

家用微波炉，分析天平（精度 0.1mg），G4 玻璃坩埚，减压过滤装置等。

2. 试剂

HCl（$2mol \cdot L^{-1}$），H_2SO_4（$1mol \cdot L^{-1}$），HNO_3（$2mol \cdot L^{-1}$），$AgNO_3$ 水溶液（$0.1mol \cdot L^{-1}$）。

五、实验步骤

1. 玻璃坩埚的恒重

用水洗净两个玻璃坩埚，编号，然后分别使用 $2mol \cdot L^{-1}$ HCl、蒸馏水减压过滤，至无水汽后再抽滤 2min，以除掉玻璃砂板微孔中的水分，便于干燥。先用滤纸吸去坩埚外壁的水珠，然后将玻璃坩埚放入微波炉中，用高功率加热干燥，第一次 6min，取出，稍冷，将玻璃坩埚移入干燥器中，留一小缝，半分钟后盖严，冷却 12～15min 至室温，在分析天平上快速称量；重复加热第二次 3min，冷至室温，再称量，直至恒重（前后两次质量之差 ≤0.4mg），否则再干燥 3min，冷至室温，称量，直至恒重。

2. 沉淀的制备

在分析天平上准确称取 0.4～0.5g 钡盐试样两份，分别置于 250mL 烧杯中，各加入 150mL 水，搅拌溶解，加入 3mL 2mol·L⁻¹ HCl 溶液，盖上表面皿，加热至近沸。取 4～5mL 1mol·L⁻¹ H_2SO_4 溶液两份，分别置于小烧杯中，加入约 30mL 水，加热至近沸，在连续搅拌下，趁热将 H_2SO_4 溶液逐滴滴入热的试样溶液中，沉淀剂滴完后（在烧杯中留几滴沉淀剂，待用），待 $BaSO_4$ 沉降完全，沿烧杯内壁向上层清液中加入 1～2 滴稀 H_2SO_4 溶液（沉淀剂），仔细观察是否已沉淀完全。若清液出现浑浊，说明沉淀剂不够，应再加入直至沉淀完全。盖上表面皿（不要取出玻璃棒），将沉淀在室温下放置过夜，陈化；或在蒸汽浴上加热陈化 1h，其间要每隔几分钟搅动一次，取出烧杯，冷却至室温后便可抽滤。

准备洗涤液：取 2mL 1mol·L⁻¹ H_2SO_4 溶液稀释至 200mL。

3. 称量形的获得

用倾泻法在已恒重的玻璃坩埚中进行减压过滤，小心地把沉淀上面清液滤完后，用事先准备好的洗涤液将烧杯中的沉淀洗涤 3 次，每次用约 10～15mL，再用水洗一次。然后将沉淀转移到玻璃坩埚中，并用玻璃棒"擦"黏附在杯壁上的沉淀，再用水冲洗烧杯和玻璃棒直至沉淀转移完全。最后用水淋洗沉淀及坩埚内壁数次（6 次以上）至洗涤液无 Cl^- 时为止，方法为先将减压装置开关调小，再用小试管小心收集滤液约 2mL，加入 1 滴 2mol·L⁻¹ HNO_3 和 2 滴 $AgNO_3$ 溶液，不呈浑浊。将减压过滤装置开关调大，继续减压过滤 4min 以上至不再产生水雾。

用滤纸吸去坩埚外壁的水珠，放入微波炉中，用高功率加热干燥，第一次 10min，干燥器中冷至室温，称量；第二次 4min，冷至室温，再称量，直至恒重。做完实验，分别使用稀 H_2SO_4 和水将玻璃坩埚洗净。

六、数据处理

根据 $BaSO_4$ 的质量，计算钡盐试样中钡的质量分数（％）。

七、注意事项

1. 干、湿坩埚不可在同一微波炉内加热，因炉内水分不挥发，加热恒重的时间很短，湿度的影响过大。并且，本实验中，可考虑先用滤纸吸去坩埚外壁的水珠，再放入微波炉中加热，以减少加热的时间。

2. 干燥好的玻璃坩埚稍冷后放入干燥器，先要留一小缝，半分钟后盖严，用分析天平称量，必须在干燥器中自然冷却至室温后方可进行。

3. 由于传统的灼烧沉淀可除掉包藏的 H_2SO_4 等高沸点杂质，而用微波干燥时不能分解或挥发掉，故应严格控制沉淀条件与操作规范。应把含 Ba^{2+} 的试液进一步稀释，过量的沉淀剂 H_2SO_4 控制在 20％～50％，滴加 H_2SO_4 速度缓慢，且充分搅拌，可减少 H_2SO_4 及其他杂质被包裹的量，以保证实验结果的准确度。

4. 坩埚使用前用稀 HCl 抽滤，不用稀 HNO_3，防止 NO_3^- 成为抗衡离子。本实验中，使用后的坩埚可及时用稀 H_2SO_4 洗净，不必用热的浓 H_2SO_4。

八、思考题

1. 微波加热的原理是什么?
2. 微波加热在分解试样和烘干样品时有哪些优越性?
3. 使用微波炉时应注意什么?

九、参考文献

[1] http//www. jpkc. sysu. edu. cn/second/fenxihuaxue/experiment/data/shiyan. doc.

[2] 陈焕光,李焕然,张大经. 分析化学实验. 广州:中山大学出版社,1998:165-169.

[3] 金钦汉. 微波化学. 北京:科学出版社,1999:170.

[4] 北京大学化学系分析化学教学组. 基础分析化学实验. 第二版. 北京:北京大学出版社,1998:197-199.

[5] 钱军,郭明,张晓晖. 微波炉灼烧 $BaSO_4$ 沉淀好处多. 大学化学,1996,11 (1):44.

[6] 徐文国等. 微波加热技术在重量分析中的应用. 分析化学,1992,20 (11):1291.

第6章 紫外可见分光光度法

实验 6-1 邻二氮菲分光光度法测定蔬菜中的铁含量

一、预习要点

1. 分光光度法测定的原理与方法；
2. 分光光度计的性能、结构及操作要点；
3. 邻二氮菲与 Fe^{2+} 络合反应的特点。

二、实验目的

1. 学习分光光度法测定的原理与方法；
2. 了解 723N 型分光光度计的性能、结构及使用方法。

三、实验原理

紫外-可见分光光度法是根据物质分子对波长为 $200\sim760$nm 这一范围的电磁波的吸收特性所建立起来的一种定性、定量和结构分析方法。它具有较高的灵敏度，可用于微量组分测定。

紫外-可见分光光度计主要由光源、单色器、样品池、检测器和信号输出五部分组成。其中光源通常采用氘灯（$200\sim400$nm）和钨灯（$400\sim760$nm）。

朗伯-比尔定律（Lambert-Beer's Law）是光吸收的基本定律，俗称光吸收定律，是分光光度法定量分析的依据和基础。当入射光波长一定时，溶液的吸光度 A 是吸光物质的浓度 c 及吸收介质厚度 b（吸收光程）的函数。

$$A = \varepsilon bc$$

式中 ε 为吸光系数。

根据朗伯-比尔定律，在分光光度法中经常用标准曲线法来求得未知样品的浓度。首先，配制一系列已知浓度的待测物标液，分别测得其吸光度值 A，绘制 A-c 曲线，在相同条件下配制未知样品溶液，测其吸光度值，从曲线上读出未知样品中待测物的浓度，最后计算其中待测物的含量。

铁是人体必需的微量元素之一，铁不仅参与血红蛋白的合成，还是肌红蛋白、细胞色素、过氧化氢酶、过氧化物酶等的组成部分。如果缺铁会造成上述酶或蛋白质合成不足，继而影响氧和二氧化碳的运输以及氧的利用。因此，铁和生命呼吸与细胞的生物氧化过程密切相关，具有重要的生理意义。人体每日铁需要量为 $10\sim18$mg，如果供给不足，可以发生缺铁性贫血。铁元素在芹菜、香菜、菠菜、韭菜、油菜等绿色蔬菜中含量较高。

在无机分析中，很少利用金属离子本身的颜色进行光度分析，因为它们的吸光系数值都很小。一般都是选适当的试剂，将待测离子转化为有色化合物，再进行测定。这种将试样中被测组分转变成有色化合物的化学反应，叫显色反应，所用试剂称为显色剂。铁的显色剂很多，例如硫氰酸铵、巯基乙酸、磺基水杨酸钠等。邻二氮菲是测定微量铁较好的试剂。它与二价铁离子反应，生成稳定的红色络合物（$\lg K_稳 = 21.3$），反应方程式如图6-1所示。此反应很灵敏，络合物的摩尔吸光系数 ε 为 $1.1 \times 10^4 \text{ cm}^{-1} \cdot \text{mol}^{-1} \cdot \text{L}$，最大吸收波长为508nm。在 pH 2～9 之间，颜色深度与酸度无关，而且稳定，在有还原剂存在的条件下，颜色可以保持几个月不变。本方法的选择性很高，相当于铁含量 40 倍的 Sn^{2+}、Al^{3+}、Mg^{2+}、SiO_3^{2-}，20 倍的 Cr^{3+}、Mn^{2+}、VO_3^-、PO_4^{3-} 和 5 倍的 Co^{2+}、Cu^{2+} 等均不干扰测定，所以此法应用很广。

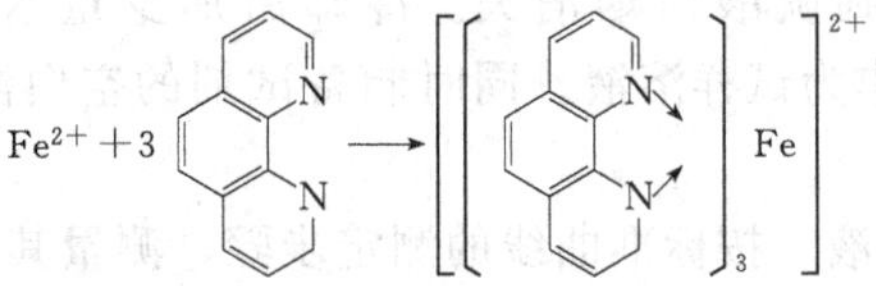

图6-1　二价铁离子与邻二氮菲反应方程式

四、仪器与试剂

1. 仪器

723N 型分光光度计（附 4 个 1cm 比色皿），具塞比色管（25.00mL 14 个），洗瓶，吸量管（1mL 4 个，5mL 1 个）。

2. 试剂

（1）$50 \mu g \cdot mL^{-1}$ Fe^{2+} 标准溶液：准确称取 0.4317g $NH_4Fe(SO_4)_2 \cdot 12H_2O$，置于烧杯中，加入 40mL $6 mol \cdot L^{-1}$ HCl 和少量水，溶解后，转移至 1L 容量瓶中，以水稀释至刻度，摇匀。供制作标准曲线用。

（2）$5 \times 10^{-4} mol \cdot L^{-1}$ 标准铁溶液：准确称取 0.2411g $NH_4Fe(SO_4)_2 \cdot 12H_2O$，置于烧杯中，加入 40mL $6 mol \cdot L^{-1}$ HCl 和少量水，溶解后，转移至 1L 容量瓶中，以水稀释至刻度，摇匀。供测定络合物组成用。

10％盐酸羟胺（新鲜配制，不宜久放），0.15％邻二氮菲水溶液，$1 mol \cdot L^{-1}$ NaAc 溶液，$6 mol \cdot L^{-1}$ HCl 溶液。

五、实验步骤

1. 标准曲线的绘制

（1）溶液的配制　在 6 支 25.00mL 具塞比色管中分别加入 $50 \mu g \cdot mL^{-1}$ 标准铁溶液 0，0.20mL，0.40mL，0.60mL，0.80mL，1.0mL；再分别加入 10％盐酸羟胺 0.5mL；0.15％邻二氮菲溶液 1mL；$1 mol \cdot L^{-1}$ 醋酸钠溶液 2.5mL，用水稀释至刻度，摇匀。

（2）测定

① 预热：首先打开 723N 型分光光度计的电源开关，仪器开始自检，自检结束后，进入预热状态，30min 后仪器预热完毕。

② 校准：仪器准备就绪后，按“MODE”键，通过上下键选择“吸光度”，并由“EN-TER”键确认。按“GOTOλ”设置所需波长，铁和邻二氮菲生成的红色络合物在 508nm 处有最大吸收，因此通过数字键输入 508nm，由“ENTER”键确认波长设置。将盛有参比溶液和待测溶液的比色皿分别放入相应的液槽中，将液槽暗盒盖合上，将参比溶液（空白溶液）推入正对光路位置，按“ZERO”调节吸光度为零，或者透光率为100％，即可进行测

量工作。

③ 测量：将待测溶液推入正对光路位置，从液晶屏上读取吸光度 A 并记录。最后，用 origin 软件绘制标准曲线，得出线性回归方程。

2. 植物试样中铁含量的测定

取适量植物试样（可选择菠菜作为样品）于高型烧杯或分解烧瓶中，加 5mL 硫酸和 10～20mL 硝酸，在电热板上平稳加热。待反应平稳后徐徐升温，分解有机物。分解液开始变黑时从电热板上取下分解瓶，加入 3～5mL 硝酸，再次加热分解。必要时重复此操作步骤，直至分解液无色透明或呈淡黄色且不变黑为止。分解基本完成后用煤气灯进行硫酸白烟处理，使之分解完全（分解为黑色或暗褐色时，再加硝酸进行分解）。冷却后，加 10mL 饱和草酸铵溶液，继续加热到硫酸白烟消失。冷却后加少量水，加热溶解内容物后，在 25～50mL 容量瓶中定容，作为试样溶液。同时制备试剂的空白溶液，用空白值校正试样测定值。

准确吸取适量的上述溶液，按标准曲线的测定步骤，测量其吸光度，利用线性回归方程求出试样溶液中铁的含量。

3. 络合物组成的测定

（1）溶液的配制　在 7 支 25mL 具塞比色管中各加入 $5×10^{-4}$ mol·L^{-1} 标准铁溶液 1.0mL，10% 盐酸羟胺 0.5mL，依次加入 $5×10^{-4}$ mol·L^{-1} 邻二氮菲溶液 1.0mL、1.5mL、2.0mL、2.5mL、3.0mL、3.5mL、4.0mL；然后再加入 1mol·L^{-1} 醋酸钠溶液 2.5mL，用水稀释至刻度，摇匀。

（2）测定　在 508nm 波长下，用 1cm 比色皿，以蒸馏水为参比溶液，测量各溶液吸光度值。测量完毕，关上电源，取出比色皿洗干净，放回原比色皿专用盒。待仪器散热 20min 后，罩上专用仪器罩。

以吸光度 A 对 c_R/c_M（络合剂与金属离子的摩尔数之比）作图，根据曲线上前后两部分延长线的交点位置，确定反应络合比。

六、数据处理

1. 制作标准曲线，从标准曲线上求出试液中铁的含量。再换算出每 100g 植物样品中含有多少 mg 铁。

2. 确定反应络合比。

七、注意事项

1. 拿比色皿时，只能拿毛玻璃的两面，如比色皿外壁挂水珠，则需用擦镜纸轻拭干，要保证透光面上没有印痕。

2. 比色皿用蒸馏水洗净后，还需用待测液润洗几次，避免发生待测液浓度的改变。比色皿装入溶液不能过多，一般四分之三为宜，以免溶液溅洒。

3. 本分光光度计配置四个经过原厂检测配对的 1cm 玻璃材质比色皿，在测定时可同时使用，但如果其中一个出现破损，不可自行添加使用，否则会增大误差。

八、思考题

1. 在实验中盐酸羟胺和醋酸钠的作用是什么？若用氢氧化钠代替醋酸钠，有什么缺点？

2. 比色测定用的参比溶液应如何配制？

3. 如果试液中含有某种干扰离子，该如何处理？

九、参考文献

[1] 叶芬霞主编. 无机及分析化学实验. 北京：高等教育出版社，2004：132.

[2] 赵庆华，韩丽琴，刘建华. 紫外分光光度法测定中草药中铁的含量. 广东微量元素科学，2006，13(12)：43-46.

实验 6-2　水杨酸溶液紫外吸收光谱的绘制及摩尔吸光系数的测算

一、预习要点

1. 紫外吸收光谱的绘制；
2. 摩尔吸光系数的定义。

二、实验目的

1. 掌握紫外吸收光谱的绘制方法；
2. 利用吸收光谱进行化合物的鉴定并测算摩尔吸光系数。

三、实验原理

紫外分光光度法不仅是无机物，也是有机物分析的有用手段之一。有机化合物的吸收光谱及其吸收峰波长，相应的吸光系数，是鉴定有机化合物的重要数据。

本实验用 751G 型分光光度计绘制水杨酸水溶液的紫外吸收光谱，找出它的吸收峰波长并测算摩尔吸光系数。

吸收光谱：表示物质的吸光率或吸光率函数对波长或波长函数的关系的图形。图 6-2 是水杨酸水溶液的紫外吸收光谱。除了发生缔合、解离等反应的个别情况外，物质的吸收光谱与它的浓度无关，而与溶剂、pH、温度等因素有关。

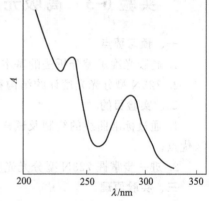

图 6-2　水杨酸水溶液的紫外吸收光谱

摩尔吸光系数 $\varepsilon = \dfrac{A}{bc}$，式中 b 取 cm 为单位，c 的单位为 $mol \cdot L^{-1}$。

实验测得吸收光谱及摩尔吸光系数与仪器的单色光带宽有关。因此实验结果必须注明所用仪器的型号及缝宽条件。

四、仪器与试剂

751G 型分光光度计（附 1cm 石英比色皿一对）；重结晶水杨酸。

五、实验步骤

1. 称取适量水杨酸（精确至 0.0001g），溶于去离子水配制成浓度为 11～15mg·L^{-1} 的样品溶液。

2. 打开氘灯及放大器开关，选择开关打在"校正"，预热仪器 15～20min，注意光闸放在"推入暗"位置，灯室背后手柄放在"氢弧灯"位置。

3. 用 1cm 石英比色皿，以去离子水作参比，在 220～350nm 波长范围内测绘吸收光谱，先每隔 10nm 测量一次吸光度，在峰值附近波长间隔 5nm，而后取 2nm，1nm，最后 0.5nm，以求得峰值波长的准确位置，测量时随时在坐标纸上作图，有助于显出吸收光谱形状轮廓及峰值波长位置，记录实验仪器型号及所用缝宽。

4. 以波长为横坐标，吸光度为纵坐标，作水杨酸水溶液的紫外吸收光谱图，计算在吸收峰波长的摩尔吸光系数。

5. 实验完毕，关掉光源及放大器开关，选择开关打到"关"，光闸放在"推入暗"，比色皿用去离子水洗净。

六、数据处理

1. 绘制水杨酸水溶液的紫外吸收光谱；

2. 找出吸收峰波长且测算摩尔吸光系数。

七、思考题

1. 样品溶液浓度过大或过小，对测量有何影响？应如何调整？

2. 缝宽大小对吸收光谱的轮廓、峰值波长的位置及摩尔吸光系数有何影响？如何选择缝宽？

八、参考文献

[1] 朱世盛编. 仪器分析. 上海：复旦大学出版社，1983：67.

[2] 蒋光中编著. 仪器分析：上册. 上海：新兴图书服务公司，1979：174.

实验 6-3　高吸光度示差分析法测定硝酸铬的含量

一、预习要点

1. 高吸光度示差分析法的基本原理；

2. 723N 型分光光度计的结构和使用方法。

二、实验目的

1. 通过标准曲线的绘制及试样溶液的测定，了解高吸光度示差分析法的基本原理、方法优点；

2. 进一步掌握 723N 型分光光度计的使用方法。

三、实验原理

普通吸光光度法是基于相同条件下测量试样溶液与试剂空白溶液（或溶剂）的吸光度，从所作的标准曲线来计算被测组分的含量，这种方法的准确度一般不会优于 $1\% \sim 2\%$，因此，它不适于高含量组分的测定。

为了提高吸光光度法测定的准确度，使其适于高含量组分的测定，可采用高吸光度示差分析法。示差法与普通吸光光度法的不同之处，在于用一个待测组分的标准溶液代替试剂空白溶液作为参比溶液，测量待测溶液的吸光度。它的测定步骤如下：

① 在仪器没有光线通过时（接收器上无光照射时）调节透光率为 0，这与比色法或普通分光光度法相同；

② 将一个比待测溶液（浓度为 $c + \Delta c$）稍稀的参比溶液（浓度为 c）放在仪器光路中，调节透光率为 100%；

③ 将待测量溶液（或标准溶液）推入光路中，读取表观吸光度 A_f；

表观吸光度 A_f 实际上是由 Δc 引起的吸收大小，可表达为：

$$A_f = ab\Delta c$$

上式说明，待测溶液（或标准溶液）与参比溶液的吸光度之差与这两次溶液的浓度差成正比。

无论普通吸光度或高吸光度示差法，只要符合朗伯-比尔定律，则测量误差仅仅是由于透光率（或吸光度）读数的不确定所引起的，由此可以方便地计算出分析的误差。

仪器刻度上透光率读数改变数（dT）所引起的浓度误差 dc 为绝对误差，它与透光率有关，其关系式容易由朗伯-比尔定律推得：

$$A_f = ab\Delta c = k\Delta c$$
$$\lg T = -A_f = -k\Delta c$$
$$0.43\ln T = -k\Delta c$$

$$dc = \frac{0.43}{KT}dT$$

式中，k 为标准曲线（$A\text{-}c$）的斜率。实验中三条曲线的三个 k 很接近。根据 k 值及上述关系可以计算出实验中各点的绝对误差（假设透光率读数误差为 1%，即 $dT = 0.01$）。

对于化学工作者来说，更有意义的是浓度的相对误差 $\left(\dfrac{dc}{c}\right)$，或者相对百分误差 $\left(\dfrac{dc}{c} \times 100\right)$。浓度相对百分误差与参比溶液的浓度关系密切，随着有色参比溶液浓度的增加（或 A 的增加），相对百分误差随之减小。当所用参比溶液的 $A = 1.736$ 时，相对百分误差也可减小至 0.25%，由此可见，差示法中高吸光度法可达到容量分析和重量分析的准确度。

四、仪器与试剂

723N 型分光光度计（附 4 个 1cm 比色皿）；$0 \sim 10$mL 微量滴定管 1 支（刻度准确至 0.005mL）；25mL 容量瓶 16 个；0.2500mol·L^{-1}Cr(NO$_3$)$_3$ 溶液。

五、实验步骤

1. 标准溶液的配制

在 16 个 25mL 容量瓶中，用微量滴定管分别放入 1.0mL、2.0mL、3.0mL、4.0mL、5.0mL、6.0mL、7.0mL、8.0mL、9.0mL、10.0mL、11.0mL、12.0mL、13.0mL、14.0mL、15.0mL、16.0mL 的 0.2500mol·L^{-1}Cr(NO$_3$)$_3$ 溶液（也可放置相接近的体积，但必须正确读到 0.005mL），再用蒸馏水稀释至刻度，摇匀。

2. 标准曲线的绘制及待测溶液的测定

选择一对 1cm 比色皿，在 550nm 波长下分别测量下列三组溶液的吸光度。

(1) 以蒸馏水为参比溶液，测量 1~5 号标准溶液的吸光度；

(2) 以 5 号标准溶液为参比溶液，测量 6~11 号标准溶液的吸光度；

(3) 以 10 号标准溶液为参比溶液，测量 11~16 号标准溶液及待测溶液的吸光度。

六、数据处理

1. 使用 origin 软件绘制（1）~（3）组的吸光度-浓度标准曲线；

2. 求算待测溶液的浓度；

3. 根据（1）~（3）组标准曲线，分别求其 k 值，然后计算出每个实验点的 $\dfrac{dc}{c} \times 100$，绘制（1）~（3）组 $\dfrac{dc}{c} \times 100\text{-}T$ 图，从图可以得出什么结论？

七、思考题

1. 在普通分光光度法中，若透光率读数改变 0.01，最小误差点（即 $T = 36.8\%$）的相对百分误差是多少？

2. 根据实验数据，指出哪一个实验点的相对百分误差最低？比普通分光光度法中 T 为 36.8% 处精确多少倍？

八、参考文献

[1] 朱世盛. 仪器分析. 上海：复旦大学出版社，1983：37.

[2] 田笠卿. 化学通报，1963，5：301.

实验 6-4　硝酸钴和硝酸铬混合溶液的光度法测定

一、预习要点

分光光度法测定有色混合物组成的基本原理。

二、实验目的

掌握光度法同时测定有色混合物组成的实验原理和方法。

三、实验原理

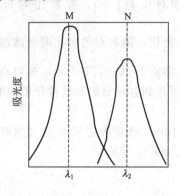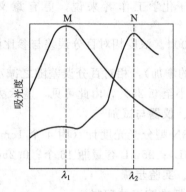

（a）相互不重叠　　　　　　　　　　　　　　（b）部分重叠

图 6-3　有色混合液两组分的吸收光谱

在很多情况下，溶液中含有两个（或两个以上）不同的有色组分。若两组分 M、N 的吸收光谱相互不重叠，如图 6-3(a)，则只要在波长 λ_1 及 λ_2 处分别测量试样溶液的吸光度，便可以求出 M 及 N 组分的含量。若两组分的吸收光谱部分重叠，如图 6-3(b)，则根据吸光度的加和性原则，在 M 和 N 的最大吸收波长 λ_1 及 λ_2 处，测量总吸光度 $A_{\lambda_1}^{M+N}$ 及 $A_{\lambda_2}^{M+N}$。

若测定时用 1cm 厚的比色皿，从下列关系式可求得 M 组分溶液 c_M 和 N 组分浓度 c_N。

$$A_{\lambda_1}^{M+N}=A_{\lambda_1}^{M}+A_{\lambda_1}^{N}=\varepsilon_{\lambda_1}^{M}c_M+\varepsilon_{\lambda_1}^{N}c_N \tag{6-1}$$

$$A_{\lambda_2}^{M+N}=A_{\lambda_2}^{M}+A_{\lambda_2}^{N}=\varepsilon_{\lambda_2}^{M}c_M+\varepsilon_{\lambda_1}^{N}c_N \tag{6-2}$$

解式(6-1)与式(6-2)的联立方程，得式：

$$c_M=\frac{A_{\lambda_1}^{M+N}\varepsilon_{\lambda_2}^{N}-A_{\lambda_2}^{M+N}\varepsilon_{\lambda_1}^{N}}{\varepsilon_{\lambda_1}^{M}\varepsilon_{\lambda_2}^{M}-\varepsilon_{\lambda_2}^{M}\varepsilon_{\lambda_1}^{M}} \tag{6-3}$$

$$c_N=\frac{A_{\lambda_1}^{M+N}-\varepsilon_{\lambda_1}^{M}c_M}{\varepsilon_{\lambda_1}^{N}} \tag{6-4}$$

式(6-3)、式(6-4) 中，$\varepsilon_{\lambda_1}^{M}$、$\varepsilon_{\lambda_2}^{M}$、$\varepsilon_{\lambda_1}^{N}$、$\varepsilon_{\lambda_2}^{N}$ 依次代表组分 M 及 N 在 λ_1 及 λ_2 处的摩尔吸光系数。本实验测定 Co^{2+} 及 Cr^{3+} 的有色混合物的组成。Co^{2+} 和 Cr^{3+} 的吸收光谱相互重叠，故可用上述方法测定其混合物的组成。先配制 Cr^{3+} 和 Co^{2+} 的系列标准溶液，然后分别在 λ_1 和 λ_2 测量 Cr^{3+} 和 Co^{2+} 系列标准溶液的吸光度，并绘制工作曲线，所得四条工作曲线的斜率即为 Cr^{3+} 和 Co^{2+} 在 λ_1 和 λ_2 处的摩尔吸光系数。

四、仪器与试剂

UV-4802 型双光束紫外可见分光光度计（附 1cm 比色皿 2 个）；25mL 容量瓶 9 个；10mL 吸量管 2 支；$Co(NO_3)_2$ 溶液 $0.350mol \cdot L^{-1}$；$Cr(NO_3)_3$ 溶液 $0.100mol \cdot L^{-1}$。

五、实验步骤

1. 溶液的配制

（1）标准溶液　取四个 25mL 容量瓶，分别加入 2.50mL、5.00mL、7.50mL、10.00mL 的 $0.350mol \cdot L^{-1}Co(NO_3)_2$ 溶液。另取四个 25mL 容量瓶，分别加入 2.50mL、5.00mL、7.50mL、10.00mL 的 $0.100mol \cdot L^{-1}Cr(NO_3)_3$ 溶液，用水稀释至刻度，摇匀。

（2）未知样品　另取一个 25mL 容量瓶，加入未知样品溶液 5.00mL，用水稀释至刻度，摇匀。

2. 测绘 $Co(NO_3)_2$ 及 $Cr(NO_3)_3$ 溶液的吸收光谱，并确定 λ_1 和 λ_2。

（1）开机　打开 UV-4802 型双光束紫外可见分光光度计电源开关，通电后，仪器会自检并进行初始化。首先检查内存，按任意键可跳过这一步，待初始化完成后，仪器将预热 15min，15min 后，屏幕最底行会显示：重新校准系统？这时若选"否"，三声鸣叫，直接到主菜单。若选"是"，查找氘灯特征峰 656.1nm，重新校准波长，然后接着测量系统基线，完成后，三声鸣叫，进入主显示界面。

（2）条件设置　在主显示界面上选择"3"进入光谱扫描界面，然后按 F1 设置扫描参数，参数分别设定为：扫描波长范围（420～600nm），扫描间隔（1nm）和扫描速度（中速）。按 F2 选择测量模式（Abs）。

（3）空白校正　将盛有参比液（蒸馏水）的参比比色皿和样品比色皿同时放入样品光路，按【0Abs/100%T】键，进行基线扫描。蜂鸣器响三声提示基线扫描结束。

（4）光谱扫描　将 $Co(NO_3)_2$ 标准溶液中最大浓度的溶液置于样品比色皿中，放入光路，按下"start"进行样品扫描，蜂鸣器响三声提示扫描结束。此时可从仪器显示屏看到 $Co(NO_3)_2$ 的吸收光谱图。按 F3 进行峰值检索，记录 $Co(NO_3)_2$ 的最大吸收波长 λ_1。按照同样的方法进行 $Cr(NO_3)_3$ 溶液的吸收光谱扫描并记录其最大吸收波长 λ_2。最后，按 ESC 键返回主显示界面。

3. 吸光度的测量

在主显示界面上选择"1"进入光度计模式界面，按下"SET λ"键输入所需波长，在步骤（3）中已经进行了空白校正，此时不需重复进行，可直接将参比溶液和样品溶液置于相应的光路，测定样品的吸光度。本实验中以蒸馏水作参比溶液，用 1cm 比色皿，在波长 λ_1 和 λ_2 处，分别测量上述九个溶液的吸光度并记录。

实验结束后，按 ESC 键返回主显示界面，关闭仪器电源开关。

六、数据处理

1. 记录实验条件及数据；

2. 根据 Co^{2+} 及 Cr^{3+} 的吸收光谱，确定 λ_1 及 λ_2；

3. 使用 origin 软件数据处理系统，分别绘制 λ_1 和 λ_2 处 Co^{2+} 溶液与 Cr^{3+} 溶液的四条标准曲线，求得四条直线的斜率 $\varepsilon_{\lambda_1 Co^{2+}}$、$\varepsilon_{\lambda_1 Cr^{3+}}$、$\varepsilon_{\lambda_2 Co^{2+}}$ 和 $\varepsilon_{\lambda_2 Cr^{3+}}$，结合测量得到的未知试样溶液的 $A_{\lambda_1(Co^{2+}+Cr^{3+})}$ 及 $A_{\lambda_2(Co^{2+}+Cr^{3+})}$，通过式(6-3)、式(6-4) 计算未知试样溶液中 Co^{2+} 及 Cr^{3+} 的含量。

七、思考题

1. 同时测定两组分混合溶液时如何选择波长？

2. 若是同时测定三组分混合溶液各组成，则应如何设计实验？

八、参考文献

[1] 朱世盛编. 仪器分析. 上海：复旦大学出版社，1983：41.

[2] Macqueen J T, Knight S Sand Reilley C N. J Chem Educ, 1960, 37：139.

[3] Reilley C N and Sawyer D T. Experiments for Instrumental Methods. New York：Pm Mc Graw Hill, 1961.

实验 6-5　分光光度法测定水中的亚硝态氮

一、预习要点

1. 分光光度法的基本原理；
2. 分光光度计的结构及操作方法。

二、实验目的

1. 掌握分光光度法的实验操作；
2. 学习亚硝态氮的测定方法。

三、实验原理

水中亚硝态氮和氨（及铵）态氮的测定是环境监测、海洋调查、水产养殖等方面的例行分析项目，目前一般都采用光度法。本实验用磺胺、萘乙二胺盐酸盐测定亚硝态氮，在 pH≈2 的溶液中，亚硝酸根与磺胺反应生成重氮化物，再与萘乙二胺反应生成偶氮染料，呈紫红色，最大吸收波长为 543nm，其摩尔吸光系数约 5×10^4。亚硝态氮的浓度在 $0.2mg \cdot L^{-1}$ 以内符合朗伯-比尔定律。

四、仪器与试剂

1. 仪器

分光光度计，1cm 比色皿，5mL 比色管 8 支，1mL、10mL 吸量管各 1 支。

2. 试剂

（1）无氨水：取新制备的蒸馏水，经阴、阳离子树脂交换柱，弃去前 100mL，接取流出的水，待用；

（2）磺胺溶液（1.0%）：称取 10g 磺胺，溶于 1L HCl($1.0mol \cdot L^{-1}$) 中，转入棕色细口瓶中，避光保存；

（3）萘乙二胺盐酸盐溶液（0.20%）：称取 2.0g N-1-萘乙二胺盐酸盐，溶于 1L 水中，转入棕色瓶中存放，在冰箱中冷藏可稳定一个月；

（4）亚硝态氮标准溶液：①贮备液（$0.200mg \cdot mL^{-1}$），称取 0.493g $NaNO_2$（已在 105℃干燥 2h），溶于水后，在 500mL 容量瓶中定容。②工作液（$1.00\mu g \cdot mL^{-1}$），移取 10.0mL 贮备液于 2L 容量瓶中，加水定容。此液一周内有效。

五、实验步骤

1. 标准曲线的制作

6 支洗净的比色管中，分别加入 0.00mL、1.00mL、2.00mL、3.00mL、4.00mL、5.00mL 亚硝态氮标准溶液（$1.00\mu g \cdot L^{-1}$），用无氨水稀释至 10mL。各加入 1.0mL 磺胺溶液，混匀，放置 5min，再各加 1.0mL 萘乙二胺溶液，加水至刻度线，摇匀，放置 15min，以水为参比，在 540nm 波长处测量吸光度值。从各标准溶液中扣除空白溶液的吸光度，绘制标准曲线或求出回归方程。

2. 水样的测定

洗净 2 支比色管，各加入 10.0mL 水样，以下操作与标准曲线的制作相同。所得两水样的吸光度值减去试剂空白溶液吸光度值，查标准曲线，即得两份水样中亚硝态氮的含量，以 $mg \cdot L^{-1}$ 表示。

六、思考题

1. 制备无氨水，除了用离子交换法外还可以用什么方法？
2. 如果天然水样中稍有颜色，对实验结果有无影响？若有影响，如何克服？

七、参考文献

北京大学化学系分析化学教学组. 基础分析化学实验. 第二版. 北京：北京大学出版社，1998：205-208.

实验 6-6 双硫腙分光光度法测定水中锌

一、预习要点

1. 分光光度法的测定原理；
2. 双硫腙与锌离子的反应条件；
3. 萃取操作要点。

二、实验目的

1. 了解双硫腙分光光度法的测定原理及适用范围；
2. 掌握分光光度计的操作要点；
3. 学习分光光度法实验条件的选择及吸收曲线和标准曲线的绘制。

三、实验原理

水是人们赖以生存的基本要素，生产用水、生活用水对水质都有一定的要求。为了有效地保护和合理地使用水资源，控制和治理水污染，必须对水质进行分析。而锌是生物体所必需的，动物锌缺乏症的主要症状是骨、关节及皮肤的代谢失常和受伤后难以复原，或者不能生育。因此，对水中锌的测定有着十分重要的意义。

本实验采用双硫腙分光光度法对水中的微量锌进行测定。在 pH 为 4.0～5.5 的乙酸盐缓冲介质中，锌离子与双硫腙形成红色螯合物，用四氯化碳萃取后进行分光光度测定。其 $\varepsilon_{538}=9.4\times10^4$。该方法适用于测定天然水和某些废水中的微量锌，锌浓度在 5～50μg·L^{-1} 范围内。

本实验采用标准曲线法，即配制一系列浓度由小到大的标准溶液，在确定条件下依次测定各标准溶液的吸光度，以标准溶液的浓度为横坐标，相应的吸光度为纵坐标绘制标准曲线，在与制作标准曲线相同的操作条件下，测定待测样品的吸光度，再从标准曲线上查出该吸光度对应的浓度值，就可以计算出待测试样中被测物的含量。

四、仪器与试剂

1. 仪器

分光光度计，光程 20mm 的比色皿，分液漏斗（最好配有聚四氟乙烯活塞），玻璃器皿（所有玻璃器皿均先用 1+1 硫酸和无锌水浸泡和清洗）。

2. 试剂

（1）无锌水（将普通蒸馏水通过阴阳离子交换柱除去水中锌），四氯化碳，高氯酸，盐酸，乙酸，氨水，硝酸，6mol·L^{-1} 盐酸溶液（取 500mL 盐酸用水稀释至 1000mL），2mol·L^{-1} 盐酸溶液（取 100mL 盐酸用水稀释到 600mL），0.02mol·L^{-1} 盐酸溶液（取

10mL 盐酸用水稀释到 1000mL)，（1＋100）氨水溶液（取 10mL 氨水用水稀释至 1000mL），2％（体积分数）硝酸溶液（取 20mL 硝酸用水稀释到 1000mL），0.2％（体积分数）硝酸溶液（取 2mL 硝酸用水稀释至 1000mL）。

（2）乙酸钠缓冲溶液：将 68g 三水乙酸钠（$CH_3COONa \cdot 3H_2O$）溶于水中，并稀释至 250mL，另取 1 份乙酸与 7 份水混合。

（3）硫代硫酸钠溶液：将 25g 五水硫代硫酸钠（$Na_2S_2O_3 \cdot 5H_2O$）溶于 100mL 水中。

（4）0.1％（m/V）双硫腙四氯化碳贮备溶液：称取 0.259g 双硫腙（$C_{13}H_{12}N_4S$）溶于 250mL 四氯化碳，贮于棕色瓶中，放置在冰箱内。

（5）柠檬酸钠溶液：将 10g 二水柠檬酸钠（$C_6H_5O_7Na_2 \cdot 2H_2O$）溶解在 90mL 水中，此试剂用于玻璃器皿的最后洗涤。

（6）锌标准贮备溶液：称取 0.1000g 锌粒（纯度 99.9％）溶于 5mL 盐酸（2mol·L^{-1}）中，移入 1000mL 容量瓶中，用无锌水稀释至标线。此溶液每毫升含 100μg 锌。

（7）锌标准溶液：取锌标准贮备溶液 10.00mL 置于 1000mL 容量瓶中，用无锌水稀释至标线。此溶液每毫升含 1.00μg 锌。

五、实验步骤

1. 采样

采用聚乙烯瓶采样。使用前用硝酸（2％）溶液浸泡，然后用无锌水冲洗干净，水样采集后每 1000mL 水样立即加入 2.0mL 硝酸酸化 24h(pH 约 1.5)。

2. 试样的预处理

如果水样中锌的含量不在测定范围内，可将试样作适当的稀释；如锌的含量太低，可取较大量试样置于石英皿中进行浓缩。如果取加酸保存的试样，则要取一份试样放在石英皿中蒸发至干，以除去过量酸（注意：不要用氢氧化物中和，因为此类试剂中的含锌量往往过高），然后加无锌水，加热煮沸 5min。用稀盐酸或经制纯的氨水调节试样的 pH 在 2～3 之间。最后以无锌水定容。

3. 实验条件的选择

（1）吸收曲线的绘制和测定波长的选择　取两个 60mL 分液漏斗，分别注入 0.0mL 和 1.0mL 锌标准溶液，各加适量无锌水补充到 5mL，加入 5mL 乙酸钠缓冲溶液和 1mL 硫代硫酸钠溶液，混匀后，再加入 10.00mL 0.0004％的双硫腙四氯化碳溶液。振摇 4min，静置分层后，将四氯化碳层通过少许洁净脱脂棉过滤入比色皿。以试剂空白（即 0.0mL 锌标准溶液）为参比溶液，在 440～560nm 之间，每隔 10nm 测一次吸光度，在最大吸收峰附近，每隔 5nm 测量一次。以波长 λ 为横坐标，吸光度 A 为纵坐标，绘制 A 与 λ 关系的吸收曲线。从吸收曲线上选择测定锌的适宜波长，一般选用最大吸收波长。

（2）显色剂用量的选择　取 7 个 60mL 分液漏斗，用吸量管各加入 1mL 锌标准溶液、5mL 乙酸钠缓冲溶液和 1mL 硫代硫酸钠溶液，混匀后，再分别加入 0.1mL、0.3mL、0.5mL、1.0mL、2.0mL、4.0mL 0.0004％的双硫腙四氯化碳溶液，振摇 4min，静置分层。将四氯化碳层通过少许洁净脱脂棉过滤入比色皿。以 0.0004％双硫腙四氯化碳溶液为参比，在选择的波长下测定各溶液的吸光度。以所选双硫腙四氯化碳溶液体积 V 为横坐标，吸光度 A 为纵坐标，绘制 A 与 V 关系的显色剂用量曲线。得出测定锌时显色剂的最适宜用量。

4. 锌含量的测定

（1）标准曲线的绘制　向一系列 125mL 分液漏斗中，分别加入锌标准溶液 0.00mL、

0.50mL、1.00mL、2.00mL、3.00mL、4.00mL、5.00mL，各加适量无锌水补充到10mL，向各分液漏斗中加入 5mL 乙酸钠溶液和 1mL 硫代硫酸钠溶液，混匀后，加入 10.0mL 0.0004％双硫腙四氯化碳。振摇 4min，参比皿中放入四氯化碳，在所选的波长下测定各溶液的吸光度。测得的吸光度扣去试剂空白（零浓度）的吸光度后，绘制吸光度对锌量的曲线。这条校准曲线应为通过原点的直线。

应定期检查校准曲线，特别是分析一批水样或每使用一批新试剂时要检查一次。

（2）试样中锌含量的测定　取 10mL（含锌量在 0.5～5μg 之间）试样，置于 125mL 分液漏斗中，按标准曲线的制作步骤加入各种试剂，测定其吸光度。

六、数据处理

1. 以波长为横坐标，吸光度为纵坐标，绘出吸收曲线，并选择测量波长。

2. 制作标准曲线，从标准曲线上求出试液中锌的含量。

七、注意事项

1. 双硫腙和双硫腙盐见光易分解，应在棕色瓶中避光保存。

2. 如双硫腙试剂不纯，可按下述步骤提纯：称取 0.25g 双硫腙，溶于 100mL 四氯化碳中，滤去不溶物，滤液置分液漏斗中，每次用 20mL 氨水（1＋100）提取五次，此时双硫腙进入水层，合并水层，然后用盐酸（6mol·L⁻¹）中和。再用 250mL 四氯化碳分三次提取，合并四氯化碳层。将此双硫腙四氯化碳溶液放入棕色瓶中，保存于冰箱内备用。

3. 硫代硫酸钠能与锌形成不十分稳定的络合物，它能阻碍锌和双硫腙反应，使其络合迟缓且不完全，因此，萃取时必须充分振荡。

4. 不含悬浮物的地下水和清洁地面水可直接测定。否则要按下述方法处理：

（1）比较浑浊的地面水，每 100mL 水样加入 1mL 硝酸，置于电热板上微沸消解10min，冷却后用快速滤纸过滤，滤纸用硝酸（0.2％）洗涤数次，然后用硝酸（0.2％）稀释至一定体积，供测定用。

（2）含悬浮物和有机质较多的地面水或废水，每 100mL 水样加入 5mL 硝酸，在电热板上加热消解到 10mL 左右，冷却，再加入 5mL 硝酸和 2mL 高氯酸，继续加热消解，蒸发至干。用硝酸（0.2％）温热溶解残渣，冷却后，用快速滤纸过滤，滤纸用硝酸（0.2％）洗涤数次。滤液用硝酸（0.2％）稀释定容，供测定用。每分析一批样品要平行操作两个空白。

八、思考题

1. 本实验采取了哪些方法消除干扰？

2. 由于锌普遍存在于环境中，而锌与双硫腙反应又非常灵敏，因此需要采取特殊措施防止污染，实验室应采用哪些方法防止污染？

3. 根据有关实验数据，计算双硫腙-锌络合物在选定波长下的摩尔吸光系数。

九、参考文献

GB 7472—87 水质锌的测定　双硫腙分光光度法.

第 7 章　分子荧光光谱法

实验 7-1　奎宁的荧光特性和含量测定

一、预习要点

1. 荧光分光光度法的原理；
2. 荧光分光光度计的结构和操作规程。

二、实验目的

1. 掌握荧光分光光度计的结构、性能及操作步骤；
2. 学习绘制奎宁的激发光谱和荧光光谱；
3. 掌握荧光法测定奎宁含量的原理和方法；
4. 了解溶液的 pH 和卤化物对奎宁荧光的影响。

三、实验原理

某些物质分子被一定波长的入射光照射激发后，在回到基态的过程中可发射出波长长于原激发光波长的光，称为荧光。奎宁在稀酸溶液中是强的荧光物质，它有两个激发峰，分别位于波长 250nm 和 350nm 处，荧光发射峰在 450nm 处。在合适的浓度范围内（通常为低浓度区域），荧光强度（F）与荧光物质浓度（c）成正比，即

$$F = Kc$$

其中 K 为比例常数。

基于上述公式，可采用标准曲线法进行未知浓度样品的定量分析。即将已知量的标准物质经过和试样同样处理后，配制一系列标准溶液，测定标准溶液的荧光强度，用荧光强度对标准溶液浓度绘制标准曲线，再根据试样溶液的荧光强度，在标准曲线上求出试样中荧光物质的含量。

荧光物质分子与溶剂分子或其他溶质分子的相互作用引起荧光强度降低的现象称为荧光猝灭，通常包括碰撞猝灭、静态猝灭、转入三重态的猝灭，发生电子转移反应的猝灭和荧光物质的自猝灭。能引起荧光强度降低的物质称为猝灭剂。

荧光光谱仪由激发光源、样品池、用于选择激发光波长和荧光波长的单色器以及检测器四部分组成。由光源发射的光经第一单色器得到所需的激发光波长，通过样品池后，一部分光能被荧光物质所吸收，荧光物质被激发后，发射荧光。为了消除入射光和散射光的影响，荧光的测量通常在与激发光成直角的方向上进行。为消除可能共存的其它光线的干扰，如由激发所产生的反射光、Raman 光以及溶液中的杂散光，在样品池和检测器之间设置了第二单色器，以获得所需的荧光。荧光作用于检测器上，得到响应的电信号，最终以谱图的形式在计算机输出。

四、仪器与试剂

1. 仪器

荧光分光光度计（天津港东 F-380），石英比色皿（1cm），容量瓶（1000mL 2 个、250mL 1 个、25mL 10 个），吸量管（10mL 1 支）。

2. 试剂

奎宁储备液（$100.0\mu g \cdot mL^{-1}$）：120.7mg 硫酸奎宁二水合物用 50mL 1mol·L^{-1} H_2SO_4 溶解，并用去离子水定容至 1000mL，将此溶液稀释 10 倍，得 $10.00\mu g \cdot mL^{-1}$ 奎宁标准溶液；

$0.05mol \cdot L^{-1}$ 溴化钠溶液，缓冲溶液（pH 为 1.0、2.0、3.0、4.0、5.0、6.0），$0.05mol \cdot L^{-1}$ H_2SO_4，奎宁药片。

五、实验步骤

1. 未知液中奎宁含量的测定

（1）系列标准溶液的配制　取 6 个 25mL 容量瓶，分别加入 $10.0\mu g \cdot mL^{-1}$ 的奎宁标准溶液 0mL、1.00mL、2.00mL、3.00mL、4.00mL、5.00mL，用 $0.05mol \cdot L^{-1}$ 硫酸稀释至刻度并摇匀。

（2）绘制激发光谱和荧光光谱　打开荧光分光光度计电源开关，预热 20min 后，打开连接电脑，双击相应软件图标，打开光谱采集窗口。

设置仪器基本条件，包括负高压，狭缝等条件，选择扫描类型为波长扫描模式。

取某浓度奎宁标准溶液置于比色皿中，固定发射波长 450nm，扫描波长范围为 200～400nm，点击"开始"，进行激发光谱扫描；再分别以 250nm 和 350nm 为激发波长，在 400～600nm 范围内扫描荧光发射光谱。

（3）绘制标准曲线　选择扫描类型为光度测定模式。

将激发波长设为 350nm（或 250nm），发射波长设为 450nm，按照上述步骤测量系列奎宁标准溶液的荧光强度并记录。

（4）未知样品测定　取四五片药片称量，在研钵中研磨，准确称取 0.1g 混匀的药粉，用 $0.05mol \cdot L^{-1}$ H_2SO_4 溶解，转移至 1000mL 容量瓶中，用 $0.05mol \cdot L^{-1}$ H_2SO_4 稀释至刻度，摇匀。

取上述溶液 2.50mL 至 25mL 容量瓶中，用 $0.05mol \cdot L^{-1}$ H_2SO_4 溶液稀释至刻度，摇匀。与标准溶液同样条件下，测量试样溶液的荧光强度。

2. pH 与奎宁荧光强度的关系

取 6 个 25mL 容量瓶，分别加入 $10.00\mu g \cdot mL^{-1}$ 奎宁溶液 2.00mL，并分别用 pH 为 1.0、2.0、3.0、4.0、5.0、6.0 的缓冲溶液稀释至刻度，摇匀。按上述方法测定 6 个溶液的荧光强度。

3. 卤化物猝灭奎宁荧光试验

分别取 $100.0\mu g \cdot mL^{-1}$ 奎宁溶液 2.00mL 置于 5 个 25.00mL 容量瓶中，分别加入 $0.05mol \cdot L^{-1}$ NaBr 溶液 0.5mL、1mL、2mL、4mL、8mL，用 $0.05mol \cdot L^{-1}$ H_2SO_4 稀释至刻度，摇匀。采用步骤 1 中（3）相同条件测其荧光强度值，并与其相同浓度奎宁溶液的荧光强度对比，观察 NaBr 的加入是否会导致奎宁荧光猝灭，同时观察 NaBr 的加入量对荧光强度的影响。

六、数据处理

1. 利用 origin 软件绘制荧光强度对奎宁溶液浓度的标准曲线，并由标准曲线确定未知试样的浓度，计算药片中的奎宁含量。

2. 以荧光强度对 pH 作图，并得出奎宁荧光与 pH 关系的结论。

3. 以荧光强度对溴离子浓度作图，并解释结果。

七、注意事项

奎宁溶液必须新鲜配制并避光保存。

八、思考题

1. 为什么测量荧光必须和激发光的方向成直角？

2. 如何绘制激发光谱和荧光光谱？

3. 能否用 $0.05 mol \cdot L^{-1}$ 盐酸代替 $0.05 mol \cdot L^{-1}$ H_2SO_4 稀释溶液？为什么？

实验 7-2 荧光法测定维生素 B_2

一、预习要点

1. 荧光分析法的原理；

2. 荧光光度计的构造和使用注意事项。

二、实验目的

1. 掌握荧光分析法的基本原理；

2. 了解荧光光度计的构造，掌握其使用方法；

3. 熟悉荧光法测定维生素 B_2 的基本步骤和操作要点。

三、实验原理

某些物质经紫外线或波长较短的可见光照射后，会发射出较入射波长更长的荧光。对同一物质而言，在稀溶液（即 $A = abc < 0.05$ 中），荧光强度 F 与该物质浓度有以下关系：

$$F = 2.3\varphi_f abc I_0$$

式中　φ_f——荧光量子效率；

a——荧光分子的吸收系数；

b——吸收光程；

I_0——入射光强度。

当 I_0 及 b 不变时：

$$F = Kc$$

维生素 B_2（即核黄素）在 $430 \sim 440 nm$ 蓝光照射下会发生绿色荧光，荧光峰值波长为 $535 nm$，在 pH $6 \sim 7$ 溶液中荧光最强，在 pH = 11 时荧光消失。

四、仪器与试剂

1. 仪器

荧光光度计（附比色皿一对），容量瓶 50mL 6 个，吸量管 5mL 1 支。

2. 试剂

维生素 B_2 标准溶液（$10.0 mg \cdot mL^{-1}$）：称取 10.0mg 维生素 B_2，先溶解于少量的 1% 醋酸中，然后在 1L 容量瓶中，用 1% 醋酸稀释至刻度，摇匀。溶液应保存在棕色瓶中，置于阴凉处。

五、实验步骤

1. 标准溶液的配制

取五个 50mL 容量瓶，分别加入 1.00mL、2.00mL、3.00mL、4.00mL 及 5.00mL 维

生素 B_2 标准溶液，用水稀释至刻度，摇匀。

2. 标准曲线的绘制

根据维生素 B_2 的激发光谱与荧光光谱选择合适的激发波长和发射波长，测量系列标准溶液的荧光强度。

3. 未知试样的测定

将未知试样溶液置于 50mL 容量瓶中，用水稀释至刻度，摇匀，用绘制标准曲线时相同的条件，测量荧光强度。

六、数据处理

1. 记录不同浓度标准溶液的荧光强度，并绘制标准曲线。

2. 记录未知试样的荧光强度，并从标准曲线上求得其原始浓度。

七、思考题

1. 在荧光测量时，为什么激发光的入射与荧光的接收不在一直线上，而呈一定角度？

2. 物质的荧光强度受哪些因素的影响？

八、参考文献

[1] Willard H H，Merritt L L，Dean J A. Instrumental Methods of Analysis. 5th ed. New York：Nostrand，1974：145.

[2] 陈国珍. 荧光分析法. 北京：科学出版社，1975：248.

实验 7-3 以 8-羟基喹啉为络合剂荧光法测定铝

一、预习要点

1. 荧光分析法的原理；

2. 荧光光度计的构造和使用注意事项；

3. 8-羟基喹啉与铝离子的络合反应特点。

二、实验目的

掌握铝的荧光测定方法，以及荧光测量、萃取等基本操作。

三、实验原理

铝离子能与许多有机试剂形成会发光的荧光络合物，其中 8-羟基喹啉是较常用的试剂，它与铝离子所生成的络合物能被氯仿萃取，萃取液在 365nm 紫外线照射下，会产生荧光，峰值波长在 530nm 处，以此建立铝的荧光测定方法，其测定范围为 $0.002 \sim 0.24 \mu g \cdot mL^{-1}$。$Ca^{2+}$ 及 In^{3+} 会与 8-羟基喹啉形成荧光络合物，应加以校正。当溶液中存在大量的 Fe^{3+}、Ti^{4+}、VO_3^- 时，会使荧光强度降低，应加以分离。

四、仪器与试剂

1. 仪器

荧光光度计（附石英比色皿一对），容量瓶（50mL 7 个），吸量管（2mL 1 支、5mL 1 支），量筒（5mL 1 个、100mL 1 个），分液漏斗（125mL 7 个），漏斗（7 个）。

2. 试剂

(1) 铝标准贮备液（$1.000g \cdot L^{-1}$）：溶解 17.57g 硫酸铝钾[$Al_2(SO_4)_3 \cdot K_2SO_4 \cdot 24H_2O$] 于水中，滴加 1+1 硫酸至溶液清澈，移至 1L 容量瓶中，用水稀释至刻度，摇匀。

(2) 铝标准工作液（$2.00mg \cdot mL^{-1}$）：取 2.00mL 铝标准贮备液于 1L 容量瓶中，用水稀释至刻度，摇匀。

（3）2% 8-羟基喹啉溶液：溶解 2g 8-羟基喹啉于 6mL 冰醋酸中，用水稀释至 100mL。缓冲溶液（每升含 NH_4Ac 200g 及浓 $NH_3 \cdot H_2O$ 70mL），氯仿。

五、实验步骤

1. 系列标准溶液的配制

取六个 125mL 分液漏斗，各加入 40～50mL 水，分别加入 0.00mL、1.00mL、2.00mL、3.00mL、4.00mL、5.00mL 的 2.00mg·mL^{-1} 铝的标准工作液。沿壁加入 2mL 2% 的 8-羟基喹啉溶液和 2mL 缓冲溶液至以上各分液漏斗中。每个溶液均用 20mL 氯仿洗涤脱脂棉，用氯仿稀释至刻度，摇匀。

2. 荧光强度的测量

选择合适的激发波长和发射波长，分别测定各标准溶液的荧光强度。

3. 未知试液的测定

取一定体积未知试液，按步骤 1、2 方法处理并测定荧光强度。

六、数据处理

1. 记录系列标准溶液的荧光强度，并绘出标准曲线；

2. 记录未知试样的荧光强度，由标准曲线求得未知试样的铝浓度。

七、思考题

铝还能与哪些络合剂形成荧光络合物？

八、参考文献

[1] Meloan C E, Kiser R W. Problems and Experiments in Instrumental Analysis. Charies E. Merrill. Coiumbus, Ohio, 1963: 22.

[2] 陈国珍. 荧光分析法. 北京：科学出版社，1975：152.

[3] 复旦大学化学系仪器分析实验编写组编. 仪器分析实验. 上海：复旦大学出版社，1986.

实验 7-4　荧光光度法测定阿司匹林的含量

一、预习要点

1. 荧光分析法的原理；

2. 荧光光度计的构造和使用注意事项；

3. 水杨酸的荧光特性。

二、实验目的

学习荧光光度法测定阿司匹林的水解产物水杨酸的原理及基本操作。

三、实验原理

阿司匹林是一种应用广泛的退热药物，其主要成分是乙酰水杨酸，片剂中乙酰水杨酸的含量既是衡量药物质量的主要指标，也是医生处方的重要依据。为了控制其含量，必须对产品进行严格的纯度检验。本实验利用阿司匹林水解产物水杨酸的荧光特性，采用荧光光度法测定其含量。

四、仪器与试剂

荧光光度计，磷酸氢二钠，磷酸二氢钠，复方阿司匹林片剂，水杨酸，蒸馏水。

五、实验步骤

1. 荧光光谱扫描

精确称取标准物质水杨酸 10mg，用少量蒸馏水溶解后转入 100mL 容量瓶中，稀释至刻度，摇匀作为贮备液。取该液作适当稀释后进行激发光谱和发射光谱的扫描，最大激发波长为 303.0nm，最大发射波长为 408.0nm。在以下步骤中固定激发波长为 303.0nm 不变，扫描不同酸度条件下的最大发射波长的强度。

2. 酸度对荧光强度的影响

（1）各种浓度缓冲液的配制　分别准确称取磷酸二氢钠（a）0.1560g 和磷酸氢二钠（b）0.3580g，配成浓度均为 0.01mol·L^{-1} 的溶液各 100mL，作为缓冲液贮备液。已知磷酸的 $K_{a_2} = 6.31 \times 10^{-8}$，所以两贮备液的浓度比与缓冲液 pH 关系式为 $pH = pK_{a_2} - \lg(c_a/c_b)$，代入数据即为 $pH = 7.2 - \lg(c_a/c_b)$，根据该式配得表 7-1 所示缓冲液。

表 7-1　缓冲溶液 pH 及配比

pH	6.5	7.0	7.5	8.0	8.5
c_a/c_b	5.01	1.58	0.50	0.16	0.05

（2）确定最佳 pH　取适量水杨酸贮备液，分别加入 5mL 上述缓冲液，定容，摇匀后分别在每个 pH 条件下进行荧光发射光谱扫描（固定激发波长为 303nm）。绘制各 pH 条件下的发射光谱扫描曲线。

表 7-2 列出了在激发波长 303nm 下，每一 pH 条件下的最大发射波长及该波长下的强度。

表 7-2　不同 pH 条件下最大发射波长及荧光强度（激发波长 303nm）

pH	最大发射波长/nm	强度	pH	最大发射波长/nm	强度
6.5	406.0	76.455	8.0	414.0	75.831
7.0	405.0	74.690	8.5	402.0	76.965
7.5	408.0	77.396			

由表 7-2 中数据可知，在 pH=7.5 时荧光有最大响应值，且该 pH 下的最大发射波长为 408nm。故将发射波长定为 408nm，缓冲液定为 pH 7.5 的磷酸氢二钠与磷酸二氢钠混合物。

3. 标准曲线的绘制

分别准确量取水杨酸贮备液 0.80mL、1.00mL、1.20mL、1.40mL、1.80mL 于 50mL 容量瓶中，加入 pH=7.5 的缓冲液 10mL，加蒸馏水稀释至刻度，摇匀。以该缓冲液为空白，分别测量一系列标液的荧光强度，做出工作曲线。

4. 样品测定

准确称取样品 25mg，研细，置于 250mL 容量瓶中，加水 25mL，加 0.1mol·L^{-1} 氢氧化钠溶液 25mL，置沸水浴中水解 10min，放冷至室温，再加入 0.1mol·L^{-1} 稀硫酸 25mL，用缓冲溶液定容至刻度。将溶液过滤后移取 0.8mL 至 25mL 容量瓶中，加入 10mL 缓冲溶液后，用蒸馏水定容。对样品进行荧光强度测定。

六、数据处理

以荧光强度为纵坐标，以水杨酸浓度为横坐标制作标准曲线。根据样品溶液的荧光强度，可在水杨酸的校准曲线上确定水杨酸的含量。

七、思考题

酸度是如何影响荧光强度的？

八、参考文献

[1] http//www. chemlab. whu. edu. cn/chem/adm/xz/upload/荧光. doc.

[2] 武汉大学化学与分子科学学院实验中心编. 仪器分析实验. 武汉：武汉大学出版社，2005.

[3] 康志健，哈永红，宋英姬. 荧光光度法测定小剂量阿司匹林片的含量. 药物分析杂志，1998，18：106.

[4] 中华人民共和国药典委员会. 中华人民共和国药典：二部. 北京：化学工业出版社，1995：327.

实验 7-5　荧光法测定水果中总抗坏血酸含量

一、预习要点

1. 荧光法的基本原理；

2. 抗坏血酸的定量方法。

二、实验目的

1. 学习荧光分光光度计的原理和使用方法；

2. 了解荧光法测定水果中总抗坏血酸含量的原理和方法。

三、实验原理

样品中还原型抗坏血酸经活性炭氧化为脱氢抗坏血酸后，与邻苯二胺（OPDA）反应生成有荧光的喹喔啉（quinoxaline），其荧光强度与脱氢抗坏血酸的浓度在一定条件下成正比，以此测定水果中抗坏血酸和脱氢抗坏血酸的总量。最小检出限 $0.0220\mu g \cdot mL^{-1}$。

四、仪器与试剂

1. 仪器

荧光分光光度计，捣碎机。

2. 试剂

（1）偏磷酸-乙酸液：称取 15g 偏磷酸，加入 40mL 冰醋酸及 250mL 水，加热，搅拌，使之逐渐溶解，冷却后加水至 500mL，于 4℃冰箱可保存 7~10 天；

（2）$0.15mol \cdot L^{-1}$ 硫酸：取 8.2mL 硫酸，小心加入水中，再加水稀释至 1000mL；

（3）偏磷酸-乙酸-硫酸液：以 $0.15mol \cdot L^{-1}$ 硫酸为稀释液，其余同偏磷酸-乙酸液配制；

（4）50％乙酸钠溶液：称取 500g 乙酸钠（$CH_3COONa \cdot 3H_2O$），用水溶解，最后加水至 1000mL；

（5）硼酸-乙酸钠溶液：称取 3g 硼酸，溶于 100mL 乙酸钠溶液中，临用前配制；

（6）邻苯二胺溶液：称取 20mg 邻苯二胺，加水溶解，稀释至 100mL，临用前配制；

（7）抗坏血酸标准溶液（$1mg \cdot mL^{-1}$）：准确称取 50mg 抗坏血酸，用偏磷酸-乙酸溶液溶于 50mL 容量瓶中，并稀释至刻度，临用前配制；

（8）抗坏血酸标准工作液（$100\mu g \cdot mL^{-1}$）：取 10mL 抗坏血酸标准溶液，用偏磷酸-乙酸溶液稀释至 100mL，定容前试 pH，如其 pH＞2.2，则应用偏磷酸-乙酸-硫酸溶液稀释；

（9）0.04％百里酚蓝指示剂溶液：称取 0.1g 百里酚蓝，加 $0.02mol \cdot L^{-1}$氢氧化钠溶液，在玻璃研钵中研磨至溶解，氢氧化钠的用量约为 10.75mL，磨溶后用水稀释至 250mL；

变色范围：pH＝1.2　　红色　　　pH＝2.8　　黄色　　　pH＞4　　蓝色

（10）活性炭的活化：加 200g 炭粉于 1L(1＋9) 盐酸中，加热回流 1~2h，过滤，用水洗至滤液中无铁离子为止，置于 110~120℃烘箱中干燥，备用。

五、实验步骤

1. 样品液的制备

称取 100g 水果样品，加 100g 偏磷酸-乙酸溶液，倒入捣碎机内打成匀浆，用百里酚蓝指示剂调试匀浆酸碱度。如呈红色，即可用偏磷酸-乙酸溶液稀释，若呈黄色或蓝色，则用偏磷酸-乙酸-硫酸溶液稀释，使其 pH 为 1.2。匀浆的取量需根据样品中抗坏血酸的含量而定。当样品液中抗坏血酸含量在 $40\sim100\mu g \cdot mL^{-1}$ 时，一般取 20g 匀浆，用偏磷酸-乙酸溶液稀释至 100mL，过滤，滤液备用。

2. 测定步骤

(1) 氧化处理。分别取样品滤液及抗坏血酸标准工作液（$100\mu g \cdot mL^{-1}$）各 100mL，于 200mL 具塞锥形瓶中，加 2g 活性炭，用力振摇 1min，过滤，弃去最初数毫升滤液，分别收集其余全部滤液，即样品氧化液和标准氧化液，待测定。

(2) 各取 10mL 标准氧化液于 2 个 100mL 容量瓶中，分别标明"标准"及"标准空白"。

(3) 各取 10mL 样品氧化液于 2 个 100mL 容量瓶中，分别标明"样品"及"样品空白"。

(4) 于"标准空白"及"样品空白"溶液中各加 5mL 硼酸-乙酸钠溶液，混合摇动 15min，用水稀释至 100mL，在 4℃冰箱中放置 2～3h，取出备用。

(5) 于"样品"及"标准"溶液中各加入 5mL 50%乙酸钠溶液，用水稀释至 100mL，备用。

3. 标准曲线的绘制

取上述"标准"溶液（抗坏血酸含量 $10\mu g \cdot mL^{-1}$）0.50mL、1.00mL、1.50mL 和 2.00mL 双份分别置于 10mL 比色管中，再加水补充至 2.0mL。进行如下的荧光反应。

4. 荧光反应

取"标准空白"溶液、"样品空白"溶液及"样品"溶液各 2mL，分别置于 10mL 比色管中。在暗室迅速向各管中加入 5mL 邻苯二胺溶液，振摇混合，在室温下反应 35min，于激发光波长 338nm、发射光波长 420nm 处测定荧光强度。标准系列荧光强度分别减去标准空白荧光强度为纵坐标，对应的抗坏血酸含量为横坐标，绘制标准曲线或进行相关计算，其线性回归方程供计算时使用。

六、数据处理

$$X = \frac{cV}{m} \times F \times \frac{100}{1000} \tag{7-1}$$

式中　X——样品中抗坏血酸及脱氢抗坏血酸总含量，mg/100g；

　　　c——由标准曲线查得或由回归方程算得样品溶液浓度，$\mu g \cdot mL^{-1}$；

　　　m——试样质量，g；

　　　F——样品溶液的稀释倍数；

　　　V——荧光反应所用试样体积，mL。

七、思考题

如何排除样品中荧光杂质产生的干扰？

八、参考文献

GB/T 12392—90 蔬菜、水果及其制品中总抗坏血酸的测定方法（荧光法和 2,4-二硝基苯肼法）.

第8章 原子光谱分析法

实验 8-1　火焰原子吸收光谱法测定水中钙镁含量

一、预习要点
1. 原子吸收分光光度法的基本原理；
2. 原子吸收分光光度计的构造和使用注意事项。

二、实验目的
1. 掌握原子吸收分析法原理；
2. 掌握原子吸收分析过程和具体操作。

三、实验原理

原子吸收光谱法是指通过测量试样中待测元素的原子蒸气对其共振辐射的吸收，来求得试样中待测元素含量的一种方法。

$$A = Kc$$

式中，A 为吸光度，K 为比例常数，c 为试样中被测元素浓度。

当实验条件一定时，吸光度 A 与试样中被测元素的浓度 c 成正比，这就是原子吸收分光光度法的定量基础。测量方法可用标准曲线法或标准溶液加入法。

火焰原子吸收分光光度计，主要包括光源、火焰原子化器、单色器、检测器和输出系统。其中，光源要求为锐线光源，一般用空心阴极灯和无极放电灯。火焰原子化器中火焰的产生通常需要燃气和助燃气以合适的比例燃烧，火焰温度要求低于 3000K，以保证大部分原子处于基态。

四、仪器与试剂

1. 仪器

普析通用 TAS-990 Super F 型原子吸收分光光度计（最佳工作条件由实验者确定，并做好记录，工作条件包括：吸收线波长、空气流量、燃气流量、灯电流、光谱通带、燃烧器高度），乙炔钢瓶，WM-2 型空气压缩机，空心阴极灯，具塞比色管，移液管。

2. 试剂

（1）镁标准溶液：称取 800℃灼烧过的纯氧化镁 1.658g，于烧杯中加入 100mL 去离子水，加入 1＋1 盐酸 20mL 溶解，转入 1L 容量瓶中，稀释至刻度。即为 1mg·mL^{-1} 镁标准溶液。吸取 10.00mL 1mg·mL^{-1} 镁标准溶液移至 100mL 容量瓶中，并以去离子水稀释至刻度，摇匀，得到浓度为 100μg·mL^{-1} 的镁工作溶液；

（2）钙标准溶液：称取经 105～110℃烘干的纯碳酸钙 2.50g，放入烧杯中，加入 100mL 去离子水，再加入 8mL 1＋1 盐酸使 CaCO$_3$ 溶解，煮沸除去 CO$_2$。冷却后，转入

1000mL 容量瓶中，稀释至刻度，即为 1mg·mL^{-1} 钙标准溶液。吸取 10.00mL 1mg·mL^{-1} 钙标准溶液转移至 100mL 容量瓶中，并以去离子水稀释至刻度，摇匀，得到浓度为 100μg·mL^{-1} 的钙工作溶液；

盐酸（1+1），自来水样品。

五、实验步骤

1. 溶液的配制

标准溶液：分别取 100μg·mL^{-1} 镁标准溶液和 100μg·mL^{-1} 钙标准溶液 0mL、0.50mL、1.00mL、1.50mL、2.00mL、2.50mL 至 25mL 具塞比色管中，然后分别加入 1+1 盐酸 1mL，最后用去离子水稀释至刻度，摇匀，得到镁钙混合标准溶液。

水样：取水样（自来水）5.00mL 于 25mL 具塞比色管中，加入 1+1 盐酸 1mL，以去离子水稀释至刻度，摇匀待测。

2. 标准曲线法测定自来水中的钙

（1）开机 ①打开抽风设备；②打开稳压电源；③打开计算机电源，进入 Windows 桌面系统；④打开 TAS-990 火焰型原子吸收主机电源；⑤双击 TAS-990 程序图标"AAwin"，选择"联机"，单击"确定"，进入仪器自检画面。等待仪器各项自检"确定"后进行测量操作。

（2）选择元素灯及测量参数 ①选择"工作灯（W）"和"预热灯（R）"后单击"下一步"；②设置元素测量参数，可以直接单击"下一步"；③进入"设置波长"步骤，单击寻峰，等待仪器寻找工作灯最大能量谱线的波长。寻峰完成后，单击"关闭"，回到寻峰画面后再单击"关 闭"；④单击"下一步"，进入完成设置画面，单击"完 成"。

（3）设置测量样品和标准样品 ①单击"样品"，进入"样品设置向导"主要选择"浓度单位"；②单击"下一步"，进入标准样品画面，根据所配制的标准样品设置标准样品的数目及浓度；③单击"下一步"；进入辅助参数选项，可以直接单击"下一步"；单击"完成"，结束样品设置。

（4）参数设置 单击"参数"，进入"测量参数"窗口，在"常规"窗口设置测量重复次数（一般设置 3 次即可）；单击"显示"按钮，设置吸光度范围，（一般在 -0.1～0.8）；单击"信号处理"按钮，计算方式为"连续"，积分时间是 1s。滤波系数必须是 1。单击确定完成参数设置。

（5）点火步骤 ①检查光斑，通过选择"燃烧器参数"调节光斑到最佳位置；②检查仪器后部液位检测装置是否有水；检查紧急灭火开关是否关闭；③打开空压机，观察空压机压力是否达到 0.25MPa；④打开乙炔，调节分表压力为 0.05MPa；用发泡剂检查各个连接处是否漏气；⑤单击"点火"按键，观察火焰是否点燃；如果第一次没有点燃，等待 5～10s 再重新点火；⑥火焰点燃后，单击"能量"，选择"能量自动平衡"调整能量到 100%。

（6）测量步骤

① 标准样品测量 把进样吸管放入空白溶液，单击"测量"键，进入测量画面（在屏幕右上角），单击"校零"键，调整吸光度为零；依次吸入标准样品（必须根据浓度从低到高测量）。注意：在测量中一定要注意观察测量信号曲线，直到曲线平稳后再按测量键"开始"，自动读数 3 次完成后再把进样吸管放入蒸馏水中，冲洗几秒钟后再读下一个样品。做完标准样品后，把进样吸管放入蒸馏水中，单击"终止"按键。把鼠标指向标准曲线图框内，单击右键，选择"详细信息"，查看相关系数 R 是否合格。如果合格，进入样品测量。

② 样品测量 把进样吸管放入空白溶液，单击"校零"键，调整吸光度为零；单击

"测量"键，进入测量画面（屏幕右上角），吸入样品，单击"开始"键测量，自动读数3次完成一个样品测量。注意事项同标准样品测量方法。

③ 测量完成　如果需要打印，单击"打印"，根据提示选择需要打印的结果；如果需要保存结果，单击"保存"，根据提示输入文件名称，单击"保存（S）"按钮。以后可以单击"打开"调出此文件。

（7）结束测量　①如果需要测量其他元素，单击"元素灯"，操作同上［步骤（2）～（6）］；②如果完成测量，一定要先关闭乙炔，等到计算机提示"火焰异常熄灭，请检查乙炔流量"；再关闭空压机，按下放水阀，排除空压机内水分。

（8）关机　①退出 TAS-990 程序：单击右上角"关闭"按钮（X），如果程序提示"数据未保存，是否保存"，根据需要选择，一般打印数据后可以选择"否"，程序出现提示信息后单击"确定"退出程序；②关闭主机电源，罩上原子吸收仪器罩。关闭计算机电源，稳压器电源。15min 后再关闭抽风设备；关闭实验室总电源，完成测量工作。

3. 标准曲线法测定自来水中的镁

按上述步骤进行钙镁混合标准溶液和水样中镁含量的测定，测得水样中镁的含量。

六、注意事项

1. 乙炔为易燃易爆气体，必须严格按照操作步骤工作。在点燃乙炔火焰之前，应先开空气，后开乙炔；结束或暂停实验时，应先关乙炔，后关空气。乙炔钢瓶的工作压力，一定要控制在所规定范围内，不得超压工作。必须切记，保证安全。

2. 实验结束后，检查仪器是否正常，关闭是否正确。

七、思考题

1. 简述空心阴极灯的结构。

2. 原子吸收光谱法中为何要使用锐线光源？

3. 试述标准加入法的优缺点。在什么条件下方可选用标准加入法？

4. 为什么空气、乙炔流量会影响吸光度的大小？

5. 所配制的钙、镁系列标准溶液可以放置到第二天再继续使用吗？为什么？

实验 8-2　火焰原子吸收光谱法测定血清中铜含量

一、预习要点

1. 火焰原子吸收光谱法的测定原理；

2. 原子吸收分光光度计的使用方法。

二、实验目的

1. 掌握火焰原子吸收光谱的测定原理；

2. 掌握标准曲线的绘制和应用；

3. 学会用原子吸收法测定血清中的铜；

4. 进一步熟悉火焰原子吸收光谱法所涉及的仪器。

三、实验原理

血清中铜的含量是职业医学和临床医学重要的监测指标，它反映了铜在体内的吸收、利用、贮存和排泄的动平衡状态，正常人血清铜含量平均为 $985\mu g \cdot L^{-1}$。血清铜的测定方法国内外文献多有报道，通常采用的方法有等离子发射光谱法、石墨炉原子吸收光谱法、X射线荧光光谱法、液-液萃取火焰原子吸收光谱法、阳极溶出伏安法等。根据血清铜的含量，用火焰原子吸收光谱法测定，即可满足要求。本实验建立了直接测定血清铜的火焰原子吸收光谱法，本方法灵敏、准确、简便、快速，便于推广应用。

血清用1‰硝酸溶液稀释后，在324.8nm波长下用乙炔-空气火焰原子吸收光谱法测定血清中铜对共振线的吸收，根据朗伯-比尔定律，在标准曲线上查找对应的浓度。

四、仪器与试剂

1. 仪器

原子吸收分光光度计，仪器操作条件：波长324.8nm，狭缝0.3nm，灯电流3mA，乙炔流量$2.0L \cdot min^{-1}$，空气流量$8.0L \cdot min^{-1}$，燃烧器高度6mm；

铜空心阴极灯，具塞塑料管（5mL），离心机（$4000r \cdot min^{-1}$），具塞比色管（10mL）7个。

玻璃和塑料器皿均用20%（V/V）硝酸溶液浸泡过夜，用去离子水冲洗干净，避尘晾干备用。

2. 试剂

实验用水为去离子水，硝酸（$\rho = 1.40g \cdot mL^{-1}$，优级纯），硝酸溶液（体积分数1‰、3‰），乙醇溶液（体积分数75%）；

铜标准溶液：采用GB W08 615水中铜成分分析标准物质，标准值为$1000mg \cdot L^{-1}$，临用前用1‰硝酸溶液逐级稀释成$0.0mg \cdot L^{-1}$、$0.5mg \cdot L^{-1}$、$1.0mg \cdot L^{-1}$、$2.0mg \cdot L^{-1}$、$3.0mg \cdot L^{-1}$、$4.0mg \cdot L^{-1}$、$5.0mg \cdot L^{-1}$的标准应用液。

五、实验步骤

1. 采样、运输和保存

用3‰硝酸溶液和乙醇溶液依次清洗皮肤后，抽取静脉血3mL于具塞塑料管中，放置1h后再以$2000r \cdot min^{-1}$离心10min。缓慢取出全部血清再置于具塞塑料管中，在4℃下至少可以保存两周，在冷冻条件下可保存七周。

2. 样品处理

取1.0mL血清于具塞比色管中，加入4.0mL 1‰硝酸溶液，充分混匀待用。

3. 标准曲线的绘制

取7支具塞比色管，按表8-1配制标准溶液。

表8-1 标准溶液的配制

管　号	0	1	2	3	4	5	6
不同浓度的铜标准应用液/mL	1.0	1.0	1.0	1.0	1.0	1.0	1.0
1‰硝酸溶液/mL	4.0	4.0	4.0	4.0	4.0	4.0	4.0
铜的浓度/$mg \cdot L^{-1}$	0	0.5	1.0	2.0	3.0	4.0	5.0

将仪器调节到最佳状态，从低浓度到高浓度，依次测定各管的吸光度，每个浓度测定3次，取其平均值减去空白管的吸光度后，与其相应的浓度绘制标准曲线。

4. 样品的测定

在与标准溶液相同的实验条件下，测定已经处理好的样品，读取其吸光度值。

六、数据处理

1. 以吸光度值为纵坐标，铜的浓度（$mg \cdot L^{-1}$）为横坐标，绘制标准曲线。

2. 用测得的样品的吸光度减去试剂空白的吸光度后，由标准曲线查得血清中铜的浓度（$mg \cdot L^{-1}$）。

1. 火焰原子吸收测定方法中,乙炔和空气各起到什么作用?

2. 制作标准曲线时应按什么顺序进样测定?

3. 血样处理有何特点?

八、参考文献

[1] WS/T 93—1996 血清中铜的火焰原子吸收光谱测定方法.

[2] 郝大情,向萍萍,张一敏等. 火焰原子吸收光谱法测定血清铜的规范化研究. 中国卫生检验杂志,1993,3(2):101-103.

实验 8-3   火焰原子吸收分光光度法测定水果中锌的含量

一、预习要点

1. 原子吸收分光光度法的基本原理;

2. 原子吸收分光光度计的构造和使用注意事项。

二、实验目的

1. 掌握火焰原子吸收光谱法测定锌的实验原理;

2. 掌握灰化法和湿分解法的实验步骤;

3. 掌握用原子吸收分光光度法测定水果中锌的实验方法。

三、实验原理

原子吸收光谱法通常是基于基态自由原子对辐射的吸收,通过选择一定波长的辐射光源,使其正好与某一元素的基态原子和激发态原子跃迁相对应。对辐射的吸收导致基态原子数的减少,辐射吸收值与基态原子浓度有关。也就是说,吸收与待测元素浓度有关。通过测量辐射吸收的量,可获得待分析物质的含量。

锌是人体必需的营养元素,是人体生长和发育的一种极其重要的微量元素,它是酶的重要组成部分,对人体免疫系统和防疫功能具有重大作用。人体缺锌会出现生长发育迟缓、性成熟受抑制、智力低下等症状。

水果中含有丰富的维生素和矿物质元素等多种营养成分,是人们生活中不可缺少的食物。随着环境污染的日益加剧,食物重金属污染也引起了人们的重视,国家相继颁布了包括水果在内的食物中铅、镉、铜、铬、锌的限量标准。在我国的食品检验标准中,微量元素的测定大多采用传统的化学法和原子吸收法。

样品经灰化或湿分解法将有机物分解,使锌变成可溶态,应用原子吸收分光光度计进行测定,选用空气-乙炔(氢气)火焰,波长213.9nm。

四、仪器与试剂

1. 仪器

原子吸收分光光度计(备有锌空心阴极灯),分析天平(感量0.0001g、0.001g),组织捣碎机,石英或瓷蒸发皿(直径为90mm),凯氏瓶(250mL),容量瓶(50mL、100mL),刻度移液管,电热恒温水浴锅,电热恒温干燥箱,电炉(温度可调),马弗炉。

实验中所用玻璃器皿,用1+3盐酸溶液或1+3热硝酸溶液浸泡2~4h,然后洗净,晾干;所用器皿应避免与金属或橡胶制品接触,严防污染。

2. 试剂

所用试剂均为分析纯,不应含锌;水为去离子水。

硝酸，高氯酸，1+1盐酸溶液（把1份盐酸与等体积水混合），1mol·L^{-1}盐酸溶液（吸取83.4mL盐酸，用水稀释至1L），0.1mol·L^{-1}盐酸溶液（吸取8.4mL盐酸，用水稀释至1L）；

1g·L^{-1}锌标准贮备溶液：将1.0000g高纯金属锌溶解于10mL盐酸溶液中，准确稀释至1L，摇匀，贮存在塑料瓶中；

50μg·mL^{-1}锌标准工作溶液：准确吸取5.0mL锌标准贮备溶液于100mL容量瓶中，用水定容至刻度。

五、实验步骤

1. 试样制备

先把新鲜水果洗净，晾去水分（表面的）。切碎，按比例加入一定量的水，捣成匀浆。扣除加水量，称取20~30g，准确到0.001g。

2. 分析步骤

（1）试样分解

① 灰化法。将试样放入蒸发皿中，然后将蒸发皿放在沸水浴上或105~120℃电热干燥箱中，蒸发干燥，注意调节温度，防止飞溅。将蒸干后的试样皿放在电炉上，低温炭化（温度控制在200℃以下）至内容物停止冒烟、全部变黑为止，然后转入马弗炉中，于525℃±25℃灼烧3h，残渣呈白色或灰白色即灰化完全。如仍有炭粒，冷却后往皿中加水少许湿润残渣，加硝酸数滴，于电炉上蒸发至干，重新转入马弗炉中，直至灰化完全。将蒸发皿取出冷却，沿壁慢慢加入2.0mL盐酸溶液，加热10min溶解灰分。将内容物转入50mL容量瓶中，用30mL盐酸溶液分次洗涤蒸发皿，倒入同一个容量瓶中，用水定容，待测。同一样品应做两个平行测定。

② 湿分解法。将试样转入凯氏瓶中，加25mL硝酸，放置过夜，消煮前加5mL高氯酸，然后置于电炉上低温消煮，如泡沫产生太猛要中断加热。待剧烈反应过后，继续加热煮沸至溶液变为棕色时，取下冷却，滴加2~3mL硝酸，再煮沸。照此重复处理2或3次，直到加硝酸后消解液不再变棕色时，停止添加硝酸。升高炉温，待冒白色烟雾并持续10~15min，消煮液呈无色、淡黄色或浅绿色即消煮完。将凯氏瓶取下冷却，加10mL水煮沸至冒白烟，冷却，沿瓶壁加入15mL盐酸溶液，加热微沸数分钟，冷却后转移到50mL容量瓶中，加水定容，待测。同一试样应做两个平行测定。

（2）空白试验 做两个试剂空白，其操作与试样分解完全相同，但用10mL水代替样品。

（3）锌标准系列溶液配制 准确吸取锌标准工作溶液0.0mL、0.25mL、0.5mL、1.0mL、1.5mL、2.0mL分别置于6个50mL容量瓶中，加15mL盐酸溶液，用水定容，待测。

（4）测定 选择仪器最佳条件，使用空气-乙炔（氢气）火焰，波长213.9nm，依次把标准系列溶液、空白溶液、试样待测液，通过进样管喷入原子吸收分光光度计火焰中，记录相应吸光度值。绘制标准曲线，查曲线求得测试样品中锌含量。

六、数据处理

水果中锌含量以mg·kg^{-1}表示，按下式计算：

$$w_{Zn}(\text{mg·kg}^{-1}) = \frac{(c_1 - c_2)V}{m} \tag{8-1}$$

式中 c_1——查标准曲线求得测试液中锌含量，mg·kg^{-1}；

c_2——查标准曲线求得空白溶液中锌含量，$mg \cdot kg^{-1}$；

V——样品测试液定容体积，mL；

m——试样质量，g。

七、思考题

1. 灰化法和湿分解法各有何特点？

2. 湿分解法中溶液为什么会变为棕色？

3. 对锌的测定还可以用到其他哪些方法？

八、参考文献

[1] GB/T 12285—90 水果、蔬菜及制品锌含量的测定.

[2] Kellner R, Otto J M, Widmer H M 等编. 分析化学. 李克安，金钦汉等译. 北京：北京大学出版社，2001：400.

[3] 陈嘉曦，李尚德，符伟玉，张建和. 山竹的微量元素含量分析. 广东微量元素科学，2007，14(2)：40-42.

[4] 黄丽华. 火焰原子吸收法测定樱桃番茄中的微量元素. 广东微量元素科学，2005，12 (8)：51-53.

实验 8-4　原子吸收光谱法测定饲料中的钴

一、预习要点

原子吸收分光光度计的原理、基本部件以及使用此仪器进行测定的过程。

二、实验目的

1. 掌握火焰原子吸收光谱法测定钴的实验原理；

2. 了解待测试样的处理和制备；

3. 了解饲料中钴含量的测定方法。

三、实验原理

微量元素在动物体内含量很少，但在生物化学过程中却起着重要作用，其对动物生命活动的重要性已被世界各国的研究所证实。矿物质营养失调（包括缺乏、中毒和不平衡）已经成为公认的限制家畜（特别是反刍家畜）生产的主要因素之一，它严重影响家畜的生长，并导致比传染病更为严重的后果。

钴是动物体必需的微量元素，是维生素 B_{12} 的组成成分，维生素 B_{12} 分子中约含有 4.5% 的钴。反刍动物瘤胃中的微生物能利用饲料中的钴合成维生素 B_{12}，维生素 B_{12} 有促进血红素形成的作用。

本实验用干法灰化饲料样品，在酸性条件下溶解残渣，定容制成试样溶液。将试样溶液导入原子吸收分光光度计中，测定其在 $240.7nm$ 处的吸光度。

四、仪器与试剂

1. 仪器

原子吸收分光光度计（波长范围 $190 \sim 900nm$），离心机（转速为 $3000r \cdot min^{-1}$），磁力搅拌器，硬质玻璃烧杯，具塞锥形瓶。

2. 试剂

使用试剂除特殊规定外，均为分析纯。

盐酸（优级纯），硝酸（优级纯）；

钴标准贮备溶液：准确称取 $1.000g \pm 0.0001g$ 钴（光谱纯）于烧杯中，加 $40mL$ 硝酸（$1+1$），加热溶解，放冷后移入 $1000mL$ 容量瓶中，用水稀释定容，摇匀，此液 $1mL$ 含

1.00mg 的钴；

钴标准中间溶液：取钴标准贮备溶液 2.00mL 于 100mL 容量瓶中，用盐酸（1+100）稀释定容，摇匀，此液 1mL 含 20.0pg 的钴；

钴标准工作溶液：取钴标准中间溶液 0.00mL、1.00mL、2.00mL、2.50mL、5.00mL、10.0mL，分别置于 100mL 容量瓶中，用盐酸（1+100）稀释定容，配成 0.00 pg·mL^{-1}、0.20pg·mL^{-1}、0.40pg·mL^{-1}、0.50pg·mL^{-1}、1.00pg·mL^{-1}、2.00 pg·mL^{-1} 的标准系列。

五、实验步骤

1. 采样

采集有代表性的样品至少 2kg，用四分法缩减至约 250g，粉碎过 40 目筛，装入样品瓶内密封，保存备用。

2. 饲料样品的处理

准确称取 5~10g 试样（精确至 0.0001g）于 100mL 硬质玻璃烧杯中，于电炉或电热板上小火炭化，然后于高温炉中 600℃灰化 2h，若仍有少量炭粒，可滴入硝酸使残渣润湿，加热烘干，再于高温炉中灰化至无炭粒，取出冷却，向残渣中滴入少量水，润湿，再加入 5mL 盐酸（4+1），并加入水至 15mL，煮沸数分钟后放冷，定容、过滤，得试样测定液，备用，同时制备试样空白溶液。

3. 工作曲线绘制

将标准系列导入原子吸收分光光度计，在波长 240.7nm 处测定其吸光度，绘制工作曲线。

4. 样品测定

将试样测定液导入原子吸收分光光度计，按步骤 3 测定试样测定液的吸光度，同时测定试样空白液的吸光度并由工作曲线求出试样测定液的浓度。

六、数据处理

分析结果计算公式如下：

$$w_{Co}(mg \cdot kg^{-1}) = \frac{(c - c_0)}{m}V$$

式中　c——由工作曲线求得的试样测定液中钴的浓度，$\mu g \cdot mL^{-1}$；

c_0——由工作曲线求得的试样空白液中钴的浓度，$\mu g \cdot mL^{-1}$；

m——试样的质量，g；

V——试样测定液的体积，mL。

七、思考题

1. 样品处理中能否用湿分解法？

2. 对钴的测定还可以应用其他哪些方法？

八、参考文献

GB/T 13884—92 饲料中钴的测定方法　原子吸收光谱法.

实验 8-5　原子吸收分光光度法测定食物中的铁、镁、锰

一、预习要点

预习原子吸收分光光度计的原理、基本部件及操作要点。

二、实验目的

1. 掌握火焰原子吸收光谱法测定铁、镁及锰的实验原理；
2. 掌握用原子吸收分光光度法测定食物中铁、镁及锰的实验方法；
3. 学习各种食物样品的处理方法。

三、实验原理

镁、铁、锰都是人体不可缺少的必需元素，在维持人体正常生理功能和构成人体组织方面镁起着非常重要的作用。镁与人体内一切产生能量的过程有关；可激活 325 个酶系统；能参与一切生长过程，包括骨及细胞的形成；DNA 及 RNA 的生产、各种膜的形成亦均依赖镁。现代医学研究证实，镁不但对心脏的收缩和舒张功能具有重要的调节作用，而且与动脉硬化和心脑血管疾病关系密切。铁是人与动物身体组织和血液极重要的组成物，是人体必需的微量元素中含量最高的一个，约占人体总重量的 0.006%。铁不仅是人体血液交换与输送氧气所必需的，而且还是某些酶和许多氧化还原体系所不可缺少的元素。它在生物催化、呼吸链上电子转移等方面起着重要的作用。食品是人们摄取微量铁的主要途径，缺少铁会引起贫血，而过多则会导致急性中毒。锰也是人体必需的微量元素，缺乏时可致动物生长停滞、骨骼畸形、生殖机能紊乱、抽搐和运动失调。

本实验采用火焰原子吸收光谱法测定食物中的铁、镁及锰。样品经湿法消化后，导入原子吸收分光光度计中，经火焰原子化后，铁、镁、锰分别吸收 248.3nm、285.2nm、279.5nm 的共振线，其吸收量与它们的含量成正比，与标准系列比较定量。最低检测限：铁 $0.2\mu g \cdot mL^{-1}$，镁 $0.05\mu g \cdot mL^{-1}$，锰 $0.1\mu g \cdot mL^{-1}$。

四、仪器与试剂

1. 仪器

原子吸收分光光度计。

所有玻璃仪器均以硫酸-重铬酸钾洗液浸泡数小时，再用洗衣粉充分洗刷，后用水反复冲洗，最后用去离子水冲洗，晾干或烘干，方可使用。

2. 试剂

实验用水为去离子水，盐酸、硝酸、高氯酸均为优级纯试剂。混合酸消化液：硝酸与高氯酸比为 4∶1；$0.5mol \cdot L^{-1}$ 硝酸溶液：量取 45mL 硝酸，加去离子水并稀释至 1000mL。

铁、镁、锰标准贮备溶液：精确称取金属铁、金属镁、金属锰（纯度大于 99.99%）各 1.0000g，或含 1.0000g 纯金属相对应的氧化物。分别加硝酸溶解，移入三只 1000mL 容量瓶中，加 $0.5mol \cdot L^{-1}$ 硝酸溶液并稀释至刻度。贮存于聚乙烯瓶内，4℃保存。此三种溶液每毫升各相当于 1mg 铁、镁、锰。

铁、镁、锰标准工作液的配制见表 8-2。铁、镁、锰标准工作液配制后，贮存于聚乙烯瓶内，4℃保存。

表 8-2 铁、镁、锰标准工作液的配制

元素	标准贮备溶液浓度/$\mu g \cdot mL^{-1}$	吸入标准溶液量/mL	稀释体积(容量瓶)/mL	标准工作液浓度/$\mu g \cdot mL^{-1}$	稀释溶液
铁	1000	10.0	100	100	
镁	1000	5.0	100	50	$0.5mol \cdot L^{-1}$ 硝酸溶液
锰	1000	10.0	100	100	

五、实验步骤

1. 样品处理

（1）样品制备　微量元素分析的样品制备过程中应特别注意防止各种污染。所用设备如电磨、绞肉机、匀浆器、打碎机等必须是不锈钢制品。所用容器必须使用玻璃或聚乙烯制品。

湿样（如蔬菜、水果、鲜鱼、鲜肉等）用水冲洗干净后，要用去离子水充分洗净。干粉类样品（如面粉、奶粉等）取样后立即装容器密封保存，防止空气中的灰尘和水分污染。

（2）样品消化　精确称取均匀样品干样 0.5～1.5g（湿样 2.0～4.0g，饮料等液体样品 5.0～10.0g）于 250mL 高型烧杯中，加混合酸消化液 20～30mL，盖上表面皿，置于电热板上加热消化。如未消化好而酸液过少时，再补加几毫升混合酸消化液，继续加热消化，直至无色透明为止。加几毫升去离子水，加热以除去多余的硝酸。待烧杯中的液体接近 2～3mL 时，取下冷却。用去离子水洗并转移于 10mL 刻度管中，加去离子水定容至刻度（测钙时用 2‰氧化镧溶液稀释定容）。取与消化样品相同量的混合酸消化液，按上述操作做试剂空白试验测定。

2. 测定

将铁、镁、锰标准工作液分别配制成不同浓度系列的标准稀释液，方法见表 8-3，测定操作参数见表 8-4。

表 8-3　不同浓度系列标准稀释液的配制方法

元素	使用液浓度 /$\mu g \cdot mL^{-1}$	吸取使用液量/mL	稀释体积（容量瓶）/mL	标准系列浓度 /$\mu g \cdot mL^{-1}$	稀释溶液
铁	100	0.5 1 2 3 4	100	0.5 1 2 3 4	0.5mol·L⁻¹ 硝酸溶液
镁	50	0.5 1 2 3 4	500	0.05 0.1 0.2 0.3 0.4	0.5mol·L⁻¹ 硝酸溶液
锰	100	0.5 1 2 3 4	200	0.25 0.5 1 1.5 2	0.5mol·L⁻¹ 硝酸溶液

表 8-4　测定操作参数

元素	波长/nm	光源	火焰	标准系列浓度范围 /$\mu g \cdot mL^{-1}$	稀释溶液
铁	248.3	紫外		0.5～4.0	
镁	285.2	紫外	空气-乙炔	0.05～1.0	0.5mol·L⁻¹ 硝酸溶液
锰	279.5	紫外		0.25～2.0	

其他实验条件：仪器狭缝、空气及乙炔的流量、灯头高度、元素灯电流等按使用的仪器说明调至最佳状态。

将消化好的样液、试剂空白液和各元素的标准浓度系列分别导入火焰原子吸收分光光度计进行测定。

六、数据处理

以各浓度系列标准溶液浓度与对应的吸光度值绘制标准曲线。测定用样品液及试剂空白液由标准曲线查出浓度值（c 及 c_0），再按下式计算食品中相应元素的含量：

$$X = \frac{(c-c_0)Vf \times 100}{m \times 1000}$$

式中　X——样品中元素的含量，mg/100g；

c——测定用样品中元素的浓度（由标准曲线查出），$\mu g \cdot mL^{-1}$；

c_0——试剂空白液中元素的浓度（由标准曲线查出），$\mu g \cdot mL^{-1}$；

V——样品定容体积，mL；

f——稀释倍数；

m——样品质量，g；

$\dfrac{100}{1000}$——折算成每100g样品中元素的含量，mg。

七、思考题

1. 如何处理各种不同的样品？
2. 对样品进行消化的作用是什么？
3. 对铁、镁、锰的测定还可以应用其他哪些方法？

八、参考文献

［1］GB/T 12396—1990 食物中铁、镁、锰的测定方法.

［2］Kellner R，Otto J M，Widmer H M 等编. 分析化学. 李克安，金钦汉等译. 北京：北京大学出版社，2001：400.

［3］崔振峰，王永芝. 火焰原子吸收光谱法测定山野菜刺嫩芽中钙镁铁锰. 理化检验：化学分册，2006，42（5）：395-396.

［4］王瑞斌，王建国. EBT-1,2-丙二醇光度法测定食品中微量镁研究. 食品科学，2008，29（8）：482-484.

［5］吴兰菊，陈建荣，陈蝶等. 分光光度法测定食品中铁的含量. 光谱实验室，2006，23（4）：850-852.

实验8-6　石墨炉原子吸收光谱法测定血中的镉

一、预习要点

1. 石墨炉原子化法的特点；
2. 石墨炉原子吸收光谱法的仪器结构和操作要点。

二、实验目的

1. 了解石墨炉原子化法的原理和特点；
2. 掌握石墨炉原子吸收分光光度计的操作方法；
3. 学习用石墨炉原子吸收光谱法测定血样中的镉。

三、实验原理

原子吸收分光光度法所采用的原子化方法有火焰法、石墨炉法和氢化物发生法。石墨炉原子化法是将样品置于石墨管内，用大电流通过石墨管，产生 $2000\sim3000℃$ 的高温，使样品蒸发和原子化，分为干燥、灰化和原子化三个阶段。与火焰原子化法相比，石墨炉原子化法具有如下特点：灵敏度高；样品用量少；试样直接注入原子化器，从而减少了溶液的一些物理性质对测定的影响，也可分析固体试样；排除了火焰原子化法中存在的火焰组分与被测组分之间的相互作用而引起的化学干扰；工作中比火焰原子化系统安全。

镉是一种稀有的重金属，也是一种蓄积性毒物，一系列的动物实验和人群流行病学调查表明，镉是一种高度可疑的环境内分泌干扰物，对人体有一定的毒性作用，干扰铜、锌、钴的代谢，抑制某些酶系统的活性，损害肾脏、骨骼和消化系统，引起钙的负平衡，抑制免疫功能。长期食用被镉污染的食品能引起慢性中毒，且具有致癌、致畸和致突变作用。本实验采用石墨炉原子吸收光谱法测定血中的镉，灵敏度高，准确性好。

血中镉被一定浓度酸溶液溶出，离心除去蛋白，导入原子吸收分光光度计石墨炉原子化器中，经原子化后，在 228.8nm 波长下，根据朗伯-比尔定律，其吸收量与镉的量成正比，绘制标准曲线，根据测得的吸光度查找对应的浓度，定量。

四、仪器和试剂

1. 仪器

原子吸收分光光度计（石墨管和背景校正装置），镉空心阴极灯，离心机（4000r·min^{-1}），旋涡混合器，聚乙烯塑料离心管（1.5mL），微量加液器（10μL），容量瓶。

2. 试剂

去离子水，高纯硝酸，金属镉（光谱纯），75%乙醇（体积分数，分析纯），硝酸溶液（4+96），1.0g·L^{-1} 肝素钠水溶液，牛血（肝素抗凝）。

五、实验步骤

1. 配制镉标准溶液

称取 0.5g 左右金属镉，加 20mL 硝酸，加热溶解，将溶液定量移入 500mL 容量瓶中，用水稀释至刻度。此溶液浓度为 1mg·mL^{-1}，用水稀释成 0.1μg·mL^{-1}、0.2μg·mL^{-1}、0.5μg·mL^{-1}、0.8μg·mL^{-1}、1.6μg·mL^{-1} 的镉标准溶液。

2. 配制镉-血标准溶液

取镉标准溶液各 0.1mL，加 0.1mL 牛血，混匀，−4℃保存。血中镉的浓度分别为 0.05μg·mL^{-1}、0.10μg·mL^{-1}、0.20μg·mL^{-1}、0.40μg·mL^{-1}、0.80μg·mL^{-1}。

3. 仪器检测参数

波长 228.8nm；狭缝 0.8nm；灰化 250℃，20s；原子化 1700℃，5s；灯电流 7mA；进样量 10μL；清洗 2000℃，2s；载气流量 1.5L·min^{-1}；背景校正：氘灯校正或塞曼效应校正。

4. 样品处理

将采集的血样混匀，放置 10min，离心 20min，取上层清液待测。

5. 绘制标准曲线

取 6 只离心管，在旋涡混合器上混合表 8-5 所示溶液。

表 8-5 标准管的制备

管　号	0	1	2	3	4	5
硝酸溶液/mL	0.4	0.4	0.4	0.4	0.4	0.4
牛血/mL	0.1	0	0	0	0	0
镉-血标准液/mL	0	0.1	0.1	0.1	0.1	0.1
镉浓度/μg·mL^{-1}	0.00	0.05	0.10	0.20	0.40	0.80

测定各管的吸光度。从 1～5 号管的吸光度值中减去 0 号管的吸光度值，以镉的浓度（μg·mL^{-1}）为横坐标，吸光度为纵坐标绘制标准曲线。

6. 在完全相同的操作条件下测定血样样品，记录吸光度值。

六、数据处理

将所测样品吸光度值减去 0 号管吸光度值，查标准曲线，得出血样中镉的浓度（$\mu g \cdot mL^{-1}$）。

七、思考题

1. 简述石墨炉原子吸收光谱法的实验原理。

2. 简述石墨炉原子化法和火焰原子化法的区别。

八、参考文献

[1] WS/T 34—1996 血中镉的石墨炉原子吸收光谱测定法.

[2] 辛文芳，陈辉，王洪桂. 碘化钾-甲基异丁基甲酮萃取石墨炉原子吸收光谱法测定蔬菜中痕量镉. 光谱实验室，2008，25（4）：705-707.

实验 8-7　石墨炉原子吸收分光光度法测定食品、饮料中的锗

一、预习要点

1. 石墨炉原子化法的特点；

2. 石墨炉原子吸收分光光度法的仪器结构及操作要点。

二、实验目的

1. 了解石墨炉原子化法的原理和特点；

2. 掌握标准曲线的绘制和定量方法；

3. 学习用石墨炉原子吸收光谱分析法测定食品饮料中的锗。

三、实验原理

锗是人体必需的微量元素，它在人体中的含量非常低，但它的作用非常重要。锗的化合物有无机锗和有机锗两种，无机锗（GeO_2）毒性较大，对人体是严格禁用的。人体急性锗中毒表现为体温过低、倦怠、腹泻、皮肤青紫、呼吸循环衰竭，慢性锗中毒会损害肝、肾功能。有机锗对人体健康有益，具有增强人体免疫力、治疗肿瘤、抗病毒、抗致癌因子、净化血液、增强氧化能力、调节血脂、降低血压、延缓衰老、防治白内障等作用，近年来在保健药品、饮料、食品中逐渐得到应用。

本实验采用石墨炉原子吸收分光光度法测定食品和饮料中的锗，样品经处理后导入原子吸收分光光度计石墨炉原子化器中，经原子化后，吸收其 265.2nm 共振线，根据朗伯-比尔定律，其吸光度与锗含量成正比，绘制标准曲线，根据测得的吸光度查找对应的浓度，定量。本方法最低检出限为 40pg。

四、仪器与试剂

1. 仪器

石墨炉原子吸收分光光度计及锗空心阴极灯，微波消解仪及聚四氟乙烯消解罐，电热板，4500mL 蒸馏装置。

2. 试剂

所用试剂为分析纯或优级纯，实验用水为去离子水。

$2mol \cdot L^{-1}$ 硝酸，盐酸，三氯甲烷，过氧化氢；

$2mol \cdot L^{-1}$ 氢氧化钾溶液：称取 11.2g 氢氧化钾，加水溶解，并稀释至 100mL；

氯化铁溶液：称取 20.0g 氯化铁（$FeCl_3 \cdot 6H_2O$），加水溶解，并稀释至 100mL；

钯盐溶液：称取 1.00g 氯化钯（$PdCl_2$）于 100mL 烧杯中，加入 20mL 硝酸、5mL 盐

酸，加热后再加入 45mL 硝酸，冷后加水至 600mL；

锗标准溶液：称取 0.1441g 二氧化锗，溶于 50mL2mol·L^{-1} 氢氧化钾溶液中，用水定容至 1000mL，此溶液浓度为 0.1mg·mL^{-1} 锗；

锗标准工作液：吸取 1.00mL 锗标准溶液，置于 100mL 容量瓶中，加 5mL 2mol·L^{-1} 硝酸溶液，用水稀释至刻度，混匀，此溶液浓度为 1μg·mL^{-1} 锗。

五、实验步骤

1. 测定总锗样品处理

（1）谷物、豆类、蔬菜、蛋类　谷物、豆类除去杂物，碾碎过 20 目筛；蔬菜洗净晾干；蛋类洗净去壳，取食用部分捣成匀浆。可采用微波消解或电热板消解。

① 微波消解。称取均匀样品 0.5～1g，置于微波消解罐内，加 2～3mL 硝酸、1mL 过氧化氢。旋紧罐盖并调好减压阀后消解。微波消解程序：160W，10min；320W，10min；480W，10min。消解完毕放冷后，拧松减压阀排气，再将消解罐拧开。将溶液移入 25mL 容量瓶中，加 2mL 钯盐溶液，加水稀释至刻度，混匀。同时做试剂空白。待测。

② 电热板消解。称取均匀样品 0.5～1g 于 150mL 锥形瓶中，加 15～20mL 硝酸，盖表面皿，放置过夜，置于电热板上加热至近干。放冷后加 2～4mL 过氧化氢，再加热至近干，放冷。将溶液移入 25mL 容量瓶中，加 2mL 钯盐溶液，加水稀释至刻度，混匀。同时做试剂空白。待测。

（2）饮料、固体饮料及矿泉水　称取均匀样品 0.5～1g 于 25mL 比色管中，再加 2mL 硝酸，沸水浴中加热 10min。放冷后加 2mL 钯盐溶液，用水稀释至刻度。同时做试剂空白。待测。

2. 测定保健饮品中无机锗样品处理

吸取 2mL 均匀样品于 500mL 蒸馏瓶中，加入 20mL 盐酸、2mL 水、1mL 氯化铁溶液。轻轻摇匀浸泡，室温下放置 20min。装上冷凝管，接收管中预先装有 50mL 三氯甲烷作吸收液。采用冰浴冷却吸收液。小火加热蒸馏瓶，使溶液保持微沸。接收管中应维持有连续的小气泡，蒸馏 25min 后取出吸收管。将吸收液转移入 125mL 分液漏斗中，加入 2mL 盐酸，轻轻振摇 120 次，静置分层。分出三氯甲烷于另一分液漏斗中，弃去盐酸层。加 10mL 水于三氯甲烷提取液中，振摇 120 次，分出水溶液于 25mL 容量瓶中，再加 10mL 水重复萃取一次。合并两次水溶液，加入 0.5mL 硝酸、2mL 钯盐溶液，加水稀释至刻度，混匀。同时做试剂空白。待测。

3. 测定

（1）测定条件　波长 265.2nm，狭缝 0.4nm，灯电流 10mA，热解石墨管。石墨炉升温程序：干燥，80～120℃，30s；120～300℃，20s；灰化，300℃，30s；1200℃，20s；原子化，2700℃，3s（可根据仪器型号，调至最佳条件）。

（2）标准曲线的绘制　精密吸取 0.00mL、1.00mL、2.00mL、3.00mL、4.00mL、5.00mL 锗标准工作液，分别置于 25mL 容量瓶中，各加 0.5mL 硝酸、2mL 钯盐溶液，加水至刻度（各容量瓶中锗浓度分别为 0ng·mL^{-1}、40ng·mL^{-1}、80ng·mL^{-1}、120ng·mL^{-1}、160ng·mL^{-1}、200ng·mL^{-1} 锗）。将标准溶液和试剂空白分别导入石墨炉原子化器进行测定。

（3）样品的测定　在相同的实验条件下，将处理后的样品液导入石墨炉原子化器，测样品的吸光度。

六、数据处理

以锗标准液的吸光度减去空白液的吸光度为纵坐标，以锗标准液的浓度为横坐标，绘制标准曲线。用样品溶液的吸光度减去空白液的吸光度，在标准曲线上查找对应的锗的浓度。按下式计算样品中锗的含量：

$$X = \frac{(A_1 - A_0)V \times 1000}{m \times 1000 \times 1000}$$

式中 X——样品中锗的含量，$mg \cdot kg^{-1}$；

     A_1——样品液测定浓度，$ng \cdot mL^{-1}$；

     A_0——空白液测定浓度，$ng \cdot mL^{-1}$；

     V——样品体积，mL；

     m——样品质量（体积），g（mL）。

七、思考题

1. 你在实验中所确定的最佳检测条件是什么？

2. 不同类型的样品应如何处理？

八、参考文献

[1] GB/T 17337—1998 食品中锗的测定.

[2] 白锁柱，金贞淑，赵晔等. 分光光度法测定饮料食品中痕量有机锗和无机锗的研究. 光谱实验室，1997，14（5）：73-75.

[3] 杨利，黄仁录. 锗与人体健康. 微量元素与健康研究，2005，3：60-61.

实验 8-8   钢中铬、铜、锰、镍、钛的原子发射光谱定性分析

一、预习要点

摄谱仪各部件的工作原理。

二、实验目的

1. 掌握原子发射光谱法测定金属元素的实验原理。

2. 掌握摄谱仪的使用方法。

3. 学会识谱。

三、实验原理

原子发射光谱法是一种成分分析方法，可对约 70 种元素（金属元素及磷、硅、砷、碳、硼等非金属元素）进行分析。这种方法常用于定性、半定量和定量分析。原子发射光谱法的仪器由三部分组成，即光源、分光仪和检测器。常用的检测方法有：目视法、摄谱法和光电法。

本实验对钢中铬、铜、锰、镍、钛进行了原子发射光谱定性分析。各种元素因其原子结构不同而有其特征光谱线。具有较低激发电位的谱线称为灵敏线，按照激发电位的大小可分为最灵敏线、次灵敏线等。根据元素 2～3 条灵敏线是否出现，就可以判断试样中该元素是否存在。由于这是根据谱线的波长进行光谱定性分析的，因此，把摄得的谱板置于映谱仪上，放大 20 倍，以铁光谱为波长标尺，与元素标准光谱图比较，使谱板上的铁光谱与元素标准光谱图上的铁光谱完全重合，就可以很方便地辨认出元素的灵敏线，则可以判断元素是否存在。

四、仪器与试剂

1. 仪器

31WⅡA 型 2m 平面光栅摄谱仪或 WPG-100 型 1m 平面光栅摄谱仪，交流电弧发生器，8W 型光谱投影仪，元素标准光谱图，紫外Ⅱ型感光板，上电极为光谱纯石墨棒，下电极为钢块。

2. 试剂

(1) 显影液的配制为了便于保存，常将显影液配制成 A、B 两种贮备液，使用时按 1:1 体积混匀即可。

A 贮备液的配制：于 500mL 52℃蒸馏水中依次加入米吐尔 2.0g、无水亚硫酸钠 52.0g、对苯二酚 2.0g，溶解，加水至 1000mL，摇匀备用；

B 贮备液的配制：于 500mL 52℃蒸馏水中依次加入无水碳酸钠 40.0g、溴化钾 2.0g，溶解，加水至 1000mL，摇匀备用。

(2) 定影液的配制。硫代硫酸钠 240.0g、无水亚硫酸钠 15.0g、醋酸（28%）48mL、硼酸（晶体）7.5g、钾明矾 15.0g，加水至 1000mL 溶解，摇匀备用。

五、实验步骤

1. 准备

准备电极和试样，在暗室安装感光板。

2. 设置仪器参数

光谱仪	31WⅡA 型 2m 平面光栅摄谱仪	狭缝高度	1mm
中心波长	300nm	电流强度	5A，8A
摄谱波长范围	200～1000nm	预热时间	5s
狭缝宽度	5μm	曝光时间	15s

3. 摄谱

调整外光路和电极间距离；电流强度为 5A，预热时间为 5s，曝光时间为 15s，摄钢样谱。板移 1.5mm，在电弧电流强度为 8A 的条件下，再摄一次钢样谱。

4. 暗室处理

在室温 18℃时，显影 4min，摄板用清水漂洗后，定影 15min（使谱板完全透明），流水漂洗 5min，将谱板自然晾干。如需快速干燥，用热风机对无乳剂的玻璃片基晃动吹干。

5. 识谱

从元素灵敏线波长表上找出铬、铜、锰、镍、钛五元素的灵敏线若干条，排除干扰光谱线后，确定分析线，如表 8-6 所示。根据灵敏线的波长，用元素标准光谱图在光谱摄影仪上与钢样放大的谱图比较识谱，如果查找出某元素 2～3 条灵敏线，则可以确定钢样中有该元素存在。记录下元素、波长及谱线类型等。

表 8-6　钢中 Cr、Cu、Mn、Ni、Ti 元素的灵敏线

元素	灵敏线波长/nm		
Cr	301.476	301.493	267.716
Cu	324.754	327.396	282.437
Mn	257.610	259.373	293.306
Ni	305.082	341.477	299.260
Ti	308.803	334.904	337.759

六、思考题

1. 光谱定性分析时采用哪种光源较好？为什么？
2. 简述元素摄谱定性分析的步骤。
3. 元素标准光谱图由哪几部分组成？识谱时应注意哪些问题？

七、参考文献

华中师大，东北师大，陕西师大，北京师大. 分析化学实验. 北京：高等教育出版社，2003：167.

实验 8-9　ICP 光谱法测定水样中的镉

一、预习要点

1. 电感耦合等离子体原子发射光谱仪的结构；
2. 发射光谱定量的基本原理。

二、实验目的

1. 了解电感耦合等离子体原子发射光谱仪的使用方法；
2. 学习利用电感耦合等离子体原子发射光谱测定水样中 Cd^{2+} 含量的方法。

三、实验原理

电感耦合等离子体原子发射光谱法（ICP-AES）是 20 世纪 60 年代提出、70 年代迅速发展起来的一种分析方法，它的迅速发展和广泛应用是与其克服了经典光源和原子化器的局限性分不开的。ICP-AES 分析是将试样在等离子体光源中激发，使待测元素发射出特征波长的辐射，经过分光，测量其强度而进行定量分析的方法。在原子发射光谱分析中，ICP（电感耦合等离子体）光源是分析液体试样的最佳光源。使用该光源，可对约 70 多种元素进行分析，其检出限可达 $10^{-4} \sim 10^{-3}$ ng·g^{-1} 级，精密度在 1% 左右，并对百分之几十的高含量元素进行测定。

ICP 发射光谱法具有分析速度快、灵敏度高、稳定性好、线性范围广泛、基体干扰少、样品用量少、可实现多元素同时分析等优点。现在已普遍用于水质、环境、冶金、地质、化学制剂、石油化工、食品以及实验室服务等的样品分析中，既可定性分析，也可定量检测。

作为一种蓄积性毒物，镉对人体具有一定的毒害作用，长期饮用被镉污染的水能引起慢性中毒，且具有致畸、致畸和致突变作用。本实验采用 ICP 发射光谱法定量测定水样中的镉。

四、仪器与试剂

1. 仪器

ICP 光谱仪。

2. 试剂

$100\mu g \cdot mL^{-1}$ 镉标准溶液：准确称取 0.5000g 金属镉（G.R.）于 100mL 烧杯中，用 5mL 6mol·L^{-1} 盐酸溶液溶解，然后转移到 500mL 容量瓶中，用 1% 盐酸稀释至刻度，摇匀，备用。实验前，用 1% 盐酸溶液稀释 10 倍使用，此时浓度即为 $100\mu g \cdot mL^{-1}$。

五、实验步骤

1. 实验用溶液的配制

分别吸取 2.00mL、4.00mL、6.00mL、8.00mL 和 10.00mL 镉标准溶液及 10.00mL 待测水样于 6 个 100mL 容量瓶中，然后用 1% 盐酸稀释至刻度，摇匀。

2. 实验条件的设置

按如下实验条件，将 ICP 光谱仪按仪器的操作步骤进行调节、设置。

（1）ICP 发生器：频率 40MHz，入射功率 1kW，反射功率＜5kW。

（2）炬管：三层同轴石英玻璃管。

（3）雾化器：同轴玻璃雾化器。

（4）感应线圈：3 匝。

（5）等离子体焰炬观察高度：工作线圈以上 15mm。

（6）氩载气流速：0.5L/min。

（7）氩冷却气流量：12L/min。

（8）氩工作气体流量：1.0L/min。

（9）试液提升量：2.6mL/min。

（10）镉的测定波长：226.5nm。

（11）积分时间：20s。

3. 溶液测定

在相同实验条件下，分别对各标准溶液及待测水样进行测定。

六、数据处理

绘制标准曲线，求出待测水样中镉的含量。

七、思考题

1.ICP 光谱法与经典发射光谱法相比有哪些特点？

2.ICP 光谱法能否进行元素价态分析？

八、参考文献

［1］穆华荣，陈志超主编. 仪器分析实验. 第二版. 北京：化学工业出版社，2004：217.

［2］辛文芳，陈辉，王洪桂. 碘化钾-甲基异丁基甲酮萃取石墨炉原子吸收光谱法测定蔬菜中痕量镉. 光谱实验室，2008，25（4）：705-707.

第9章　电化学分析法

实验 9-1　电导池常数的测定及水纯度测定

一、预习要点

1. 电导分析法的原理；
2. 电导仪的结构和基本操作方法。

二、实验目的

1. 巩固电导分析法的理论知识；
2. 学习电导仪的操作方法；
3. 学习测定电导池常数的方法；
4. 学会用电导法测定水的纯度。

三、实验原理

电导分析法是以测量溶液的电导值为基础的定量分析方法。电导分析法具有简单、快速和不破坏被测样品等优点。

电导分析可以分为直接电导法和电导滴定法两类方法。直接电导法是通过测量溶液的电导值，并根据溶液的电导与溶液中待测离子浓度之间的定量关系来确定待测离子含量的方法；电导滴定法则是测量滴定过程中电导的变化，然后根据滴定曲线求出滴定终点，从而算出待测物质的量的方法。电导滴定法可分为酸碱滴定、沉淀滴定、络合滴定和氧化还原滴定等方法。

由于溶液的电导并不是某一种离子的特征参数，而是溶液中所有离子的共同贡献，因此，电导分析法的选择性很差，使它的应用受到很大的限制。

虽然电导分析法的选择性很差，但有它的独到之处，例如可以用于测定弱酸的离解常数、沉淀的溶度积以及检测水的纯度。实验室中高纯电导水的电导率小于 $0.1 \times 10^{-6} \mathrm{S \cdot cm^{-1}}$，蒸馏水与空气中二氧化碳达到平衡时水的电导率约为 $1 \times 10^{-6} \mathrm{S \cdot cm^{-1}}$，一般电导滴定溶液的电导率大于 $1 \times 10^{-3} \mathrm{S \cdot cm^{-1}}$，所以水的电导率可以忽略不计。

1. 电导、电导率的概念

电解质溶液同金属导体一样，能够导电，遵守欧姆定律。一定温度、一定浓度的电解质溶液的电阻 R 与电极间的距离成正比，与电极面积 A 成反比，即

$$R = \rho \frac{l}{A} \text{ 或 } L = \frac{1}{R} = k \frac{A}{l}$$

式中，R 为电阻，Ω；l 为电极间的距离；ρ 为电阻率；A 为电极面积；L 为电导，是电阻 R 的倒数，国际单位为西门子，用符号"S"表示，惯用单位为 Ω^{-1}；k 为电导率，是

电阻率 ρ 的倒数，即 $k=1/\rho$，表示 $1cm^3$ 液体的电导。

2. 摩尔电导和无限稀释摩尔电导

摩尔电导定义为：在间隔 $1cm$ 的两极之间含有 $1mol$ 溶质时的电导，用符号"Λ"表示。

$$\Lambda = 1000k/c$$

式中　k——电导率；

　　　c——溶液浓度，$mol \cdot L^{-1}$。

溶液无限稀释时，摩尔电导达到最大的极限值，此值称为"无限稀释"摩尔电导，或"极限摩尔电导"，用符号"$\Lambda°$"表示，对强电解质：$\Lambda° = -A - \sqrt{c}$（A 为常数，c 为溶液浓度）。

四、仪器与试剂

1. 仪器

DDS-304 型电导率仪，电导电极（铂黑电极），温度计，烧杯，容量瓶，恒温槽。

2. 试剂

氯化钾（分析纯），二次蒸馏水，去离子水，自来水。

五、实验步骤

1. 电导仪的调试

2. 铂黑电极的准备

铂黑电极在使用前应保证其表面清洁，铂黑良好，使用时用二次蒸馏水冲洗 2～3 次。

3. 电导池常数的测定

按电导仪的使用方法，于 25℃（或 18℃，用恒温槽控温）分别测定 $0.0100mol \cdot L^{-1}$、$0.100mol \cdot L^{-1}$、$1.000mol \cdot L^{-1}$ KCl 溶液的电导值，各测 3 次，取平均值。

池常数计算：依公式 $k=L\dfrac{1}{A}$ 计算池常数，池常数 $\dfrac{1}{A}=\dfrac{k}{L}$。

k 为已知溶液的电导率，表 9-1 为 KCl 水溶液的电导率。

表 9-1　KCl 水溶液的电导率 $k/S \cdot cm^{-1}$

浓度/mol·L^{-1}	0℃	18℃	25℃
1.000	0.06543	0.09820	0.11173
0.1000	0.007154	0.011192	0.012886
0.0100	0.0007751	0.0012227	0.0014114

4. 水纯度的测定

按电导仪使用方法，于 25℃测定试样水（二次蒸馏水、去离子水和自来水）的电导值，测定 3 次，取平均值。

六、注意事项

1. 实验中温度要恒定，测量必须在同一温度下进行。恒温槽的温度要控制在（25.0±0.1）℃或（30.0±0.1）℃。

2. 每次测定前，都必须将电极及电导池洗涤干净，以免影响测定结果。

3. 电导池不用时，应把铂黑电极浸在蒸馏水中，以免干燥致使表面发生改变。

七、思考题

1. 电导池常数的意义是什么？怎样校准它？

2. 电导池应如何维护？实验过程中能否更换铂电导电极？为什么？

3. 测电导时为什么要恒温？

实验 9-2　pH 电位滴定法测定混合碱

一、预习要点
1. pH 电位滴定法的原理；
2. 自动电位滴定仪的结构和基本操作方法。

二、实验目的
1. 通过碳酸钠和碳酸氢钠混合碱的测定，了解 pH 电位滴定法的原理和方法；
2. 掌握自动电位滴定仪的使用方法。

三、实验原理
对于混合碱的分析，在容量分析中一般采用双指示剂法，但由于 Na_2CO_3 滴定到 $NaHCO_3$ 这一步终点不明显，使滴定结果产生较大的误差。为了得到较为准确的结果，则必须采用步骤相对繁琐的 $BaCl_2$ 法。本实验将采用 pH 电位滴定法来测定混合碱中 Na_2CO_3 和 $NaHCO_3$ 的含量。

pH 电位滴定法是通过测定溶液的 pH 变化来确定滴定终点的。在进行电位滴定时，在被测溶液中插入一个指示电极（pH 玻璃电极）和一个参比电极，组成一个工作电池，随着滴定剂的加入，由于发生化学反应，被测离子浓度不断发生变化，因而指示电极电位相应地发生变化，在理论终点附近离子浓度发生突跃，引起电极电位发生突跃，表现为 pH 的变化（能斯特方程 $E = K - 2.303RT/F \, pH$）。因此测量工作电池电动势的变化就可确定滴定终点。

这是一种把电位测定与滴定分析互相结合起来的方法，无需加入指示剂。pH 电位滴定法适用于浑浊、有色溶液及找不到指示剂的滴定分析。它的特点是可以连续滴定和自动滴定。应用自动电位滴定装置，可以达到简便、快速测定的目的。自动电位滴定装置不能自动确定终点，终点电位可事先从实验得到的滴定曲线求出，也可通过计算方法求得。在本实验中，第一个化学计量点的 pH 等于 8.31，第二个化学计量点的 pH 等于 3.89。

四、仪器与试剂
1. 仪器
ZD-2 型自动电位滴定仪 1 台，231 型玻璃电极和 232 型饱和甘汞电极各 1 支，酸式滴定管 25mL 1 支，吸量管 10mL 1 支，量筒 50mL 1 个，烧杯 50mL 2 个，150mL 1 个。

2. 试剂
邻苯二甲酸氢钾（$KHC_8H_4O_4$）标准缓冲溶液（$0.05mol \cdot L^{-1}$，pH = 4.01）：用 10.21g 干燥过的 $KHC_8H_4O_4$ 溶解于 1L 水中（水的阻抗应大于 $1M\Omega$）。

硼砂标准缓冲溶液（$0.01mol \cdot L^{-1}$，pH = 9.18）：用 3.81g 硼砂（$Na_2B_4O_7 \cdot 10H_2O$）溶解于 1L 水中（应除去溶解水中的 CO_2）。

盐酸标准溶液 $0.1000mol \cdot L^{-1}$，酚酞指示剂，甲基橙指示剂，混合碱溶液样品；

无水 Na_2CO_3：于 180℃ 干燥 2~3h，然后放在干燥器内冷却后备用。

五、实验步骤
1. $0.1000mol \cdot L^{-1}$ HCl 的配制及标定。
参见实验 1-3 中的相应步骤。

2. 混合碱的测定

（1）仪器的校正和准备

① 仪器校正。用温度计测出被测溶液的温度；按"温度"键，将测出的溶液温度值输入到仪器中，按"确认"键。按"pH/mV"键使仪器液晶屏左上角显示"mV"；按"—/标定"键，右下角显示"标定"，随后将清洗过的电极插入 pH 值为 4.01 的缓冲溶液中，等电位（mV）显示稳定后，再将电极插入 pH 值为 9.18 的缓冲溶液中，按"—/标定"键，液晶屏右下角显示"斜率"，等电位显示稳定后，按"确认"键，标定过程结束。

② 第一终点设定：按"pH/mV"键使液晶左上角显示"pH"；按"终点"键，然后按数字键输入第一个终点 8.31，按确定键。

③ 在滴定管内注入盐酸溶液。

（2）混合碱的滴定

① 用吸量管移取 10.00mL 待测的 Na_2CO_3-$NaHCO_3$ 混合液于 150mL 烧杯中，放入搅拌子，浸入电极。

② 开启搅拌器开关，调节转速，使搅拌从慢逐渐加快至适当速度。

③ 读取滴定管内盐酸溶液的起始体积。打开滴定管活塞，选择一种滴定模式（快滴，慢滴，连续滴），按"开始"键，滴定开始。当 pH 距离终点 1～2 个单位时，选择"慢滴"，使液滴慢速滴下，到达终点时，按"退出"键，滴定结束，关闭滴定管活塞，记录滴定管内盐酸溶液的第一个终点读数 V_1。

④ 按"终点"键，然后按数字键输入第二个终点 3.89，按确定键，再同③操作。第二次滴定后记录滴定管内盐酸溶液用去的总体积为 V_2。

⑤ 重复测定一次。

⑥ 测量完毕，关闭仪器电源开关，冲洗电极，清理实验台。

六、数据处理

设两终点时用去的盐酸标准溶液体积分别为 V_1 和 V_2，标准溶液的浓度为 c_{HCl}，则混合碱的含量分别为：

$$\rho_{Na_2CO_3}(g \cdot mL^{-1}) = V_1 \times 2 \frac{M_{Na_2CO_3}}{2000} \times c_{HCl} \times \frac{1}{10.00}$$

$$\rho_{NaHCO_3}(g \cdot mL^{-1}) = (V_2 - V_1 \times 2) \frac{M_{NaHCO_3}}{1000} \times c_{HCl} \times \frac{1}{10.00}$$

$$M_{Na_2CO_3} = 106, \quad M_{NaHCO_3} = 84$$

七、注意事项

1. 为了将电位滴定法与双指示剂法进行比较，可在初始溶液中加入 2～3 滴酚酞指示剂，第一滴定终点到达后加入 2～3 滴甲基橙指示剂。

2. 电极勿浸入溶液太深，以免被搅拌子碰坏。

3. 用缓冲溶液标定仪器时，要保证缓冲溶液的可靠性，不能配错缓冲溶液，否则将导致测量不准。

4. 取下电极套后，应避免电极的敏感玻璃泡与硬物接触，因为任何破损或擦毛都将使电极失效。

八、思考题

1. 玻璃电极和甘汞电极在使用时应注意哪些问题？

2. 对于混合碱的测定，双指示剂法和电位滴定法各有什么特点？

实验 9-3　电位法测定饮用水中氟离子

一、预习要点
1. 电位法测定离子浓度的原理；
2. 氟离子选择性电极的使用方法。

二、实验目的
1. 掌握直接电位法的测定原理及实验方法；
2. 学会正确使用氟离子选择性电极及酸度计。

三、实验原理

饮用水中氟含量的高低对人体健康有一定的影响，氟的含量太低易患龋齿病，过高则会发生氟中毒现象，长期接触（约 $10\sim20$ 年）高水平氟化物（$10\mathrm{mg}\cdot\mathrm{d}^{-1}$）可导致骨氟中毒，如水中含氟量高于 $4\mathrm{mg}\cdot\mathrm{L}^{-1}$，即可导致氟骨病。长期饮用含氟量高于 $1.5\mathrm{mg}\cdot\mathrm{L}^{-1}$ 的水易患斑齿病。饮用水中氟的适宜含量为 $0.5\mathrm{mg}\cdot\mathrm{L}^{-1}$ 左右。

目前测定氟的方法有比色法和电位法。前者的测量范围较宽，但干扰因素多，往往要对试样进行预处理，后者的测量范围虽不如前者宽，但已能满足水质分析的要求，而且操作简便，干扰因素少，容易克服，故一般不必对样品进行预处理。因此，电位法正在逐步取代比色法，成为测定氟离子的常规分析方法。

本实验中应用氟离子选择性电极（见图 9-1，简称氟电极，以下同），饱和甘汞电极和待测试液组成一电池。测得的电动势与氟离子的活度关系式为：

$$E=E^{\ominus}-\frac{2.303RT}{F}\lg\alpha_{\mathrm{F}^{-}}$$

若在待测试液中加入适量的惰性电解质（如硝酸钠），使离子强度保持不变，即离子的活度系数为一常数，则电池电动势与氟离子的浓度关系式为（25℃）：

$$E=E^{\ominus}-\frac{2.303RT}{F}\lg\alpha_{\mathrm{F}^{-}}=E^{\ominus}-0.059\lg c_{\mathrm{F}^{-}}$$

E 与 $c_{\mathrm{F}^{-}}$ 呈线性关系，因此只要作出 E-$\lg c_{\mathrm{F}^{-}}$ 的标准曲线，即可由测得水样的 E 值根据标准曲线求得水样中氟离子的浓度。

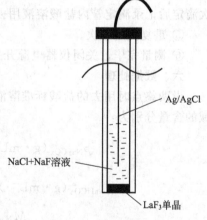

图 9-1　氟离子选择电极

氟电极只对游离的氟离子有响应，而水中的 F^{-} 却非常容易与 Fe^{3+}、Al^{3+} 等离子络合，因此在测定时必须加络合能力较强的络合剂，如柠檬酸钠，把 F^{-} 释放出来，才能得到可靠的结果。另外，H^{+} 和 OH^{-} 对氟电极有一定的干扰作用，但这种作用只要控制待测溶液的 pH 在 $5.0\sim5.5$ 就可以克服。

本实验以标准曲线法测定自来水中氟含量。

四、试验与仪器

1. 仪器

pHS-3C 精密 pH 计，电磁搅拌器，氟电极（CSB-F-I 型），饱和甘汞电极，容量瓶（100mL，6 支）吸量管（10mL，2 支）烧杯（100mL，2 个）聚乙烯烧杯（100mL，1 个）。

2. 试剂

(1) NaF 标准液（0.100mol·L^{-1}）：称取 4.1988g 氟化钠，用去离子水溶解并稀释至 1L 摇匀，贮存于聚乙烯瓶中备用。

(2) 总离子强度调节缓冲溶液（TISAB）：取 29g 硝酸钠和 0.2g 水合柠檬酸钠，溶于 50mL 1+1(体积) 的醋酸与 50mL 5mol·L^{-1} NaOH 的混合溶液，测量该溶液的 pH，若不在 5.0～5.5 范围内，用 5mol·L^{-1} 氢氧化钠或 6mol·L^{-1} 盐酸调节至所需范围。

五、实验步骤

1. 酸度计的调节

氟电极接酸度计的负端，饱和甘汞电极接正端，测量应按下"－mV"键，按 pHS-3C 精密 pH 计的使用方法校正好仪器。

氟电极（CSB-F-I 型）在使用时应注意：

(1) 测量前需要电阻在 3MΩ 以上的去离子水中浸泡活化 1h 以上，当测得其在纯水中小于－260mV 时，便可用于测量。

(2) 测量时，单晶薄膜上不可附着水泡，以免干扰读数。

(3) 测定时，溶液的搅拌速度缓慢且稳定。

(4) 平衡时间。电动势的读数应考虑电极达到平衡电位的时间，溶液愈稀时间愈长。在 1.00×10^{-6} mol·L^{-1} 的 NaF 标准溶液中，电极电位的平衡时间在 4min 左右；在 1.00×10^{-5} mol·L^{-1} NaF 标准溶液中，在 2min 以内，随着浓度增高，平衡时间缩短。

2. 标准溶液的配制

用吸量管吸取 10.00mL 0.100mol·L^{-1} 的 NaF 标准溶液和 10.00mL TISAB 溶液，在 100mL 容量瓶中用去离子水稀释至刻度，摇匀（浓度为 10^{-2} mol·L^{-1}），并用逐级稀释法配成浓度为 10^{-3} mol·L^{-1}、10^{-4} mol·L^{-1}、10^{-5} mol·L^{-1}、10^{-6} mol·L^{-1} 的一组标准溶液。在逐级稀释时，只需加入 9.00mL TISAB 溶液就可以了。

3. 标准溶液的测定

用滤纸吸去悬挂在电极上的水滴，然后把电极插入盛有浓度为 10^{-6} mol·L^{-1} 氟化钠标准溶液的烧杯中（最好用聚乙烯烧杯，因为氟离子与玻璃有作用，尤其在 10^{-3} mol·L^{-1} 以上浓度的氟化钠溶液中）。在磁力搅拌器上缓慢且稳定地搅拌。按下"读数"开关，读数（mV）。

依次再测定 10^{-5} mol·L^{-1}、10^{-4} mol·L^{-1}、10^{-3} mol·L^{-1} 和 10^{-2} mol·L^{-1} 氟化钠溶液的电位（mV）（注意测定次序由稀到浓）。在测定过程中，应经常检查仪器是否处于正常状态，否则重新调节之。

4. 饮用水含氟量测定

取 10.00mL 总离子强度调节缓冲溶液加入到 100mL 容量瓶中，然后用自来水定容。

清洗氟电极，使其在纯水中测得电位小于－260mV。

将清洗后的电极用滤纸吸去水滴，插入盛有未知水样的烧杯中，搅拌数分钟，读取稳定的电位（mV）。

清洗电极至纯水电位，把氟电极浸泡在纯水中。

六、数据处理

1. 记录测定氟化钠系列标准溶液的电位 E(mV)，并在半对数坐标纸上作 E 对 c_{F^-} 的标准曲线。

2. 记录未知水样的电位 E(mV)，并由标准曲线查得未知水样溶液中氟离子浓度 c_{F^-}，由下式计算饮用水中含氟量。

$$\rho_{F^-} = c_{F^-} \frac{100}{90.0} M_F \times 1000$$

式中　ρ_{F^-}——每升饮用水中氟的质量，mg；

　　　M_F——氟的相对原子质量。

七、注意事项

1. 电极的清洗要合乎要求。

2. 标准系列和待测试液中要加入相同量的总离子强度调节缓冲溶液。

3. 在每一次测量之前，都要用水冲洗电极，并用滤纸吸干。

4. 测量时应从低浓度开始，到高浓度为止。

5. 电极不宜在浓溶液中长时间浸泡。

6. 不得用手指触摸电极的膜表面，为了保护电极，试样中氟的测定浓度最好不要大于 $40\text{mg} \cdot \text{L}^{-1}$。

7. 插入电极前不要搅拌溶液，以免在电极表面附着气泡，影响测定的准确度。

8. 电极的存放：电极用后应用水充分冲洗干净，并用滤纸吸去水分，放在空气中或者放在稀的氟化物标准溶液中，如果短时间不再使用，应洗净，吸去水分，套上保护电极敏感部位的保护帽，电极使用前应充分冲洗，并去掉水分。

9. 搅拌速度应适中、稳定，不要形成涡流，测定过程中应连续搅拌。

10. 如果电极的膜表面被有机物等沾污，必须先清洗干净后才能使用，清洗可用甲醇、丙酮等有机试剂，亦可用洗涤剂。例如，可先将电极浸入温热的稀洗涤剂（1份洗涤剂加9份水），保持 3～5min。必要时，可再放入另一份稀洗涤剂中，然后用水冲洗，再在 1+1 的盐酸中浸 30s，最后用水冲洗干净，用滤纸吸去水分。

11. 温度影响电极的电位和样品的离解，须使试液与标准溶液的温度相同，并注意调节仪器的温度补偿装置，使之与溶液的温度一致。

12. 每日要测定电极的实际斜率。

13. 本方法测定的是游离的氟离子浓度，某些高价阳离子（例如三价铁、铝和四价硅）及氢离子能与氟离子络合而有干扰，所产生的干扰程度取决于络合离子的种类和浓度、氟化物的浓度及溶液的 pH 等。在碱性溶液中氢氧根离子的浓度大于氟离子浓度的 1/10 时影响测定，其他一般常见的阴、阳离子均不干扰测定，测定溶液的 pH 为 5～8。

14. 氟电极对氟硼酸盐离子（BF_4^-）不响应，如果水样含有氟硼酸盐或者污染严重，则应先进行蒸馏，通常加入总离子强度调节剂以保持溶液中总离子强度，并络合干扰离子，保持溶液适当的 pH，就可以直接进行测定。

八、思考题

1. 氟电极在使用时应注意哪些问题？

2. TISAB 的组成是什么？它们在测定中各起什么作用？

九、参考文献

［1］GB/T 7484—1987 水质氟化物的测定　离子选择电极法. 北京：中国标准出版社，1987.

［2］李志林，马志领，翟永清编著. 无机及分析化学实验. 北京：化学工业出版社，2007：187-190.

实验 9-4　离子计法测定水样中钾的含量

一、预习要点

1. 离子计法的原理；

2. 离子计的结构和使用方法。

二、实验目的

1. 巩固离子选择性电极法的理论知识；
2. 了解 PXD-2 型离子计，并学会其使用方法；
3. 学会标准电极法（离子计法）的分析方法；
4. 了解钾离子电极测定 K^+ 的条件。

三、实验原理

离子选择性电极直接电位法的定量分析方法很多，如单标准比较法、标准曲线法、离子计法及增量法。

离子计法即标准电极法，它是应用离子计作分析仪器的离子选择性电极法。这种方法的基本过程是：首先用一个或两个标准溶液校正离子计，然后用校正好了的离子计在相同的条件下对试液进行测定，可以由离子计直接读出被测试液的 pX 值或浓度 M 值。

用两个标准溶液校正离子计的方法即"两点定位法"：先用甲标准溶液确定仪表的零点，再用乙标准溶液调节仪表成满刻度或某一给定的数值。选择甲乙两标准溶液的原则：第一，离子强度应尽量与未知液相近。第二，未知液的浓度应在这两个标准溶液浓度之间。

四、仪器与试剂

1. 仪器

PXD-2 型离子计，电磁搅拌器，钾电极，饱和甘汞电极，容量瓶（100mL 3 个），烧杯（100mL 3 个）。

2. 试剂

KCl 标准溶液（$10^{-3}\,mol \cdot L^{-1}$、$10^{-4}\,mol \cdot L^{-1}$），KCl 溶液（$0.01\,mol \cdot L^{-1}$），离子强度调节剂 ISA（每 100mL 含 35g NaCl），含 K^+ 水样。

五、实验步骤

1. 钾离子电极的准备

电极在使用前应放在 $0.01\,mol \cdot L^{-1}$ KCl 溶液中浸泡半小时以上，然后用去离子水洗到其空白（纯水）电位值，约为 $-150mV$ 左右。

2. 试液的准备

吸取水样 80mL 于一个 100mL 的容量瓶中，加入 10mL ISA 离子强度调节剂，用去离子水稀释至刻度，摇匀备用。

3. PXD-2 型离子计的校正

熟悉各开关及调节器的作用。

（1）将电源开关拨至"AC"位置，按下选择开关"PXI"，转换开关拨至"校零"，预热 20min 使仪器稳定，此时指针应指在零位。

（2）仪器自校：将温度补偿调节至 20℃，"斜率"至 100％位置，将转换开关拨至"标准"位置，读数电表的指针应在满刻度。

（3）将参比电极和离子选择电极接好。

（4）仪器校正：两点定位法。

将电极浸入 $10^{-4}\,mol \cdot L^{-1}$ KCl 标准溶液，极性开关拨至"阴"位置，将转换开关拨至"粗测"，调节"定位"，使指针指零，然后将量程选择旋钮拨至"0"位置，转换开关拨至"细测"，调节"定位"使指针指零，轻按测量开关，使之复原。

取出电极，洗净、吸干，然后浸入到 $10^{-3}\,mol \cdot L^{-1}$ 的 KCl 标准溶液中，将转换开关拨至"粗测"位置，按下测量开关，调节斜率调节旋钮指示值等于两标准溶液的 pX 之差的数值（差值为1），然后先将测量开关复原，再将量程选择拨至适当位置（由粗测定），将转换开关拨至"细测"位置，按下测量开关，细测斜率调节旋钮使仪器指示的结果准确地等于两标准溶液的 pX 差值。将测量开关复原，测量中不允许再转动斜率调节旋钮。

斜率补偿完毕后，可在此溶液中进行定位，首先将极性开关拨至"阳"，将量程开关拨至适当位置（由这个浓溶液的 pX 值决定），将转换开关拨至"细测"，按下测量开关，调旋钮使仪器读数准确地为此标准溶液的 pX 值，测量开关复原，转换开关至"粗测"，定位完毕。测量过程中，不得再动定位调节旋钮。

4. 试液中 K⁺ 的含量测定

取出电极，洗净，用滤纸吸干，浸入到待测溶液中，再按上述方法，依次进行粗测、量程选择、细测的操作，得出待测溶液的 pX 值，计算原始水样中的 K⁺ 含量。

六、思考题

何为离子计法？其原理是什么？

实验 9-5 库仑滴定法测定工业废水中微量砷

一、预习要点

1. 库仑滴定法的基本原理；
2. 双铂电极电流法指示滴定终点的基本原理。

二、实验目的

1. 了解库仑滴定和双铂电极电流法指示滴定终点的基本原理和实验方法；
2. 了解并掌握通用库仑仪的操作方法。

三、实验原理

库仑滴定法是建立在控制电流电解过程基础上的一种相当准确而灵敏的分析方法，可用于微量分析及痕量物质的测定。与待测物质起定量反应的"滴定剂"由恒电流电解在试液内部产生。库仑滴定终点借指示剂或电化学方法指示。按法拉第定律算出反应中消耗"滴定剂"的量，从而计算出砷的含量。

在微碱性介质中，碘能把亚砷酸迅速而定量地氧化成砷酸，其反应式为：

$$H_3AsO_3 + I_3^- + H_2O \longrightarrow H_3AsO_4 + 3I^- + 2H^+$$

滴定剂 I_3^- 是由电解 KI 溶液而产生的，在工作电极上发生的反应为：

阳极 $\qquad\qquad 3I^- \longrightarrow I_3^- + 2e^-$

阴极 $\qquad\qquad 2H_2O + 2e^- \longrightarrow 2OH^- + H_2\uparrow$

滴定终点用双铂电极电流法指示。

四、仪器与试剂

1. 仪器

KLT-1 通用库仑仪，电磁搅拌器，吸量管（1mL 2 支），量筒（100mL 1 个），滴管，洗瓶。

2. 试剂

（1）砷标准溶液：称取 0.1320gAs_2O_3（预先在 100～110℃烘箱中烘干 2h，在干燥器中冷却），溶于 10mL1mol·L⁻¹ NaOH 溶液中，移入 1L 容量瓶中，加入 200mL 去离子水，用 HCl 中和至中性（约加 10mL 1mol·L⁻¹HCl），用去离子水稀释至刻度，摇匀，此溶液

含 As^{3+} $100\mu g \cdot mL^{-1}$；

（2）电解液：称取 16.6g KI 和 0.1g Na_2CO_3，溶于 1LpH＝9.0 的 Na_2HPO_4 缓冲溶液中，0.1mol·$L^{-1}Na_2HPO_4$ 缓冲溶液（pH＝9.0），含砷工业废水。

五、实验步骤

1. 用去离子水把电解池和电极洗干净，向电解池中加入 70mL 电解液和 1mL $100\mu g \cdot mL^{-1}$ 的 As^{3+} 标准溶液，把电解池盖上。把电解池放在电磁搅拌器上。

2. 把"大二芯"和"中二芯"的两个插头分别插入仪器后面的"测量"和"电解"插孔中，把电解电极的红线和双铂片的接线柱相连，黑线和铂丝接线柱相连。把指示（测量）电极的红线和黑线用和线相连的两个鳄鱼夹分别夹在两根铂丝上。开启电磁搅拌器电源开关，调节好电磁搅拌速度。

3. 把库仑仪面板上的"量程选择"旋钮拨到 10mA 位置，"补偿极化电位"钟表电位器指针回零，"工作-停止"开关置于"停止"位置，按下"电流"、"上升"键。

4. 打开库仑仪后面的电源开关，此时"终点指示灯"亮，数码显示器为"0000"。按下"启动"和"极化电位"键，顺时针旋转"补偿极化电位"钟表电位器，使电表指针指向 20（此时显示的是加在指示电极两端的极化电位 200mV）。弹起"极化电位"键，待电表指针稳定后，把"工作-停止"开关置于"工作"位置，按下"电解"按钮（如果终点指示灯灭，则不用按此"电解"按钮），电解开始，终点指示灯灭，数码显示器从零开始计数。

当库仑滴定到终点时，电表指针向右偏转，电解停止，终点指示灯亮，数码显示器的计数停止，记录下库仑滴定所消耗的电量。

5. 弹起"启动"键，数码显示器自动回零。在电解池的侧口再加入 1mL $100\mu g \cdot mL^{-1}$ 的 As^{3+} 标准溶液。先按下"极化电位"键，再按下"启动"电位键，之后再弹起"极化电位"键。按下"电解"按钮，第 2 次电解开始进行。库仑滴定到终点时，记录库仑滴定所消耗的电量。

6. 以后溶液的滴定按步骤 5 进行。标准溶液测定 3 次，取平均值；含砷废水测定 3 次，数据取平均值。

7. 库仑滴定完毕，弹起"启动"键，把"工作-停止"开关置于"停止"位置，"补偿极化电位"钟表电位器指针回零。关闭库仑仪的电源开关，然后再把"电流"、"上升"键全部释放。拔下仪器电源插头。关闭电磁搅拌器电源开关，拆下电极引线，拔出电极插头。拔下电磁搅拌器电源插头。清洗玻璃仪器和电解池及电极。

六、数据处理

1. 求出标准溶液所消耗的平均电量。

2. 求出含砷工业废水所消耗的平均电量。

3. 计算含砷工业废水中砷的含量：$W_x = W_s \dfrac{Q_x}{Q_s}$

式中　W_x 和 W_s——含砷工业废水及砷标准液的含量；

　　　Q_x 和 Q_s——含砷工业废水及砷标准液所消耗的电量。

七、思考题

1. 库仑滴定的基本要求是什么？双铂电极为什么能指示终点？

2. 加入电解池中的电解液的体积一定要准确吗？为什么？

3. 电解液中加入一定量 KI 的作用是什么？

4. 实验中碘离子不断再生，那么是否可以用极少量的 KI？

5. 为什么阳极要使用面积较大的铂片？若改成铂丝作阳极，将会出现什么样的问题？

实验 9-6　极谱法测定水中的锌

一、预习要点
1. 极谱法的原理和特点；
2. 极谱分析仪的结构和使用方法。

二、实验目的
1. 了解线性扫描极谱法的原理和方法；
2. 掌握用标准曲线法进行定量测定的原理和方法。

三、实验原理
线性扫描极谱法测量得到的 I-E 曲线呈明显的尖锐峰，如图 9-2 所示。

对于可逆的还原波，峰电位 E_p 与相应的半波电位 $E_{1/2}$ 的关系为：

$$E_p = E_{\frac{1}{2}} - \frac{28}{n}(25℃)$$

式中　n——参加电极反应物质的电子转移数。

由此可见，在一定的实验条件下，利用 E_p 可对被测物质进行定性分析。

在 25℃ 时，对电极反应物及产物均能溶解于汞或溶液的可逆极谱波，其峰电流的表达式为：

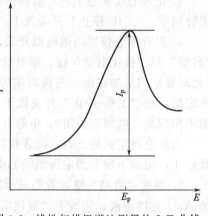

图 9-2　线性扫描极谱法测得的 I-E 曲线

$$I_p = 2344 n^{\frac{3}{2}} m^{\frac{2}{3}} t_p^{\frac{2}{3}} D^{\frac{1}{2}} \left(\frac{\mathrm{d}E}{\mathrm{d}t}\right)^{\frac{1}{2}} c$$

式中　I_p——峰电流值，μA；

　　　n——参加电极反应物质的电子转移数；

　　　m——滴汞电极的汞滴流速，$mg \cdot s^{-1}$；

　　　t_p——出现波峰的时间，s；

　　　D——扩散系数，$cm^2 \cdot s^{-1}$；

　　　$\dfrac{\mathrm{d}E}{\mathrm{d}t}$——电压变化速率，$V \cdot s^{-1}$；

　　　c——被测离子浓度，$mmol \cdot L^{-1}$。

在一定的实验条件下，电极面积和电位扫描速率固定，峰电流 I_p 与去极化剂的浓度成正比，可用于定量分析。

四、仪器与试剂
1. 仪器
JP-303 极谱分析仪（成都仪器厂），滴汞电极，饱和甘汞电极，铂丝对电极，容量瓶（50mL 7 个），吸量管（5mL 2 支、2mL 2 支、1mL 2 支），量筒（10mL 1 个），烧杯（50mL 2 个）。

2. 试剂
锌标准溶液 1.00×10^{-4} mol $\cdot$ L^{-1}；镉标准溶液 1.00×10^{-4} mol $\cdot$ L^{-1}；1.0 mol $\cdot$ L^{-1}

$NH_3 \cdot H_2O$-$1.0mol \cdot L^{-1}NH_4Cl$ 水溶液；聚乙烯醇（PVA）0.5％水溶液；10％新配制的亚硫酸钠水溶液；自来水样。

五、实验步骤

1. 定性鉴定

（1）在 50mL 烧杯中加入 2.50mL $1.0mol \cdot L^{-1}NH_3 \cdot H_2O$-$1.0mol \cdot L^{-1}NH_4Cl$ 水溶液、5.00mL 10％亚硫酸钠水溶液和 0.50mL 0.5％的 PVA 水溶液，再加入 5.00mL $1.00 \times 10^{-4}mol \cdot L^{-1}$ Cd^{2+} 水溶液，加水稀释到 40.0mL 左右，在极谱仪设定的参数下进行测试，扫描出 Cd^{2+} 的极谱波，并标示出峰电位。

（2）在（1）的溶液中再加入 5.00mL $1.00 \times 10^{-4}mol \cdot L^{-1}$ 的 Zn^{2+} 水溶液，在和（1）相同的条件下测试，扫描出 Cd^{2+} 和 Zn^{2+} 的两个极谱波峰，并分别标示出峰电位。

2. 定量测定

（1）锌系列标准溶液的配制 取 6 个 50mL 的容量瓶，分别加入 0.00mL、2.00mL、4.00mL、6.00mL、8.00mL、10.00mL 的 $1.00 \times 10^{-4}mol \cdot L^{-1}$ 锌标准溶液，每个容量瓶再分别加入 2.50mL $1.0mol \cdot L^{-1}NH_3 \cdot H_2O$-$1.0mol \cdot L^{-1}NH_4Cl$ 溶液、5.00mL 10％的亚硫酸钠溶液以及 0.50mL 0.5％的 PVA 水溶液，用蒸馏水稀释至刻度，摇匀。

（2）自来水样的配制 取 25.00mL 自来水加入到 50mL 的容量瓶中，再分别加入 2.50mL $1.0mol \cdot L^{-1}NH_3 \cdot H_2O$-$1.0mol \cdot L^{-1}NH_4Cl$ 水溶液、5.00mL 10％亚硫酸钠水溶液以及 0.50mL 0.5％的 PVA 水溶液，用蒸馏水稀释至刻度，摇匀。

（3）极谱测定 在极谱仪设定的参数下，对锌系列标准溶液从低浓度到高浓度依次测定。最后测定自来水样。

六、数据记录与处理

1. 记录极谱仪的线性扫描参数。
2. 每个浓度重复测定 4 次，分别记录峰电位和峰电流，观察测试的重现性。
3. 以 I_p-c 作图，绘制出标准曲线，求出自来水中锌离子的浓度。
4. 考察锌离子峰电位随浓度的变化。

七、思考题

1. 实验中除被测离子外，所加的其他试剂各起什么作用？
2. 为什么电解池所取试液的体积不需要很准确？

实验 9-7 示波极谱法测定血中铅含量

一、预习要点

1. 示波极谱法的原理；
2. 电极的使用和维护注意事项。

二、实验目的

1. 了解示波极谱法测定血中铅浓度的原理和实验方法；
2. 学习实际样品的处理；
3. 掌握电极的使用和维护。

三、实验原理

用硝酸-高氯酸-盐酸破坏血样中的有机物质后，铅以离子形式存在。在底液中 Pb^{2+} 与 PbI_4^{2-} 络离子被吸附在滴汞电极上还原成新生态的铅，新生态的铅迅速被反应层中的四价钒

氧化成 Pb^{2+}，形成平行于电极反应的化学反应，产生吸附催化峰电流，峰电流的大小与待测血中铅的浓度成正比，据此测定血中铅的浓度。

四、仪器与试剂

1. 仪器

示波极谱仪，滴汞电极，饱和甘汞电极，铂电极；聚乙烯具塞试管（10mL），可调定量加液器（1mL），锥形瓶（50mL）。

2. 试剂

肝素钠溶液（$6g \cdot L^{-1}$）；硝酸、高氯酸、盐酸，均为优级纯；混合酸（硝酸：高氯酸＝5：1）；盐酸溶液（$4mol \cdot L^{-1}$）；碘化钾溶液（$3mol \cdot L^{-1}$）；乙醇溶液（6％，体积分数）；抗坏血酸溶液（$1.0g \cdot L^{-1}$）。

钒（Ⅳ）溶液（$0.1mol \cdot L^{-1}$）：称取 11.3g 偏钒酸铵溶于约 400mL 水中，加热溶解，冷却后缓慢加入 50mL 盐酸（1+1），搅拌下加入 $100g \cdot L^{-1}$ 抗坏血酸 90mL，冷却后定容至 1L。

底液：取盐酸（$4mol \cdot L^{-1}$）1mL、碘化钾（$3mol \cdot L^{-1}$）2mL、钒（Ⅳ）（$0.1mol \cdot L^{-1}$）2mL、乙醇（6％，体积分数）20mL、抗坏血酸（$1.0g \cdot L^{-1}$）2mL，用水稀释至 100mL，摇匀。此底液至少可稳定一周。

铅标准贮备溶液：Pb^{2+} 浓度为 $1000\mu g \cdot mL^{-1}$（国家一级标准物质，国家标准物质研究中心提供）。

铅标准工作液：将标准贮备液逐级稀释至 $1\mu g \cdot mL^{-1}$。

五、实验步骤

1. 样品处理

准确取 0.2mL 充分摇匀的血样于加有 2mL 水的锥形瓶中。加 2mL 混合酸、0.5mL 盐酸摇匀，于电热板上消化，开始时温度稍低，当硝酸分解完，瓶内出现白烟时，可升高温度至瓶底出现白色盐类，瓶口不冒白烟为止。同时作试剂空白。冷却后各加底液 3mL 溶解残渣，转入电解杯中待测。

2. 标准曲线的绘制

取六个 10mL 比色管，按表 9-2 配制标准管。

表 9-2　铅标准管的配制

管　号	0	1	2	3	4	5
标准溶液/mL	0.00	0.02	0.05	0.10	0.50	1.00
底液/mL	3.00	2.98	2.95	2.90	2.50	2.00
铅的浓度/$\mu g \cdot 3mL^{-1}$	0.00	0.02	0.05	0.10	0.50	1.00

测定时仪器条件：三电极系统，电流倍率自选，二阶导数扫描。将比色管中标准液摇匀，转入电解杯中，于峰电位 $-0.54V$ 处读取各管峰高值（格），每个浓度测定 3 次，求平均值，以峰电流（电流倍率×峰高值）均值为纵坐标，铅的浓度（$\mu g \cdot mL^{-1}$）为横坐标，绘制标准曲线。

3. 测定

在标准曲线测定的同样条件下，测定样品和试剂空白的峰高值；以测得的峰电流（电流倍率×峰高值）减去试剂空白的峰电流值后，由标准曲线查得铅的浓度（$\mu g \cdot mL^{-1}$）。

六、数据处理

按下式计算血中铅的浓度：

$$C = \frac{cv}{V} \times 100$$

式中　C——血中铅的浓度，$\mu g \cdot mL^{-1}$；

c——由标准曲线上查得铅的浓度，$\mu g \cdot mL^{-1}$；

v——样品处理后加底液的体积，mL；

V——取样体积，mL。

七、思考题

1. 样品处理时，为什么开始时温度稍低，然后要升高温度，直至瓶口不冒白烟为止？

2. 为什么要进行空白实验？

八、参考文献

WS/T 108—1999 血中铅的示波极谱测定方法.

实验 9-8　循环伏安法测定铁氰化钾的电极反应过程

一、预习要点

1. 循环伏安法的基本原理；

2. 电化学工作站的使用方法。

二、实验目的

1. 学习循环伏安法测定电极反应参数的基本原理和方法；

2. 掌握电化学工作站的使用方法；

3. 能根据所测电化学参数判断电极反应的可逆程度和电极反应的控制过程；

4. 掌握玻碳电极的处理方法和计算电活性表面积的方法。

三、实验原理

循环伏安法是一种常用的、重要的电化学研究方法。对于一个新的电化学体系，首选的研究方法往往就是循环伏安法，可称之为"电化学的谱图"，它主要用于电极反应的机理研究。循环伏安法是控制电极电势以不同的速率随时间以三角波形一次或多次反复扫描（见图 9-3），使电极上能在电势范围内交替发生不同的氧化还原反应，并记录电流-电势曲线（见图 9-4）的方法。从循环伏安图中可得到阳极峰电流（i_{pa}）、阳极峰电位（E_{pa}）、阴极峰电流（i_{pc}）、阴极峰电位（E_{pc}）等重要参数，从而提供电活性物质电极反应过程的可逆性、化学反应历程、电极表面吸附等许多信息。

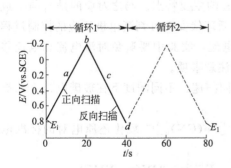

图 9-3　循环伏安法的典型激发信号
　（vs. SCE：相对于饱和甘汞电极）

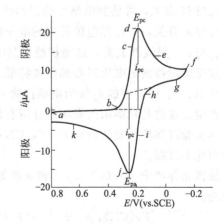

图 9-4　循环伏安图

从循环伏安图的电位来说，对于可逆体系：

$$E = E^{\ominus\prime} + \frac{RT}{nF} \ln \frac{c_O}{c_R}$$

循环伏安图上可逆电极过程的峰电位与标准电极电位有如下的关系：

$$E_{pc} = E^{\ominus\prime} - 1.1 \frac{RT}{nF} \tag{1}$$

$$E_{pa} = E^{\ominus\prime} + 1.1 \frac{RT}{nF} \tag{2}$$

（1）＋（2）得：
$$E^{\ominus\prime} = (E_{pa} + E_{pc})/2 \tag{3}$$

可见对于可逆电极过程，标准电极电位等于两个峰电位之和再除以 2。只要电极过程可逆，反应产物稳定，用循环伏安法测定条件电极电位是很方便的。

对于不可逆电极过程，（3）式不适用。

（1）－（2）得：

$$\Delta E = E_{pa} - E_{pc} = 2.2 \frac{RT}{nF} = \frac{58}{n} \text{mV} \tag{4}$$

式（4）是判断电极过程可逆性程度的重要指标之一。ΔE_p 的理论值为 $58/n$（mV）。这是可逆体系的循环伏安曲线所具有的特征值。应该指出，ΔE_p 的确切值与扫描过阴极峰电位之后多少毫伏再回扫有关。一般在 $57/n$（mV）至 $63/n$（mV）之间。

从循环伏安图的电流来说，对于可逆电极过程，由 Randles-Sevcik equation 可表示为：

$$i_p = 2.69 \times 10^5 n^{\frac{3}{2}} A D^{\frac{1}{2}} v^{\frac{1}{2}} c \tag{5}$$

式中，i_p 为峰电流，A；n 为电子转移数；D 为扩散系数，$cm^2 \cdot s^{-1}$；v 为电压扫描速率，$V \cdot s^{-1}$；A 为电极电活性表面积，cm^2；c 为被测物质浓度，$mol \cdot L^{-1}$。

$$i_{pa}/i_{pc} = 1 \tag{6}$$

式（6）是判别电极反应是否为可逆体系的另一重要指标。

根据式（5）可得到以下重要信息：

i_p 与 c 成正比，因此循环伏安法可用于定量分析。

i_p 与 A 成正比，可根据已知可逆体系循环伏安图上的峰电流求出工作电极的电活性表面积。

i_p 与 D 有关，可估测电活性物质的扩散系数。

i_p 与 n 有关，可计算电极反应的电子转移数，帮助判断电极反应机理。

i_p 与 $v^{1/2}$ 呈线性关系，这是扩散控制的电极过程的主要特点。与之对应的是 i_p 与 v 成正比，这是吸附控制的电极过程的主要特征。所以，循环伏安图可判断电极反应的控制过程。

注意：式（5）中的 i_p 仅为电活性物质的扩散电流，实验中要避免对流电流和电迁移电流的产生。这也是除溶出伏安法之外所有伏安法的注意事项。

本实验以循环伏安法研究 $K_3[Fe(CN)_6]$ 在不同扫速、不同浓度下在玻碳电极上的氧化还原电化学过程。

铁氰化钾离子 $[Fe(CN)_6]^{3-}$ 和亚铁氰化钾离 $[Fe(CN)_6]^{4-}$ 氧化还原电对的标准电极电位为：

$$[Fe(CN)_6]^{3-} + e^- = [Fe(CN)_6]^{4-} \quad E^{\ominus} = 0.36V(\text{vs. NHE})$$

在一定扫速下，从起始电位（$-0.2V$）正向扫描到转折电位（$+0.8V$），溶液中 $[Fe(CN)_6]^{4-}$ 被氧化生成 $[Fe(CN)_6]^{3-}$，产生氧化电流，阳极反应为：

$$[Fe(CN)_6]^{4-} - e^- \longrightarrow [Fe(CN)_6]^{3-}$$

当负向扫描从转折电位（+0.8V）变到原起始电位（-0.2V），生成的 $[Fe(CN)_6]^{3-}$ 被还原生成 $[Fe(CN)_6]^{4-}$，产生还原电流，阴极反应为：

$$[Fe(CN)_6]^{3-} + e^- \longrightarrow [Fe(CN)_6]^{4-}$$

为了使液相传质过程只受扩散控制，应在加入支持电解质（一般为 $0.1mol \cdot L^{-1}$ KCl）和溶液处于静止下进行电解。在 $0.1mol \cdot L^{-1}$ KCl 溶液中 $[Fe(CN)_6]^{3-}$ 的扩散系数为 $7.6 \times 10^{-6} cm^2 \cdot s^{-1}$；电子转移速率大，为可逆体系。

四、仪器与试剂

1. 仪器

电化学工作站 RST5000，$0.05\mu m$ Al_2O_3 抛光粉，抛光布，超声波清洗器，三电极系统（工作电极：玻碳电极；参比电极：甘汞电极；辅助电极：铂电极），电极架，电解池，小烧杯（50mL 1个），容量瓶（100mL 8个），玻璃棒，移液管（10 mL）。

2. 试剂

铁氰化钾（$K_3[Fe(CN)_6]$），氯化钾（KCl），蒸馏水，高纯氮气。

五、实验步骤

1. 溶液的配制

（1）配制浓度为 $10 \times 10^{-3} mol\,L^{-1}$ $K_3[Fe(CN)_6]$ 溶液。准确称取 0.3293g $K_3[Fe(CN)_6]$（$M_{K_3Fe(CN)_6} = 329.25 g \cdot mol^{-1}$）固体于 50mL 小烧杯中，用蒸馏水溶解，超声，固体 $K_3Fe(CN)_6$ 完全溶解后，定量转移至 100mL 容量瓶中，用蒸馏水定容。

（2）配制浓度为 $1.0mol \cdot L^{-1}$ KCl 溶液。准确称取 7.455g（$M_{KCl} = 74.551 g \cdot mol^{-1}$）固体于 50mL 小烧杯中，用蒸馏水溶解，超声，固体 KCl 完全溶解后，定量转移至 100mL 容量瓶中，用蒸馏水定容。

（3）分别准确移取 0.00mL、2.00mL、4.00mL、6.00mL、8.00mL、10.00mL 的 $10 \times 10^{-3} mol \cdot L^{-1}$ 的 $K_3Fe(CN)_6$ 溶液于 100mL 容量瓶中，再分别向容量瓶中加入 10.00mL $1.0mol \cdot L^{-1}$ KCl 溶液，加蒸馏水稀释至刻线，摇匀。所配 $K_3[Fe(CN)_6]$ 标准溶液的浓度分别为 $0.0mol \cdot L^{-1}$、$0.2 \times 10^{-3} mol \cdot L^{-1}$、$0.4 \times 10^{-3} mol \cdot L^{-1}$、$0.6 \times 10^{-3} mol \cdot L^{-1}$、$0.8 \times 10^{-3} mol \cdot L^{-1}$、$1.0 \times 10^{-3} mol \cdot L^{-1}$，KCl 浓度为 $0.1mol \cdot L^{-1}$。

2. 玻碳电极的预处理，参比电极与对电极的准备

将玻碳电极用 $0.05\mu m$ Al_2O_3 粉末抛光，用超声清洗器清洗30s，蒸馏水洗净，高纯氮气吹干。观察玻碳电极表面是否达到镜面程度，如果发现其上仍存在污物，重复上述清洗过程直至玻碳电极达到镜面程度，否则对循环伏安图的影响很大。此外，新的玻碳电极在打磨前可预先进行酸化处理，除去可能的杂质，具体方法为：把玻碳电极放置在 $0.5mol \cdot L^{-1}$ 的硫酸溶液中采用循环伏安法扫描100圈，得到稳定曲线。

参比电极（在测量过程中提供一个恒定的电极电位标准，常使用饱和甘汞电极或 Ag/AgCl 电极）实验前要检查电极内是否充满溶液，小管内应无气泡。同时应将电极下端之胶帽及电极上部的小胶皮塞拔下。去离子水冲洗干净备用。

辅助电极（提供电子传导的场所，与工作电极组成电池形成通路，一般由惰性金属材料构成）用去离子水冲洗干净备用。

3. 选择方法并设置参数

将准备好的玻碳电极、饱和甘汞电极和铂丝电极安放在电极架上，依次接上工作电极（绿线）、参比电极（黄线）和辅助电极（红线）；启动计算机和电化学工作站测试系统，双击电化学工作站图标进入工作站软件控制主页面；选择实验方法：线性扫描循环伏安法；设置参数如下：静止时间：3s，低电位：-200mV，高电位：800mV，初始电位：-200mV，扫描速度：50mv/s，取样间隔：2mV，扫描次数：1，量程：1.0×10^{-5}A。

4. 支持电解质的循环伏安图

在电解池中加入 $0.1 \mathrm{mol \cdot L^{-1}}$ KCl 溶液，插入电极，进行循环伏安扫描，保存循环伏安图。

5. 不同浓度 $K_3[Fe(CN)_6]$ 溶液的循环伏安图

将配制的不同浓度的 $K_3[Fe(CN)_6]$ 标准溶液（均含支持电解质 KCl 浓度为 $0.1 \mathrm{mol \cdot L^{-1}}$）按浓度由低到高依次倒入电解池中（约 25～30mL，确保三电极体系全部浸入液面以下），盖好电解池盖，启动工作站，待扫描结束后将图像保存于电脑中，并分别记录循环伏安图的 E_{pa}、E_{pc}、i_{pa} 和 i_{pc} 值。

6. 不同的扫描速率下 $K_3[Fe(CN)_6]$ 溶液的循环伏安图：

取 25～30mL 浓度为 $1.0 \times 10^{-3} \mathrm{mol \cdot L^{-1}}$ 的铁氰化钾溶液（KCl 浓度为 $0.1 \mathrm{mol \cdot L^{-1}}$）于电解池中分别以 10、50、100、200、300、400、500、600、700、800、900mV·s^{-1} 扫速，在 -0.2～+0.8V 电位范围内扫描，观察不同扫速下循环伏安图的变化趋势，记下每次所得循环伏安图上氧化还原峰电位 E_{pc}、E_{pa} 及峰电流 i_{pc}、i_{pa}。

六、数据处理

1. 从不同浓度 $K_3[Fe(CN)_6]$ 溶液的循环伏安图中，读取 i_{pa}、i_{pc}、E_{pa} 和 E_{pc} 值，记录在表 9-3 中。

表 9-3　不同浓度 $K_3[Fe(CN)_6]$ 溶液的循环伏安图中 i_{pa}、i_{pc}、E_{pa} 和 E_{pc} 值

$c/\mathrm{mol \cdot L^{-1}}$	扫速/V·s^{-1}	i_{pa}	i_{pc}	E_{pa}	E_{pc}
0.0×10^{-3}	0.05				
0.2×10^{-3}	0.05				
0.4×10^{-3}	0.05				
0.6×10^{-3}	0.05				
0.8×10^{-3}	0.05				
1.0×10^{-3}	0.05				

选择其中三组数据，根据 Randles-Sevcik equation 方程 [式 (5)] 计算玻碳电极的电活性表面积 A，求平均值。

2. 从浓度为 $1.0 \times 10^{-3} \mathrm{mol \cdot L^{-1}}$ $K_3[Fe(CN)_6]$ 溶液在不同扫描速度下的循环伏安图中，读取 i_{pa}、i_{pc}、E_{pa} 和 E_{pc} 值，记录在表 9-4 中。以 i_{pa} 分别对 $v^{1/2}$ 和 v 做线性图，判断 $K_3[Fe(CN)_6]$ 在玻碳电极上的电极控制过程（扩散控制和吸附控制）。

表 9-4　不同扫速 $K_3[Fe(CN)_6]$ 溶液的循环伏安图中 i_{pa}、i_{pc}、E_{pa} 和 E_{pc} 值

扫速/V·s^{-1}	E_{pa}/V	E_{pc}/V	i_{pa}	i_{pc}
0.01				
0.05				
0.1				
0.2				
0.3				
0.4				
0.5				
0.6				
0.7				

扫速/V·s^{-1}	E_{pa}/V	E_{pc}/V	i_{pa}	i_{pc}
0.8				
0.9				

3. 识别循环伏安曲线上对应的氧化峰和还原峰，并观察它们与电位扫描方向的关系；比较不同扫速、不同浓度的循环伏安图，说明其变化趋势。

4. 从以上所作的循环伏安图上（步骤5和步骤6所保存图中各选取2个图）分别求出 ΔE_p，i_{pc}/i_{pa}等参数，判断 $K_3Fe(CN)_6$ 电极反应的可逆性。

七、思考题

1. 如何判断玻碳电极表面已处理好？

2. 从循环伏安图可以得到哪些电极反应的参数？从这些参数如何判断电极反应的可逆性？如何求得电极的电活性表面积，如何判断电极反应控制过程？

八、参考文献

A. J. Bard，L. R. Faulkner，Electrochemical Methods：Fundamentals Applications，2nd ed.，John Wiley and Sons，New York，1980.

第 10 章　分离分析法

实验 10-1　薄层色谱法分离偶氮苯和对硝基苯胺

一、预习要点
1. 色谱法的基本原理及分类；
2. 薄层色谱法的原理及主要操作步骤。

二、实验目的
1. 了解薄层色谱法的原理；
2. 学习薄层色谱法分离有机化合物的实验方法。

三、实验原理

色谱法是一种多组分混合物的分离、分析方法，它主要利用物质的物理及物理化学性质的差异进行分离，并与适当的检测手段相结合，测定混合物中的各组分。薄层色谱法又称薄层层析，是色谱法的一个分支，属于液-固吸附色谱。样品在薄层板上的吸附剂（固定相）和展开剂（流动相）之间进行分离。由于各种化合物的吸附能力各不相同，在展开剂上移时，它们进行不同程度的解吸，从而达到分离的目的。作为一种快速而简单的色谱，薄层色谱法主要应用于以下几个方面：①用于化合物的定性检验，即通过与已知标准物对比的方法进行未知物的鉴定；②快速分离少量物质；③跟踪反应进程，在进行化学反应时，常利用薄层色谱观察原料斑点的逐步消失，来判断反应是否完成；④化合物纯度的检验，在适当条件下，若只出现一个斑点，且无拖尾现象，则为纯物质；⑤定量分析，用微型注射器定量注入溶液，制成斑点系列，展开后比较斑点大小，可求出未知物的含量。近来发展的薄层扫描仪，使分析速度和准确度大大提高。

薄层色谱法的基本装置见图 10-1(a)。在被洗涤干净的玻璃板（10cm × 3cm 左右）上均匀地涂一层吸附剂，待干燥、活化后，将样品溶液用管口平整的毛细管滴加于离薄层板一端约 1cm 处的起点线上，晾干或吹干。然后将薄层板置于盛有展开剂的展开槽内，浸入深度为 0.5cm。待展开剂前沿离顶端约 1cm 附近时，将薄层板取出，干燥后喷以显色剂，或在紫外灯下显色。记下原点至主斑点中心及展开剂前沿的距离 [图 10-1(b)]，计算比移值（R_F）：

$$R_F = \frac{\text{组分原点中心到展开后的斑点中心距离 } a}{\text{组分原点中心到溶剂前沿距离 } b}$$

比移值 R_F 是薄层色谱法的重要参数，它与化合物种类、吸附剂性质、温度、展开剂以及实验条件等因素有关。由于影响 R_F 值的因素较多，因此，实验时一般须用已知的组分与混合试样在同一实验条件下进行层析，根据斑点对应位置，确定各组分的 R_F 值。对单个组

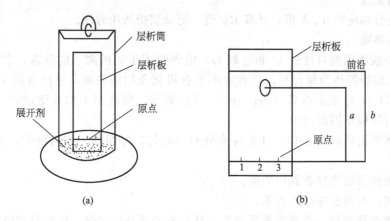

图 10-1 薄层色谱法图解

分来说，应使 R_F 值愈大愈好，而对混合物组分的分离来说，则要求各组分的 R_F 间的差 ΔR_F 愈大愈好。

薄层色谱法常用的吸附剂有氧化铝、硅胶类和纤维素等。本实验采用硅胶 G 薄层板分离有色的偶氮苯和对硝基苯胺混合物，斑点移动肉眼可见，无需使用显色剂显色。

四、仪器与试剂

1. 仪器

玻璃层析筒 150mm×300mm(ϕ×h)，玻璃层析板 150mm×240mm，毛细管 ϕ＝1mm。

2. 试剂

偶氮苯（0.5％的苯溶液），对硝基苯胺（0.5％的苯溶液），展开剂（环己烷＋乙酸乙酯＝72＋8）；硅胶 G，羧甲基纤维素（CMC，0.5％水溶液，称取 0.5g CMC，在搅拌下加入 100mL 热水中，搅拌溶解），偶氮苯和对硝基苯胺混合试液。

五、实验步骤

1. 层析板的制备

称取 4g 硅胶 G 于 100mL 烧杯中，加入 14mL CMC，用玻璃棒仔细搅拌 5min。然后铺在洁净的层析玻璃板上，用玻璃棒涂布均匀，再在实验台上颠震片刻，使糊状物平整均匀，水平放置一天晾干。

将晾干后的层析板在反面写上实验者姓名，放入烘箱中。打开烘箱电源，慢慢升温至 110℃后活化 1h。取出，放在干燥器中冷却。

2. 点样

在活化后的层析板下端约 2cm 处，用铅笔轻轻画一直线，分成三等份，标明 1、2、3 号。用毛细管分别蘸取标样 1（偶氮苯）、标样 2（对硝基苯胺）、混合试液点于相应位置上，使斑点的直径约为 2mm 左右，晾干。

3. 展开

移取 72mL 环己烷和 8mL 乙酸乙酯于洁净的层析筒中，放入已点样晾干的层析板，盖上层析筒盖，记下层板分离开始时间。直至溶剂前沿到达层析板全程的 2/3 时，取出层析板，记下层析停止时间，画出溶剂前沿位置。晾干，画出斑点移动位置。实验完后，弃去展开剂，洗净层析筒。

六、数据处理

量出各组分相应的 a、b 值，计算 R_F 值。记录层析所用时间。

七、注意事项

1. 常用硅胶吸附剂有硅胶 H 和硅胶 G，前者常用于无机离子的分离，它不含黏合剂，应用时需加入淀粉等作为黏合剂。后者常用于有机化合物的分离，它已含约 $10\%\sim15\%$ 的煅石膏（$CaSO_4$），G 表示石膏（gypsum）。实验表明，吸附剂中加入适量的羧甲基纤维素（CMC），制得的板牢固而均匀。

2. 在研钵中研磨硅胶 G 时，注意应充分研磨均匀，并朝同一方向研磨，去除表面气泡后再铺板。

3. 薄层板使用前先检查其均匀度。

4. 点样时，不可损坏薄层表面。

5. 展开槽必须密封，否则溶剂易挥发，从而改变展开剂比例，影响分离效果。

6. 展开剂用量不宜过多，否则溶液移行速度快，分离效果受影响，但也不可过少，以免分析时间过长，一般只需满足薄层板浸入 $0.3\sim0.5cm$ 的用量即可。

7. 展开时，切勿将样品点浸入展开剂中。

8. 展开剂不可直接倒入水槽中，需回收统一处理。

八、思考题

1. 怎样衡量薄层色谱的分离效果？R_F 值和 ΔR_F 值的意义是什么？

2. 如果展开时间过长或过短，对混合物的分离有何影响？

3. 比移值 R_F 值的最大、最小值为多少？

九、参考文献

[1] 刘淑萍，高筠，孙晓然，高桂霞编著. 分析化学实验教程. 北京：冶金工业出版社，2004：116-118.

[2] 严拯宇主编. 分析化学实验与指导. 北京：中国医药科技出版社，2005：157.

实验 10-2　薄层色谱法鉴别黄连药材

一、预习要点

1. 色谱法的基本原理及分类；

2. 薄层色谱法的原理及主要操作步骤；

3. 黄连的药用价值及主要有效成分。

二、目的要求

1. 掌握薄层板制备方法；

2. 掌握薄层色谱的一般操作方法；

3. 了解薄层色谱在中药鉴别中的应用。

三、实验原理

黄连是常用中药，具有抗菌消炎的功效，含有多种生物碱，其中盐酸小檗碱为主要有效成分，在 365 nm 波长紫外灯下显黄色荧光。利用薄层色谱法可将黄连中的生物碱分离，用对照药材和盐酸小檗碱对照品进行对照，可鉴别黄连药材。

四、仪器与试剂

1. 仪器

紫外灯（365nm），超声波清洗器，烘箱，玻璃板（5cm×10cm），研钵，双槽层析缸，小药匙，毛细管，铅笔，直尺。

2. 试剂

黄连药材供试品，黄连对照药材，盐酸小檗碱对照品，羧甲基纤维素钠水溶液（CMC-Na，0.7%），硅胶 G（薄层层析用），苯（A.R.），乙酸乙酯（A.R.），异丙醇（A.R.），甲醇（A.R.），浓氨水（C.P.），纯水。

五、实验步骤

1. 薄层板的制备

称取 10g 薄层层析用硅胶 G 于研钵中，加入约 25mL 羧甲基纤维素钠水溶液，向一个方向研磨至无气泡，使之成为均匀的混悬液。将研磨好的硅胶浆倒在洗净晾干的玻璃板上铺匀后晾干。使用前应先在 105℃烘箱中活化 30min 后置干燥器中冷却。

2. 样品的制备

取黄连药材供试品粉末 50mg，加盐酸-甲醇（1:100，V/V）5mL，超声提取 30min，滤过，滤液补足溶剂至 5mL，即得供试品溶液。同法制备对照药材溶液。再取盐酸小檗碱对照品，加甲醇制成 $0.5mg \cdot mL^{-1}$ 的溶液，作为对照品溶液。

3. 点样

用铅笔轻轻地在离薄层板底部 1.5cm 处画一条直线为起始线，离顶端 1cm 处画线作为溶剂前沿，于起始线上分别用毛细管吸取上述三种溶液各 $1\mu L$ 点样。

4. 展开

以苯-乙酸乙酯-异丙醇-甲醇-水（6:3:1.5:1.5:0.3）为展开剂，将薄层板置于氨蒸气饱和的层析缸中进行展开，展开至溶剂前沿线时，取出薄层板。

5. 检视

待薄层板上的溶剂挥发后，置 365nm 紫外灯下检视，并用铅笔绘出主斑点的轮廓。

六、数据处理

比较薄层板上荧光斑点的颜色和位置，在供试品色谱带中，在与对照药材色谱相应的位置上，应显相同的黄色荧光斑点，在与盐酸小檗碱对照品色谱相应的位置上，应显一个相同的荧光斑点。

七、注意事项

1. 薄层板的表面要均匀、平整、光滑、无麻点、无气泡、无破损及污染，薄层厚度一般 0.2~0.3mm 为宜。铺好的板一定要晾干后才能活化，以防开裂。

2. 薄层板在烘箱中活化后应立即放入干燥器中冷却。

3. 点样量应适当，太少则斑点不明显，太多则出现拖尾。点样要轻，不能刺破薄层板，点样直径一般不大于 2~3mm。

4. 点样间距可视斑点扩散情况以相邻斑点互不干扰为宜，一般不少于 8mm。

5. 层析缸必须密封，否则溶剂易挥发，从而改变展开剂的比例，影响分离效果。

八、思考题

1. 薄层显色的方法有哪些？

2. 物质发生荧光的条件是什么？

3. 为什么层析缸中要加入氨蒸气饱和？

九、参考文献

王新宏主编. 分析化学实验. 北京：科学出版社. 2009.48-49.

实验 10-3　薄层色谱法测定谷物中赭曲霉毒素 A

一、预习要点
薄层色谱法的分析原理及主要操作步骤。

二、实验目的
1. 了解薄层色谱法的原理;
2. 学习薄层色谱法测定赭曲霉毒素 A 的实验方法。

三、实验原理
赭曲霉毒素是曲霉属和青霉属等产毒菌株产生的一组结构类似的有毒代谢产物,广泛存在于各种食品、饲料及其他农副产品中。赭曲霉毒素包括 7 种有相似化学结构的化合物,其中赭曲霉毒素 A(ochratoxin,OA)在自然界中分布最广泛,毒性最大,对人类和动植物影响最大。动物毒性实验表明,OA 可导致实验动物肝肾损害,甚至诱发肝肾肿瘤。已有资料表明,OA 与巴尔干肾病和泌尿系统肿瘤有关。1993 年国际癌症研究中心已将 OA 列为可能的人类致癌物。人体内 OA 的主要来源是摄入了被 OA 污染的谷物,因此,粮食中 OA 的测定已引起广泛关注。

OA 的化学名称为 7-(L-β-苯基丙氨酸-羰基)-羧基-5-氯代-8-羟基-3,4-二氢化-3R-甲基异氧杂萘邻酮,分子式 $C_{20}H_{18}ClNO_6$,摩尔质量为 $403.82g \cdot mol^{-1}$。

OA 的含量通常很低,所以对检测手段要求较高,人们相继采用薄层色谱法、高效液相色谱法、酶联免疫吸附法等方法对其进行检测和分析。本实验采用薄层色谱法进行测定。其优点是方法简单,使用的试剂价格便宜。薄层色谱法系指将吸附剂或载体均匀地涂布于玻璃板上形成薄层,待点样展开后与相应的对照品按同法所得的色谱图作对比,用以进行药物鉴别、杂质检查和含量测定的方法。

在本实验中用三氯甲烷—$0.1mol \cdot L^{-1}$磷酸提取样品中的赭曲霉毒素 A,样品提取液经液-液分配后,根据其在 365nm 紫外灯下产生黄绿色荧光,在薄层色谱板上与标准物质比较测定含量。

四、仪器与试剂

1. 仪器
小型粉碎机,电动振荡器,玻璃板(5cm×20cm),薄层涂布器,展开槽(内长 25cm、宽 6cm、高 4cm),紫外灯(365nm),微量注射器(10μL、50μL),小浓缩瓶(10mL,具 0.2mL 尾管)。

所有玻璃仪器均需用稀盐酸浸泡,用自来水、蒸馏水冲洗。

2. 试剂
以下试剂除特殊规定外均为分析纯试剂,水为蒸馏水或同等纯度的水。

三氯甲烷,甲苯,乙酸乙酯,甲酸,冰醋酸,乙醚,苯＋乙腈(98＋2);$0.1mol \cdot L^{-1}$磷酸[称取 11.5g 磷酸(85%),加水稀释至 1000mL],$2mol \cdot L^{-1}$盐酸溶液(量取 20mL盐酸,加水稀释至 120mL),$0.1mol \cdot L^{-1}$碳酸氢钠溶液(称取 8.4g 碳酸氢钠,加适量水溶解,并用水稀释至 1000mL),硅胶 G(薄层色谱用)。

五、实验步骤

1. 提取
称取 20g 粉碎的样品,置于 200mL 具塞锥形瓶中,加入 100mL 三氯甲烷和 10mL

0.1mol·L^{-1}磷酸，振荡 30min 后，通过快速定性滤纸过滤；取 20mL 滤液置于 250mL 分液漏斗中，加 50mL 0.1mol·L^{-1}碳酸氢钠溶液振摇 2min，静置分层后，将三氯甲烷层放入另一个 100mL 分液漏斗中，加入 50mL 0.1mol·L^{-1}碳酸氢钠溶液重复提取三氯甲烷层，静置分层后弃去三氯甲烷层（如三氯甲烷层仍乳化，弃去，不影响结果）。碳酸氢钠水层并入第一个分液漏斗中，加约 5.5mL 2mol·L^{-1}盐酸溶液调节 pH 2~3（用 pH 试纸测试），加入 25mL 三氯甲烷振摇 2min，静置分层后，放三氯甲烷层于另一盛有 100mL 水的 250mL 分液漏斗中，酸水层再用 10mL 三氯甲烷振摇、提取、静置，将三氯甲烷层并入同一分液漏斗中，振摇、静置分层，用脱脂棉擦干分液漏斗下端，放三氯甲烷层于一 75mL 蒸发皿中，将蒸发皿置蒸汽浴上通风挥干。用约 8mL 三氯甲烷分次将蒸发皿中的残渣溶解，转入具尾管的 10mL 浓缩瓶中，置 80℃水浴锅上用蒸汽加热吹氮气（N$_2$），浓缩至干，加入 0.2mL 苯-乙腈（98∶2）溶解残渣，摇匀，供薄层色谱点样用。

2. 测定

(1) 薄层板的制备　称取 4g 硅胶 G，加约 10mL 水于乳钵中研磨至糊状。立即倒入涂布器内制成 5cm×20cm、厚度 0.3mm 的薄层板三块，在空气中干燥后，在 105~110℃活化 1h，取出放干燥器中保存。

(2) 点样　取两块薄层板，在距薄层板下端 2.5cm 的基线上用微量注射器滴加两个点：在距板左边缘 1.7cm 处滴加 OA 标准溶液 8μL（浓度 0.5μg·mL^{-1}），在距板左边缘 2.5cm 处滴加样液 25μL，然后在第二块板的样液点上加滴 OA 标准溶液 8μL（浓度 0.5μg·mL^{-1}）。点样时，需边滴加边用电吹风吹干，交替使用冷热风。

(3) 展开

① 展开剂。横展剂：乙醚或乙醚-甲醇-水（94∶5∶1）；纵展剂：a. 甲苯-乙酸乙酯-甲酸-水（6∶3∶1.2∶0.06）或甲苯-乙酸乙酯-甲酸（6∶3∶1.4）；b. 苯-冰醋酸（9∶1）。

② 展开。横向展开：在展开槽内倒入 10mL 横展剂，先将薄层板纵展至离原点 2~3cm，取出通风挥发溶剂 1~2min 后，再将该薄层板靠标准点的长边置于同一展开槽内的溶剂中横展，如横展剂不够，可添加适量，展至板端过 1min，取出通风挥发溶剂 2~3min。纵向展开：在另一展开槽内倒入 10mL 纵展剂，将经横展后的薄层板纵展至前沿距原点 13~15cm。取出，通风挥干至板面无酸味（约 5~10min）。

(4) 观察与评定　将薄层色谱板置于 365nm 波长紫外灯下观察。

① 在紫外灯下将两板相互比较，若第二块板的样液点在 OA 标准点的相应处出现最低检出量，而在第一板相同位置上未出现荧光点，则样品中的 OA 含量在本测定方法的最低检测量 10μg·kg^{-1}以下。

② 如果第一板样液点在与第二板样液点相同位置上出现荧光点，则看第二板样液的荧光点是否与滴加的标准荧光点重叠，再进行以下的定量与确证试验。

(5) 稀释定量　比较样液中 OA 与标准 OA 点的荧光强度，估计稀释倍数。薄层板经双向展开后，当阳性样品中 OA 含量高时，OA 的荧光点会被横向拉长，使点变扁，或分成两个黄绿色荧光点。这是因为在横展过程中原点上 OA 的量超过了硅胶的吸附能力，原点上的杂质和残留溶剂在横展中将 OA 点横向拉长了，这时可根据 OA 黄绿色荧光的总强度与标准荧光强度比较，估计需减少的滴加体积（μL）或所需稀释倍数。经稀释后测定含量时，可在样液点的左边基线上滴加两个标准点，OA 的量可为 4ng、8ng，比较样液与两个标准 OA 荧光点的荧光强度，概略定量。

(6) 确证试验　用碳酸氢钠乙醇溶液（在 100mL 水中溶解 6.0g 碳酸氢钠，加 20mL 乙醇)喷洒色谱板，在室温下干燥，于长波紫外灯下观察，这时 OA 荧光点应由黄绿色变为蓝色，而且荧光强度有所增加，再估计样品中 OA，如果与喷洒前情况不一致，要利用喷洒前所做的估计。

六、数据处理

样品中赭曲霉毒素 A 的含量可按下式计算。

$$x = A \times \frac{V_1}{V_2} \times D \times \frac{1000}{m}$$

式中　x——样品中赭曲霉毒素 A 的含量，$\mu g \cdot kg^{-1}$；

　　A——薄层板上测得样液点上 OA 的量，μg；

　　D——样液的总稀释倍数；

　　V_1——苯-乙腈混合液的体积，mL；

　　V_2——出现最低荧光点时滴加样液的体积，mL；

　　m——苯-乙腈溶解时相当样品的质量，g。

七、思考题

1. 展开时，若展开槽盖不严密，对薄层分离有无影响？为什么？
2. 物质发生荧光的条件是什么？
3. 为什么要用三氯甲烷分次将蒸发皿中的残渣溶解？
4. 在浓缩瓶中浓缩时，除了用水浴锅加热外，为什么还要吹氮气？
5. 三氯甲烷振摇提取时，如果发生乳化现象，如何促使其分层？

八、参考文献

[1] GB/T 13111—91 谷物和大豆中赭曲霉毒素 A 的测定方法.

[2] 谈敦芳，康维钧，甄国新，梁和平. 高效液相色谱法检测谷物中赭曲霉毒素 A 的方法评价与应用. 中国卫生检疫杂志，2008，18(1)：12.

[3] 章英，许杨. 谷物类食品中赭曲霉毒素 A 分析方法的研究进展. 食品科学，2006，27(12)：767.

[4] 严拯宇主编. 分析化学实验与指导. 北京：中国医药科技出版社，2005：157.

实验 10-4　气相色谱填充柱的制备

一、预习要点

1. 气相色谱法的原理；
2. 气相色谱填充柱在色谱系统中的作用；
3. 气相色谱填充柱的制备要点。

二、实验目的

1. 了解固定相的制备过程。
2. 掌握气相色谱柱的填充技术和老化方法。

三、实验原理

以气体为流动相的色谱法称为气相色谱法。气相色谱法是利用试样中各组分在色谱柱中的两相间具有不同的分配系数而实现分离的，其中一相是柱内填充物，是不动的，称为固定相；另一相是气体（习惯上叫做载气），连续不断地流动，称为流动相。当载气携带着样品流经固定相时，各组分在气液两相间进行反复多次分配，由于各组分在两相间分配系数不同，使其先后流出色谱柱而彼此得以分离。

气相色谱仪由气路系统、进样系统、色谱柱、检测器、温度控制系统、信号记录和数据处理系统等六个部分组成。色谱柱是色谱仪的"心脏"，样品中各个组分之间的分离就是在色谱柱中进行的。所以，制备一根分离效能高的色谱柱是完成色谱分离的关键。

气相色谱柱一般可分为填充柱和毛细管柱两类，都是由柱管和固定相组成的。填充柱内需填充固体固定相或液体固定相，前者经活化处理后可直接装柱使用，后者则需预先均匀地涂渍在担体上然后才能装柱使用。和毛细管柱相比，填充柱制备较容易，使用方便，柱容量大，性能稳定，是使用最普遍的一种柱型。毛细管柱制备技术要求高，工艺复杂，通常是由专业制造商提供，而填充柱的制备则是气相色谱实验的基本操作技能。

在确定了适当的固定液、担体和两者的配比后即可制备填充柱。为了节约试剂，需要根据色谱柱的容量来估算担体，按所选液担比称取固定液及担体，估计溶剂的用量。为了提高柱效，固定液的涂渍要求液膜均匀、担体粒度均匀、装填均匀紧密。老化处理是为了更进一步除去残余溶剂和低沸点杂质，并能使固定液在担体表面有一个再分布过程，从而涂得更加均匀牢固，柱性能得到改善和趋于稳定。

四、仪器与试剂

1. 仪器

气相色谱仪，真空泵，天平，变压器，红外灯，微量注射器（10mL），分液漏斗（100mL），圆底烧瓶（250mL），量筒（100mL），烧杯（500mL），不锈钢色谱柱（2m×4mm）。

2. 试剂和其他用品

固定液（聚乙二醇-1000），担体（红色 6201 硅藻土担体，60～80 目），苯，甲苯，盐酸，氢氧化钠，丙酮（都为分析纯），玻璃棉，纱布。

五、实验步骤

1. 担体的处理

在天平上粗称 60～80 目的红色 6201 硅藻土担体 50g 置于 500mL 烧杯中，用自来水漂洗，直至水不再浑浊，倾去上层清水，加入浓盐酸，使其覆盖住担体，在电炉上加热微沸20～30min。冷却后用自来水洗 3 次，再用 50％的氢氧化钠溶液浸泡 15min，用自来水洗至中性后，再用蒸馏水洗 3～4 次，倒入瓷盘中，在 100℃左右的烘箱中烘干。冷却后过筛（60～80 目），贮存于磨口试剂瓶中备用。

2. 固定液的涂渍

在分析天平上称取 1.50g 聚乙二醇固定液置于 500mL 烧杯中，加入 100mL 丙酮，用玻璃棒搅动，使聚乙二醇完全溶解，制成均匀的丙酮溶液。称取 10g 已处理好的担体均匀地撒入溶液。在通风橱内，使丙酮自行挥发。为防止担体结块，应不时用玻璃棒搅动担体。待丙酮挥发完后，放在红外灯下烘干备用。

3. 色谱柱的装填

取一根长 2m、内径为 3～4mm 的不锈钢色谱柱，在天平上称出空柱质量。先将柱的一端用铜网堵住，接上安全瓶和真空泵，柱的另一端用橡皮管连接一个小型玻璃漏斗。开动真空泵，将固定相慢慢倒入漏斗，在抽真空的状态下灌进色谱柱。同时，不断地用一根小木棒轻轻敲打柱子各个部位，使固定相在柱内填充均匀。直至漏斗内固定相颗粒不再下降，表示已经填满。打开安全瓶活塞，关闭真空泵，取下色谱柱，在连接漏斗的那一端贴上标签，并注明"进气口"。取出铜网小球，在柱子两端都堵塞一点玻璃棉。称其质量，求出并记下固定相的填充量。

4. 色谱柱的老化

将填充好的色谱柱贴有标签的那一端连接到进样管下端的接头上（载气进口），色谱柱的另一端（载气出口）暂时放空（不连接）。打开载气钢瓶的中心阀，调节减压阀使输出压力为 $1.5\sim2.5$kg，打开色谱仪载气稳压阀，调节载气（氮气作为载气）流量为 10mL/min。打开色谱仪电源开关，缓慢地将柱温升至 120℃，在此温度下保持 $8\sim10$h，关掉主机电源，待恒温箱的温度降至室温时，关掉载气，将色谱柱的另一端连接到检测器（比如热导池），老化结束。

六、注意事项

1. 在用盐酸加热煮色谱担体时，应戴上防护眼镜，用玻璃棒轻轻搅动，防止酸液爆沸；
2. 应使担体与固定液的质量比为 100∶15。

七、思考题

1. 新填充柱使用前为什么要进行老化？
2. 填充柱老化时，柱子的尾端为什么不能与检测器连接？

八、参考文献

[1] 穆华荣，陈志超主编. 仪器分析实验，第二版. 北京：化学工业出版社，2004：73，98.
[2] 武汉大学化学与分子科学学院实验中心编. 仪器分析实验. 武汉：武汉大学出版社，2005：76-78.

实验 10-5　气相色谱定性分析和色谱柱效的测定

一、预习要点

1. 气相色谱定性分析的基本原理；
2. 色谱柱的理论塔板数及相邻组分的分离度的计算方法。

二、实验目的

1. 学习气相色谱法定性测定己烷、环己烷、苯、甲苯等的混合试样；
2. 掌握色谱柱的理论塔板数及相邻组分分离度的计算方法。

三、实验原理

气相色谱基本分析程序是：样品（气体、纯液体或溶液）从进样系统注入，在气化室被迅速完全气化，气化了的样品被以一定的流速连续流动的载气送入色谱柱，在柱内各组分被逐一分离，分离后的各组分依次从柱后流出，立即进入检测器，检测器可将各组分物理化学性质的变化转化成电信号，输入记录仪（或色谱数据处理机、色谱工作站），从而得到电信号随时间变化的色谱图。色谱图能反映色谱分离效能，是研究和改进分离的依据；各组分在色谱图中出现的位置（保留时间）与该组分的性质有关，可用作定性分析。

本实验采用强极性的聚乙二醇-1000 为固定相，根据芳烃的可极化性强、聚乙二醇对芳烃的亲和力比对烷烃强的特点，样品中烷烃都在苯之前洗出。用热导池检测器检测，用标准品对照定性。

四、仪器与试剂

1. 仪器

气相色谱仪配热导池检测器，15%聚乙二醇-1000 填充柱（柱长 2m，内径 $3\sim4$mm），微量注射器（10μL），氮气钢瓶（附减压阀）。

2. 试剂

己烷，环己烷，苯，甲苯（均为分析纯）。

五、实验步骤

1. 定性分析

将老化过的色谱柱的入口端（载气进口端）连接到进样器的出口端，色谱柱的另一端连接到热导池检测器。打开氮气钢瓶，调节气相色谱仪上的载气稳压阀，使转子流量计的读数为 $15\sim30mL\cdot min^{-1}$，用肥皂水检漏。打开总电源开关及汽化室、恒温室、检测室电源开关，调节恒温室、检测室、气化室的温度分别为 $80℃$、$120℃$、$130℃$。待基线稳定后，用 $10\mu L$ 注射器从色谱仪进样口注入 $1\mu L$ 混合试样（由苯、甲苯按体积比 $1:2$ 混合而成），分别测出空气峰和每个组分峰的保留时间。然后注入 $0.2\mu L$ 纯苯和纯甲苯，同样测出它们的保留时间，对照纯苯、纯甲苯和混合试样中各峰的保留时间，确定出混合试样中苯和甲苯峰。

为了更准确地定性，可将混合试样一分为二，其中一份另加两滴纯苯（或纯甲苯），取 $0.2\mu L$ 进样分析。同样条件下，取等体积原混合试样进样分析，观察所得到的两张色谱图，色谱峰增高者即为苯（或甲苯）。

2. 测定色谱柱理论塔板数

测量己烷和甲苯的保留时间和色谱峰半宽度，按公式计算色谱柱的理论塔板数、有效理论塔板数，并进行比较。

3. 测定物质对分离度

根据色谱图，计算出己烷-苯相邻组分的分离度。

六、思考题

1. 色谱定性的依据是什么？主要方法有哪些？
2. 影响组分分离度的因素有哪些？

七、参考文献

[1] 武汉大学化学与分子科学学院实验中心编. 仪器分析实验. 武汉：武汉大学出版社，2005：79-81.

[2] 穆华荣，陈志超主编. 仪器分析实验. 第二版. 北京：化学工业出版社，2004：73.

实验 10-6 白酒中甲醇含量的测定

一、预习要点

1. 外标法定量的原理和操作要点。
2. 气相色谱仪的原理和使用方法。

二、实验目的

1. 掌握外标定量法；
2. 熟练掌握微量注射器进样技术；
3. 掌握色谱工作站的应用。

三、实验原理

甲醇是白酒中的主要有害成分，其来源为原料和辅料果胶质内甲基酯分解而成。在以薯干、谷糠、野生植物等为原料时，酒中的甲醇含量较高；而用各种粮食酿造的酒，其甲醇含量较低。甲醇在人体内氧化为甲醛、甲酸，具有很强的毒性，尤其对视神经的毒性作用最大。甲醇中毒剂量的个体差异很大，$7\sim8mL$ 可导致失明，$30\sim40mL$ 可致死。中毒发生于饮酒后数小时，主要为消化系统、呼吸系统及神经系统的症状，严重的病人陷入深度麻醉状态，比较明显地引起视神经炎症，数日或数周后失明，视觉损害常难恢复。

对于白酒中甲醇含量的测定，GB/T 5009.48—2003 规定采用"气相色谱法"与"亚硫酸钠品红比色法"。本实验采用气相色谱法，选用氢火焰离子化检测器，利用醇类物质在氢火焰中的化学电离进行测量，根据甲醇的色谱峰面积采用外标法进行定量。

外标法是用纯组分配制一系列不同浓度的标准溶液，在一定的色谱操作条件下，准确定量进样，用所得的色谱图上相应组分的峰面积对组分含量作标准曲线。分析样品时，由准确定量进样所得峰面积，从标准曲线上求出其含量。

四、仪器与试剂

1. 仪器

气相色谱仪，全自动氢气发生器，微量注射器 $1\mu L$ 2 支，容量瓶 25mL 7 只。

2. 试剂

甲醇（色谱纯），60%乙醇水溶液（不含甲醇），白酒样品。

五、实验步骤

1. 色谱柱的准备

将内径 4mm、长 2m 的玻璃或不锈钢色谱柱洗净、烘干，采用 GDX-102（60～80 目）作为固定相制备色谱柱。

2. 色谱操作条件

检测器：氢火焰离子化检测器；汽化室、检测器温度：190℃；柱温：170℃；氢气流速：$40mL \cdot min^{-1}$；空气流速：$450mL \cdot min^{-1}$；载气（N_2）流速：$40mL \cdot min^{-1}$。

3. 甲醇标准系列溶液的配制

以 60%乙醇水溶液为溶剂，配制浓度分别为 0.1%、0.3%、0.5%、0.7%的甲醇标准系列溶液。

4. 色谱测定

用微量注射器分别吸取 $0.5\mu L$ 各甲醇标准系列溶液及白酒试样注入色谱仪，取得色谱图。以保留时间对照定性，确定甲醇色谱峰。

六、数据处理

1. 以色谱峰面积为纵坐标，甲醇标准系列溶液的浓度为横坐标，绘制标准曲线；

2. 根据白酒试样色谱图中甲醇的峰面积，求出白酒试样中甲醇的含量（$g \cdot 100mL^{-1}$）。

七、思考题

1. 外标法是否要求严格准确进样？操作条件的变化对定量结果有无明显影响？为什么？

2. 在哪些情况下，采用外标法定量较为适宜？

八、参考文献

[1] 穆华荣，陈志超主编. 仪器分析实验，第二版. 北京：化学工业出版社，2004：116-118.

[2] GB/T 5009.48—2003 蒸馏酒与配制酒卫生标准的分析方法.

实验 10-7　毛细管气相色谱法测定甘油的含量

一、预习要点

毛细管气相色谱法的特点。

二、实验目的

1. 熟悉毛细管色谱常用的进样技术；

2. 掌握毛细管柱的安装方法；

3. 了解毛细管气相色谱法的特点。

三、实验原理

甘油（$CH_2OHCHOHCH_2OH$）学名丙三醇，无色、无臭而有甜味的黏滞性液体。相对密度 1.2613(24.4℃)，沸点 290℃（分解），熔点 17.9℃，折射率 $n=1.4746$。可与水以任何比例混溶，能降低水的冰点。有极大的吸湿性。稍溶于乙醇和乙醚，不溶于氯仿。甘油是一种重要的基本有机化工原料，在医药、食品、化妆品、烟草、印染、纺织、造纸等行业以及液体燃料抗冻、有机合成、仪器分析等方面应用广泛。例如，在食品工业中，用作甜味剂、烟草吸湿剂、啤酒阻酵剂、冰冻食品保鲜剂及糖果防结晶等。在纺织印染中，用作织物的防皱防缩处理剂、扩散剂、渗透剂及润滑剂。在化妆品中用作吸湿剂等等。由于甘油不仅无毒，而且可消炎防止伤口感染，直接用于治疗烧伤、烫伤。在化工生产中，用于制造醇酸树脂、环氧树脂、甘油松香树脂、聚醚树脂、聚氨酯树脂等。

本实验采用毛细管气相色谱法测定甘油的含量。毛细管气相色谱法是 1957 年由美国科学家 Golay 提出的，使用的是内径 $\Phi 0.1\sim 0.5$mm 的柱子，有空心和填充两类，通常所说的是毛细管空心柱。毛细管柱与一般填充柱在柱长、柱径、固定液膜厚度及柱容量方面有较大差别，也由此具有高效、快速、吸附及催化性小的特点。毛细管气相色谱法与填充柱色谱法相比，柱前多一分流，柱后多一尾吹。柱前分流：由于毛细管柱体积很小，柱容量很小，要求瞬间进入极小量的样品，因此要分流。柱后尾吹：尾吹的目的是减小死体积和柱末端效应，与质量型检测器配套。现代的实验室用气相色谱仪大都是既可做填充柱气相色谱又可以进行毛细管气相色谱的色谱仪，在仪器设计上考虑了毛细管气相色谱仪的特殊要求。

四、仪器与试剂

气相色谱仪（配有氢火焰离子化检测器），色谱数据处理机，色谱柱（氰丙基苯基-二甲基硅氧烷共聚物空心柱 30m×0.32mm，0.25μm），微量注射器（10μL），甲醇（分析纯），甘油样品。

五、实验步骤

1. 样品处理

称取 0.10g 甘油试样，置于 10mL 容量瓶中，用甲醇稀释至刻度，摇匀备用。

2. 色谱检测

（1）色谱条件　柱流量 1.2mL·min^{-1}；柱前压：35kPa；流速＋尾吹：30mL·min^{-1}；分流流速：60mL·min^{-1}；进样口温度：240℃；检测器温度：280℃；柱温：初始温度：50℃，保持 4.5min；升温速率 $R=8$℃·min^{-1}；终止温度：180℃，保持 15min；载气：N$_2$；燃烧气：H$_2$；助燃气：空气；检测时间：35min；保留时间：18.65min；进样量：0.8μL。

（2）测定　在设定好的色谱条件下测定，锁定溶剂峰，得出甘油的归一化含量。

六、思考题

1. 毛细管气相色谱的分离原理是什么？

2. 安装及使用毛细管柱时应注意什么问题？

3. 氢火焰离子化检测器适用于何种物质的检测？

4. 尾吹气的作用是什么？如不补充尾吹气将会出现什么现象？

5. 本实验为什么采用氰丙基苯基-二甲基硅氧烷共聚物空心柱？能否用其他的毛细管柱？试举例说明。

6. 用峰高归一化或峰面积归一化计算试样中甘油的含量，省略校正因子的条件是什么？

七、参考文献

SN/T 1111—2002 甘油含量的测定——毛细管气相色谱法.

实验 10-8　气相色谱法测定食品中甜蜜素

一、预习要点
1. 气相色谱法的原理和适用范围；
2. 气相色谱中样品衍生化处理的目的和常用衍生化方法。

二、实验目的
1. 对气相色谱衍生化方法有所了解；
2. 学习气相色谱法测定食品中甜蜜素的原理和实验方法；
3. 进一步熟练掌握气相色谱仪的使用方法。

三、实验原理
甜蜜素的化学名是环己基氨基磺酸钠，是我国允许在食品中添加使用的一种无营养甜味剂，相对分子质量为201.22，可用于各类食品中。在我国甜蜜素有其相应的使用卫生标准（酱菜类、调味酱汁、配制酒、糕点、饼干、面包、雪糕、冰淇淋、冰棍、饮料不高于0.65g·kg^{-1}，蜜饯不高于1.0g·kg^{-1}，陈皮、话梅、话李、杨梅干不高于8.0g·kg^{-1}）和检测方法。甜蜜素无挥发性，若采用气相色谱法测定甜蜜素则需要进行衍生化处理。气相色谱中进行化学衍生的作用主要有如下几个方面：①改善样品挥发性；②改善样品的峰形；③改善样品的分离；④提高化合物的检测灵敏度。本实验的衍生方法是在硫酸介质中，甜蜜素与亚硝酸反应生成环己醇亚硝酸酯，衍生产物利用气相色谱法配用氢火焰离子化检测器进行定性和定量测定。

四、仪器与试剂

1. 仪器
气相色谱仪配氢火焰离子化检测器，旋涡混合器，离心机，微量注射器（10μL）。

色谱条件：色谱柱（长2m，内径3mm，U形不锈钢柱），固定相（Chromosorb WAW DMCS，80～100目，涂以10% SE-30），柱温80℃，进样口和检测器温度均为150℃，流速（氮气40mL·min^{-1}，氢气30mL·min^{-1}，空气300mL·min^{-1}）。

2. 试剂
本实验所用试剂，凡未指明规格者，均为分析纯（A.R.），水为蒸馏水。

正己烷，氯化钠，层析硅胶（或海砂），亚硝酸钠溶液（50g·L^{-1}），硫酸溶液（100g·L^{-1}），甜蜜素标准溶液（含环己基氨基磺酸钠＞98%）（精确称取1.0000g环己基氨基磺酸钠，加水溶解并定容至100mL）。

五、实验步骤

1. 样品处理
（1）液体样品　摇匀后直接称取。含二氧化碳的样品先加热除去二氧化碳。称取20.0g试样于100mL具塞比色管中，置冰浴中。

（2）固体样品　凉果、蜜饯类样品先剪碎，然后称取2.0g已剪碎的试样于研钵中，加少许层析硅胶（或海砂）研磨至呈干粉状，经漏斗倒入100mL容量瓶中，加水冲洗研钵，并将洗液一并转移至容量瓶中，加水至刻度，不时摇动，1h后过滤，准确吸取20mL于100mL具塞比色管中，置冰浴中。

2. 测定
（1）标准曲线的制备　准确吸取1.00mL甜蜜素标准溶液于100mL具塞比色管中，加水20mL，置冰浴中，加入5mL 50g·L^{-1}亚硝酸钠溶液、5mL 100g·L^{-1}硫酸溶液，摇匀，在冰浴中放置 30min，并经常摇动，然后准确加入 10mL 正己烷、5g 氯化钠，摇匀后置旋涡混合器上振动 1min（或振摇 80 次），待静止分层后吸出己烷层于 10mL 具塞离心管中进行离心分离，每毫升己烷提取液相当于 1mg 甜蜜素，将标准提取液进样 1~5μL 于气相色谱仪中，根据响应值绘制标准曲线。

（2）样品管按（1）的方法进行衍生和提取操作，进样 1~5μL，测得峰面积，根据标准曲线求出样品中甜蜜素含量。

六、数据处理

$$X = \frac{A \times 10 \times 1000}{mV \times 1000} = \frac{10A}{mV} \tag{10-1}$$

式中　X——样品中甜蜜素的含量，$g \cdot kg^{-1}$；

　　　m——样品质量，g；

　　　V——进样体积，μL；

　　　10——正己烷加入量，mL；

　　　A——测定用试样中甜蜜素的含量，μg。

七、思考题

1. 本实验为什么要进行衍生化操作？
2. 为什么选用氢火焰离子化检测器检测？能否选用火焰光度检测器或其他检测器？

八、参考文献

［1］ GB/T 13112—91 食品中环己基氨基磺酸钠的测定方法.

［2］ 王珮，王宏. 食品中环己基氨基磺酸钠-气相色谱法测定原理探讨. 食品科学，2008，29（2）：324-327.

实验 10-9　反相液相色谱法分离芳香烃

一、预习要点

1. 液相色谱法的分离原理及分类；
2. 液相色谱仪的结构和使用注意事项。

二、实验目的

1. 了解反相液相色谱法分离非极性化合物的基本原理；
2. 掌握高效液相色谱仪的基本操作；
3. 学习反相液相色谱法分离芳香烃类化合物的实验方法。

三、实验原理

高效液相色谱法（High Performance Liquid Chromatography，HPLC）又称高压液相色谱法或高速液相色谱法，是一种以高压输出的液体为流动相的色谱技术。是 20 世纪 60 年代发展起来的一种高速、高效、高灵敏度的现代液相色谱法。根据所用固定相和分离机理的不同，一般将高效液相色谱法分为液液分配色谱法、液固吸附色谱法、离子交换色谱法和空间排阻色谱法等。

在液液分配色谱法中，组分在色谱柱上的保留程度取决于它们在固定相和流动相之间的分配系数 K：

$$K = \frac{组分在固定相中的浓度}{组分在流动相中的浓度}$$

显然，K 值越大，组分在固定相上的保留时间越长，不同组分在两相间具有不同分配系数而先后流出色谱柱得以分离。按照固定相和流动相的极性差别，液液分配色谱可分为正相色谱法和反相色谱法两类。正相色谱法的流动相极性小于固定相，适合于分析极性化合物；而反相色谱法的流动相极性大于固定相，极性大的组分先流出色谱柱，极性小的组分后流出色谱柱，适合于分析非极性化合物。过去液液分配色谱的固定相是通过物理吸附的方法将固定液涂在载体表面，固定液很容易流失，且不能用于梯度洗脱。目前应用最广的固定相是通过化学反应的方法将固定液键合到硅胶表面上，即所谓的键合固定相。若将正构烷烃等非极性物质（如 $n\text{-}C_{18}$ 烷）键合到硅胶基质上，以极性溶剂（如甲醇和水）为流动相，则可分离非极性或弱极性的化合物。据此，采用反相液相色谱法可分离芳香烃。

四、仪器与试剂

1. 仪器

高效液相色谱仪配紫外检测器，色谱柱 C_{18} 柱（250×4mm i.d.，5μm），微量注射器（25μL）。

2. 试剂

甲醇（色谱纯），苯、萘、联苯（均为分析纯），蒸馏水，未知样品。

流动相：甲醇＋水＝80＋20（体积比），使用前应用超声波脱气。

五、实验步骤

1. 以流动相为溶剂，配制苯、萘、联苯的标准溶液，浓度均为 $10\text{mg}\cdot\text{L}^{-1}$。

2. 在教师的指导下开启液相色谱仪，设定操作条件：流动相流速设为 $1.0\text{mL}\cdot\text{min}^{-1}$；检测波长设为 254nm。

3. 待仪器稳定后，分别用微量注射器进苯、萘、联苯标准溶液各 5μL。

4. 进未知样 20μL。

六、数据处理

1. 测量各化合物的保留时间 t_R 及相应色谱峰的半峰宽 $W_{1/2}$，计算各对应的理论塔板数 n、分离度 R 等，记下各组分色谱峰的保留时间。

2. 以标准品的保留时间为基准，给未知样品各组分定性。

3. 根据标准品的峰面积，估算未知样品中相应组分的含量。

七、注意事项

配制流动相建议采用色谱纯试剂，流动相在使用前需经过滤和脱气。

八、思考题

1. 高效液相色谱仪由哪几部分组成？各自的功能是什么？

2. 何谓反相色谱？何谓正相色谱？

3. 配制标准溶液时以流动相为溶剂有何优越性？

4. 若实验中的色谱峰无法完全分离，应如何改善实验条件？

5. 解释未知试样中各组分的洗脱顺序。

九、参考文献

武汉大学化学与分子科学学院实验中心编.仪器分析实验.武汉：武汉大学出版社，2005：84-85.

实验 10-10　高效液相色谱法测定槐米中芦丁的含量

一、预习要点

1. 高效液相色谱仪的操作和使用注意事项；

2. 高效液相色谱法定性及定量分析的基本方法；

3. 槐米的药用价值和主要活性成分。

二、实验目的

1. 掌握高效液相色谱法定性及定量分析的基本方法；

2. 掌握高效液相色谱仪的工作原理和操作方法。

三、实验原理

槐米中的主要活性成分为芦丁和槲皮素等黄酮类物质，其中芦丁又称芸香苷，其分子结构为：

R=芸香糖基

芦丁可溶于甲醇、水等溶剂，在 254 nm 处有较大吸收。本实验用系列浓度的芦丁标准溶液进样，做峰面积-浓度的标准曲线。采用外标校准曲线法对样品中的芦丁进行定量分析。

四、仪器与试剂

1. 仪器

高效液相色谱仪，超声波清洗器，C_{18} 反相键合相色谱柱（250×4.6mm i.d.，5μm），容量瓶，移液管，微量进样器，具塞锥形瓶，离心机，漏斗，微量注射器（50μL，平头），滤膜（0.45μm，有机）。

2. 试剂

甲醇（G.R.），乙酸（A.R.），芦丁对照品，槐米药材。

五、实验步骤

1. 色谱条件

C_{18} 反相键合相色谱柱（250×4.6mm i.d.，5μm）；流动相为甲醇－0.5％冰乙酸水溶液（1∶1，V/V）；流速 1.0mL·min^{-1}；柱温 30℃；检测波长 254nm；进样量 20μL。

2. 标准溶液配制

取芦丁对照品约 10mg，精密称定，加甲醇制成 1mg·mL^{-1} 的芦丁对照品贮备液。分别精密吸取对照品贮备液 0.50mL、1.00mL、1.50mL、2.00mL、2.50mL 置于 5 个 10mL 的容量瓶中，加入流动相稀释至刻度并摇匀。

3. 样品溶液的制备

取槐米粉末约 0.15g，精密称定，置于具塞锥形瓶中，精密加入 25.00mL 甲醇，称重，置超声波清洗器中振荡提取 20min，放冷，再称重，用甲醇补足减失的重量，摇匀，滤过。精密移取续滤液 5.00mL 置于 100mL 容量瓶中，用流动相定容至刻度。

4. 进样分析

（1）将芦丁标准溶液进样 20μL，记录保留时间和峰面积；

（2）将样品溶液进样 20μL，平行测定 3 次，记录芦丁的保留时间和峰面积。

六、数据处理

1. 以芦丁对照品的峰面积为纵坐标，浓度为横坐标制作标准曲线，得到线性回归方程、相关系数和线性范围。

2. 将样品溶液中芦丁的峰面积值代入线性回归方程，计算槐米中芦丁的含量。

七、注意事项

实验步骤中所列的色谱条件只是一个参考值。在具体的实验中，因所用仪器、色谱柱的不同以及其他因素的影响，可能分离结果并不理想。可以根据情况适当调整色谱条件，使之达到最佳分离。

八、思考题

1. 本实验中流动相配比改变对芦丁色谱峰的保留时间和分离效果有何影响？
2. 测定槐米中的芦丁含量时样品浓度为什么必须落在标准曲线的线性范围内？

九、参考文献

王新宏主编. 分析化学实验. 北京：科学出版社. 2009. 55-57.

实验 10-11　大黄中蒽醌苷元类化合物的测定

一、预习要点

1. 高效液相色谱仪的操作和使用注意事项；
2. 高效液相色谱法定性及定量分析的基本方法；
3. 了解大黄的药用价值及主要活性成分。

二、实验目的

1. 掌握高效液相色谱仪的工作原理和操作方法；
2. 掌握高效液相色谱法定性及定量分析的基本方法。

三、实验原理

大黄为蓼科植物掌叶大黄、唐古特大黄或药用大黄的干燥根和根茎。具有泻下攻积、清热泻火、凉血解毒、逐瘀通经、利湿退黄等功效。大黄中主要的生物活性物质蒽醌类衍生物包括芦荟大黄素、大黄酸、大黄素、大黄酚和大黄素甲醚，并被用于植物药用意义的质量控制标准。大黄蒽醌苷元类化合物结构如下所示：

芦荟大黄素 $R_1=H, R_2=CH_3OH$；大黄酸 $R_1=H, R_2=COOH$；大黄素 $R_1=OH, R_2=CH_3$；
大黄酚 $R_1=H, R_2=CH_3$；大黄素甲醚 $R_1=CH_3O, R_2=CH_3$。

本实验采用反相高效液相色谱配用紫外检测器测定大黄药材中的五种蒽醌苷元类衍生物，外标法定量。

四、仪器与试剂

1. 仪器

日本岛津 LC-10A 型高效液相色谱仪，SPD-10A 紫外可见分光光度检测器（Shimadzu，岛津公司），7725i 手动进样阀，色谱柱恒温箱，旋转蒸发仪，超声波清洗器，回流装置一套，25mL、10mL 移液管；10mL 容量瓶，分析天平。

2. 试剂

芦荟大黄素、大黄素、大黄酸、大黄酚和大黄素甲醚对照品，大黄药材粉末（过四号筛），磷酸，甲醇（G.R.），8% 的盐酸，三氯甲烷，实验用水为二次蒸馏水。

五、实验步骤

1. 标准溶液的制备

精密称取芦荟大黄素、大黄酸、大黄素、大黄酚、大黄素甲醚对照品，加甲醇分别制成每1mL含芦荟大黄素、大黄酸、大黄素、大黄酚和大黄素甲醚400μg的贮备液（大黄素甲醚先用少量二氧六环溶解后再用甲醇定容）；分别精密量取上述对照品溶液各1mL置于10mL容量瓶中，加甲醇定容至刻度，混匀，得到每1mL中含芦荟大黄素、大黄酸、大黄素、大黄酚、大黄素甲醚40μg的混合标准溶液。

2. 样品溶液的制备

精密称取大黄粉末约0.15g，置于具塞锥形瓶中，精密加入甲醇25mL，称量，加热回流1h，放冷，再称量，用甲醇补足减失的重量，摇匀，过滤。精密量取续滤液5mL，置烧瓶中，挥去溶剂，加8%盐酸溶液10mL，超声处理2min，再加三氯甲烷10mL，加热回流1h，放冷，置分液漏斗中，用少量三氯甲烷洗涤容器，并入分液漏斗中，分取三氯甲烷层，酸液再用三氯甲烷提取3次，每次10mL，合并三氯甲烷液，减压回收溶剂至干，残渣加甲醇使溶解，转移至10mL容量瓶中，加甲醇至刻度，摇匀，滤过，取续滤液，即得。

3. 色谱条件

色谱柱：Diamonsil C_{18}柱（150×4.6mm i.d.，5μm）；流动相：甲醇-0.1%磷酸（80+20，V/V），临用前需经0.2μm的微孔滤膜过滤；流速为0.8mL·min^{-1}；检测波长为254nm；柱温30℃。

4. 标准曲线的制作

将大黄蒽醌苷元混合标准溶液逐级稀释，得到浓度为0.05、0.4、4、10、20、40μg·mL^{-1}的系列混合标准溶液，取5μL进样测定。以峰面积为纵坐标，各组分浓度为横坐标绘制标准曲线，得到线性回归方程、相关系数R和线性范围。

5. 样品测定

精密吸取样品溶液5μL，注入液相色谱仪进行检测，平行测定3次。

六、数据处理

1. 用Origin软件绘出各物质的标准曲线，记录各物质的线性回归方程、相关系数R和线性范围。

2. 将样品3次平行测定所得到的峰面积取平均值，代入线性回归方程计算出样品溶液中各物质的含量（mg·mL^{-1}），最后换算成大黄药材中各物质的含量（mg·kg^{-1}）。

七、注意事项

1. 流动相需进行超声脱气，用0.2μm的有机滤膜过滤后才能使用。

2. 样品溶液需经0.2μm的有机滤膜过滤后方可进样测定。

八、思考题

1. 该实验的流动相中为什么要加入一定比例的磷酸？

2. 请查阅文献找到芦荟大黄素、大黄素、大黄酸、大黄酚和大黄素甲醚的油水分配系数lg$P$值。

九、参考文献

国家药典委员会编．中华人民共和国药典，2010年版，一部．北京：中国医药科技出版社，2010：22.

实验 10-12　高效液相色谱法测定畜禽肉中己烯雌酚含量

一、预习要点
1. 色谱法定量分析的依据；
2. 高效液相色谱仪的构造及操作要点。

二、实验目的
1. 掌握高效液相色谱仪的基本操作方法及检测原理；
2. 学习用高效液相色谱法测定畜禽肉中己烯雌酚含量。

三、实验原理
己烯雌酚（DES）是一种人工合成雌激素，对动物的正常合成代谢有刺激作用，可用于提高动物的生长速度，因此一直作为促进剂用在牛羊等畜禽饲料中。现已证实，这种兽药可以在动物的肝脏、肌肉、脂肪等处有残留，是一种致癌物质，会对人体健康产生危害，甚至可诱发白血病、子宫癌等疾病。由于己烯雌酚的滥用，对动物性食品中己烯雌酚的残留检测引起了国内外的高度重视，因此畜禽肉中己烯雌酚的检测分析具有十分重要的意义。

色谱法对于样品既能分离，又能提供定量数据，定量的精密度 1‰～2‰，峰面积与组分的含量成正比，可利用峰面积采取外标法或内标法定量。

样品匀浆后，经甲醇提取过滤，注入 HPLC 仪，紫外检测器于波长 230nm 处检测，外标标准曲线法定量。

四、仪器与试剂
1. 仪器
高效液相色谱仪（配紫外检测器），小型绞肉机，小型粉碎机，电动振荡机，离心机。

2. 试剂
甲醇为色谱纯，磷酸及其他试剂为分析纯；$0.043 mol \cdot L^{-1}$ 磷酸二氢钠（$NaH_2PO_4 \cdot 2H_2O$）溶液：取 1g 磷酸二氢钠溶于水定容至 500mL；己烯雌酚（DES）标准溶液：精密称取 100mg 己烯雌酚溶于甲醇，移入 100mL 容量瓶中，加甲醇至刻度，混匀，浓度为 $1.0 mg \cdot mL^{-1}$，贮于冰箱中；己烯雌酚标准工作液：吸取 10.00mL DES 贮备液，移入 100mL 容量瓶中，加甲醇至刻度，混匀，浓度为 $100 \mu g \cdot mL^{-1}$。

五、实验步骤
1. 提取及净化
称取 5g（±0.1g）绞碎（小于 5mm）的肉样品，放入 50mL 具塞离心管中，加 10.00mL 甲醇，充分搅拌，振荡 20min，于 $3000 r \cdot min^{-1}$ 离心 10min，将上清液移出，残渣中再加 10.00mL 甲醇，混匀后振荡 20min，于 $3000 r \cdot min^{-1}$ 离心 10min，合并上清液，此时出现浑浊，需再离心 10min，取上清液过 $0.5 \mu m$ 滤膜，备用。

2. 色谱条件
色谱柱：C_{18} 柱（$150 \times 4.6 mm$ i. d.，$5 \mu m$）；柱温：室温；流动相：甲醇＋$0.043 mol \cdot L^{-1}$ 磷酸二氢钠（70＋30，体积比），用磷酸调 pH＝5；流速：$1 mL \cdot min^{-1}$；进样量：$20 \mu L$；紫外检测器检测波长 230nm。

3. 实验过程
（1）工作曲线绘制　称取 5 份（每份 5.0g）绞碎的肉样品，放入 50mL 具塞离心管中，分别加入不同浓度的标准液（$6.0 \mu g \cdot mL^{-1}$、$12.0 \mu g \cdot mL^{-1}$、$18.0 \mu g \cdot mL^{-1}$、$24.0 \mu g \cdot$

mL^{-1}）各 1.0mL，同时做空白。其中甲醇总量为 20.00mL，使其测定浓度为 $0.00\mu g \cdot mL^{-1}$、$0.30\mu g \cdot mL^{-1}$、$0.60\mu g \cdot mL^{-1}$、$0.90\mu g \cdot mL^{-1}$、$1.20\mu g \cdot mL^{-1}$，按 1 处理方法提取备用。分别取样 $20\mu L$，注入 HPLC 柱中，可测得不同浓度 DES 标准溶液峰面积，以 DES 浓度对峰面积绘制工作曲线。

（2）测定　取样液 $20\mu L$，注入 HPLC 进行检测，由测得的峰面积，根据工作曲线求出样品中己烯雌酚的含量。

六、数据处理

$$X = \frac{A \times 1000}{m \times \dfrac{V_2}{V_1}}$$

式中　X——样品中己烯雌酚含量，$mg \cdot kg^{-1}$；

　　　A——进样体积中己烯雌酚含量，ng；

　　　m——样品的质量，g；

　　　V_2——进样体积，μL；

　　　V_1——样品甲醇提取液总体积，mL。

七、注意事项

1. 高效液相色谱法中所用的溶剂需纯化处理，流动相在使用前需过滤和脱气；

2. 取样时，先吸取样品溶液润洗微量注射器几次，然后吸取过量样品，将微量注射器针尖朝上，赶走可能存在的气泡并将所取样品体积调至所需数值；

3. 外标法的准确性取决于操作条件的稳定性和进样量的重现性，因此要特别注意进样的操作。

八、思考题

1. 使用 HPLC 仪应注意哪些环节？

2. 制作标准曲线时应注意哪些问题？

九、参考文献

[1] GB/T 14931.2—1994 畜禽肉中己烯雌酚的测定方法.

[2] 刘虹，谢承恩. 高效液相色谱法测定奶粉中己烯雌酚. 检测技术，2006，12（6）：374.

[3] 陈眷华，王文博，徐在品等. DES 残留的三种检测方法比较研究. 食品科学，2006，27（09）：214.

[4] 严拯宇主编. 分析化学实验与指导. 北京：中国医药科技出版社，2005：184，195.

实验 10-13　植物油中游离棉酚的测定

一、预习要点

液相色谱仪的原理、基本部件以及使用此仪器进行测定的过程。

二、实验目的

1. 进一步掌握液相色谱仪的原理和基本操作；

2. 学习用液相色谱法测定植物油中游离棉酚含量的方法。

三、实验原理

棉酚是一种黄色化合物，分子式为 $C_{30}H_{30}O_8$，主要存在于棉籽仁中，易溶于有机试剂，因此用棉籽仁榨油时，部分可迁移到油脂中而引起中毒。人们把棉酚分为游离棉酚（FG）与结合棉酚（BG）。结合棉酚是游离棉酚与棉仁中的蛋白、糖类化合而成的，在消化系统中不被吸收，毒性很低；而游离棉酚具有活性醛基和活性羟基，毒性较大。棉酚急性中毒常出现皮肤和胃灼烧、恶心、呕吐、腹泻、头晕、头痛，危急时下肢麻痹、昏迷、抽搐、呕血、便血，乃至因呼吸、循环系统衰竭而死亡。长期食用含有游离棉酚的食用油，可引起人体慢性中毒并造成不孕。因此，国际有关组织规定食用棉籽制品中游离棉酚的含量不得超过 0.06%，总棉酚含量不得超过 1.2%。

植物油中的游离棉酚经无水乙醇提取，经 C_{18} 柱将棉酚与样品中杂质分开，在 235nm 处测定。根据色谱峰的保留时间定性，外标法定量。

四、仪器与试剂

1. 仪器

高效液相色谱仪（配紫外检测器），KD-浓缩仪，离心机（3000r·min^{-1}），100μL 微量注射器，C_{18} 色谱柱（250×4.6mm i.d.，5μm）。

2. 试剂

甲醇为色谱纯；磷酸、无水乙醇、无水乙醚为分析纯；普通氮气；棉酚标准贮备液：精密称取 0.1000g 棉酚标准品，用无水乙醚溶解，并定容至 100mL，浓度为 1.0mg·mL^{-1}；棉酚标准工作液：取 1mg·mL^{-1} 棉酚贮备液 5.0mL 于 100mL 容量瓶中，用无水乙醇定容至刻度，此溶液浓度为 50μg·mL^{-1}；磷酸水溶液：取 300mL 水，加 6.0mL 磷酸，混匀，经 0.45μm 滤膜过滤。

五、实验步骤

1. 试样制备

取油样 1.000g，加入 5mL 无水乙醇，剧烈振摇 2min，静置分层（或冰箱过夜），取上清液过滤，离心，上清液即为试料，10μL 进液相色谱仪检测。

2. 测定

（1）色谱条件　柱温：40℃；流动相：甲醇＋磷酸水＝85＋15（V/V）；检测波长：235nm；流量：1.0mL·min^{-1}；进样量：10μL。

（2）标准曲线制备　准确吸取 1.00mL、2.00mL、5.00mL、8.00mL 50μg·mL^{-1} 的棉酚标准液于 10.0mL 容量瓶中，用无水乙醇稀释至刻度，此溶液相应于 5μg·mL^{-1}、10μg·mL^{-1}、25μg·mL^{-1}、40μg·mL^{-1} 的标准系列，进样 10μL，作 0~50μg·mL^{-1} 的标准系列，用 Origin 软件以峰面积为纵坐标、标准溶液浓度为横坐标绘制标准曲线。

（3）样品测定　取 10μL 样品溶液注入液相色谱仪，根据保留时间确定样品色谱图上游离棉酚的色谱峰，将测得的峰面积代入线性回归方程求出样品中游离棉酚含量。

六、数据处理

1. 计算结果

$$X = \frac{5A}{m}$$

(10-2)

式中　X——样品中棉酚的含量，mg·kg^{-1}；

　　　m——样品质量，g；

　　　A——测定试料中棉酚的含量，μg·mL^{-1}；

　　　5——折合所用无水乙醇的体积，mL。

2. 精密度要求

五次重复测定变异系数（相对标准偏差）小于 6%。

七、思考题

1. 如何提高分析精密度和准确度？
2. 实验误差的主要来源是什么？
3. 对棉酚的测定还可以用其他哪些方法？

八、参考文献

[1] GB/T 17334—1998 食品中游离棉酚的测定.

[2] 文君，缪红，王鲜俊，彭喜雨. HPLC 法测植物油中游离棉酚. 中国卫生检验杂志，2006，16 (8)：1017-1018.

[3] 冯馨，武运，李焕荣等. 液-液-固三相萃取法提取棉籽脱酚蛋白的质量监控研究. 技术·油脂工程，2008，(9)：66-67.

实验 10-14 饲料中二甲硝咪唑的测定

一、预习要点

1. 高效液相色谱仪的原理及操作注意事项；
2. 二甲硝咪唑的性质。

二、实验目的

1. 进一步掌握高效液相色谱仪的使用方法；
2. 学习高效液相色谱法测定饲料中二甲硝咪唑含量的方法。

三、实验原理

硝基咪唑类药物（nitromidazoles）是人工合成的具有 5-硝基咪唑基本结构的抗菌、抗原虫药物，部分品种具有促生长作用，主要有甲硝唑（metronidazole，MTZ）、二甲硝咪唑（dimetridazole，DMZ）、洛硝唑（ronidazole，RNZ）、奥硝唑（ornidazole，ONZ）、替硝唑（tinidazole，TNZ）等。二甲硝咪唑（又名地美硝唑）是一种广泛应用的经济兽药，对原虫（黑头组织滴虫、钮茂滴虫、鞭毛虫等）及各种厌氧细菌具有显著抑制作用，在饲料行业中主要用作鸡、火鸡、猪的饲料药物添加剂，预防和治疗由猪密螺旋体引起的痢疾及家禽的黑头病和球虫病。二甲硝咪唑也用作生长促进剂，促进鸡、猪的生长及改善饲料转化率。然而，由于其硝基位于咪唑环的第 5 位置，从化学结构上分析，具有潜在的致癌和致突变性，其残留对食品安全构成了风险，现已成为世界各国明令禁用和重点监控的兽药品种。欧盟、美国及其他国家和地区明确规定了其在动物组织中的最高残留量。我国也明令禁止将二甲硝咪唑作为促生长剂在饲料中使用，因此建立饲料中二甲硝咪唑的测定方法，可从源头上控制二甲硝咪唑的使用，对保障食品安全具有重要意义。目前测定硝基咪唑类药物的方法主要有气相色谱法和气相色谱-质谱联用法、高效液相色谱法和高效液相色谱-质谱联用法。

本实验采用液相色谱法测定饲料中二甲硝咪唑。用四氯化碳＋二甲基甲酰胺（80＋20，体积比）混合溶液从饲料中提取二甲硝咪唑，经分离提纯，在 C_{18} 柱上，以甲醇＋水（30＋70，体积比）为流动相，紫外检测器 309.0nm 处测定，根据其保留时间定性，峰面积定量。

四、仪器与试剂

1. 仪器

高效液相色谱仪（配紫外检测器），恒温水浴锅，离心分离机，玻璃具塞锥形瓶（250mL），微孔滤膜（0.45μm）。

2. 试剂

甲醇（色谱纯），四氯化碳＋二甲基甲酰胺（80＋20，体积比）。

二甲硝咪唑标准贮备液：称取二甲硝咪唑标准品 0.0250g，置于 250mL 容量瓶中，用甲醇溶解并定容。

二甲硝咪唑标准工作液：分别吸取一定量的标准贮备液，置于 10mL 容量瓶中，用甲醇稀释、定容，配制成浓度为 $2.0\mu g \cdot mL^{-1}$、$5.0\mu g \cdot mL^{-1}$、$10.0\mu g \cdot mL^{-1}$、$15.0\mu g \cdot mL^{-1}$、$20.0\mu g \cdot mL^{-1}$ 的标准工作液。

3. 试样

选取有代表性的饲料样品，至少 500g，四分法缩减至 200g，粉碎，使全部通过 1mm 孔筛，混匀，贮于磨口瓶中备用。

五、实验步骤

1. 样品提取

称取饲料 10g，准确至 0.001g，置于 250mL 具塞锥形瓶中，加入提取剂四氯化碳＋二甲基甲酰胺（80＋20，体积比）混合溶液 50.0mL，于 60℃±2℃ 水浴振荡提取 30min，静置，冷至室温。过滤，取滤液 10.0mL，置于 75mL 具塞离心管中，向离心管中加水萃取两次，每次 10.0mL。加入水后，加盖密封，充分振摇 3min，静置 1min，放气。离心 5min（3000r·min^{-1}），用吸管小心移取上清液于 25mL 容量瓶中，合并两次上清液，用水定容至刻度，摇匀，过 0.45μm 微孔滤膜，待测。

2. HPLC 检测条件

色谱柱：C_{18} 柱（250×4.6mm i.d.，5μm）；流动相：甲醇＋水（30＋70，体积比）；检测波长：309.0nm；流速：1.0mL·min^{-1}；柱温：室温。

3. 制作标准曲线

在设定的色谱条件下，进标准工作液，用 Origin 软件绘制色谱峰面积对标准溶液浓度的标准曲线，求得线性回归方程。

4. 试样的测定

在相同的色谱条件下，取适量样品制备液进样，将测得的峰面积代入线性回归方程，求出样品中二甲硝咪唑的含量。

六、思考题

1. 操作 HPLC 仪应注意什么？
2. 如何提高准确度？
3. 对二甲硝咪唑的测定还可以用到其他哪些方法？
4. 在提取剂中为什么加入二甲基甲酰胺？

七、参考文献

[1] NY/T 936—2005. 饲料中二甲硝咪唑的测定 高效液相色谱法.

[2] 戴华，李拥军，袁智能等. 猪饲料中甲硝唑、二甲硝咪唑药物含量的 HPLC 法测定. 光谱实验室，2004，21（2）：313-315.

[3] 高小龙，王大菊，汪纪仓等. 产品中硝基咪唑类药物残留高效液相色谱法研究. 湖北大学学报，2008，30（1）：71-75.

[4] 刘桂华，谢建滨，张红宇等. 二甲硝咪唑在动物组织中代谢的残留标志物研究. 华南预防医学，2007，33（6）：25-28.

[5] 贾斌，冯书惠，王铁良等. 气相色谱法测定饲料中二甲硝咪唑方法的研究. 分析检测，2007，(7)：31-32.

[6] 丁涛，徐锦忠，沈崇钰等. 高效液相色谱-串联质谱联用测定蜂蜜中 3 种硝基咪唑类残留. 分析化学，2006，34 (8)：1206.

实验 10-15　反相液相色谱法同时检测雷贝拉唑和多潘立酮

一、预习要点

1. 反相液相色谱法的原理；
2. 高效液相色谱仪的基本部件以及操作方法。

二、实验目的

1. 了解反相液相色谱法分离非极性化合物的基本原理；
2. 进一步掌握高效液相色谱仪的实际操作，加深对分析实验的理解；
3. 掌握用反相色谱法分离雷贝拉唑和多潘立酮的实验方法。

三、实验原理

雷贝拉唑（rabeprazole）的化学名称为 2-{[4-(3-甲氧基丙氧基)-3-甲基吡啶-2-基] 甲亚磺酰基}-1H-苯并咪唑。它是新一代质子泵抑制剂（PPI），为苯并咪唑衍生物，具有较高的 pK_a 值，口服可在体内快速活化，与质子泵结合发挥抑酸作用。抗幽门螺杆菌（HP）的活性明显优于兰索拉唑和氧氟沙星，对大环内酯类抗生素的菌株也有活性。

多潘立酮化学名为 5-氯-1{1-[3-(2-氧-1-苯并咪唑啉基）丙基]-4-哌啶基}-2-苯并咪唑啉酮，它能直接作用于胃肠壁，可增加食管下部括约肌张力，防止胃-食管反流，增强胃蠕动，促进胃排空，协调胃与十二指肠运动，抑制恶心、呕吐，其抗催吐作用主要是由于其对外周多巴胺受体的阻滞作用。

药物成分的测定是药物分析和药性监测的组成部分，现有文献针对这两种药物的分析已采用了多种不同的分析方法，包括 HPTLC、LC-MS/MS 等，本实验采用反相高效液相色谱法实现了雷贝拉唑和多潘立酮的同时检测。

四、仪器与试剂

1. 仪器

液相色谱仪（配用紫外/可见分光光度检测器），手动进样阀（$20\mu L$），色谱柱 C_{18} 柱（$250mm \times 4.6mm$ i.d.，$5\mu m$），超声波破碎仪，分析天平，研钵，容量瓶（100mL、5mL），烧杯（100mL），量筒（100mL），吸量管（1mL、10mL）。

2. 试剂

雷贝拉唑和多潘立酮纯品，乙腈、乙酸、乙酸铵、甲醇（均为色谱纯），雷贝拉唑和多潘立酮片剂（购于药店）。

五、实验步骤

1. 配制流动相

按 $0.1mol \cdot L^{-1}$ pH=6.5 乙酸铵：甲醇：乙腈＝40：30：30（体积比）配制流动相 300mL，并用乙酸-乙酸铵最终调节 pH 为 7.44 ± 0.02，过 $0.45\mu m$ 滤膜后备用。

2. 配制标准溶液

分别精确称量 20mg 雷贝拉唑和 30mg 多潘立酮，移入 100mL 容量瓶，用量筒量取 50mL 甲醇移入容量瓶，超声 20min 充分溶解，再用甲醇定容，充分混合，此为贮备液。移取贮备液 1.0mL，甲醇定容于 100mL 容量瓶，此为标准使用液。（思考：此时标准溶液中两种物质的浓度分别为多少?）

分别取标准使用液 0.5mL、1.0mL、2.0mL、3.0mL、4.0mL、5.0mL置于 5mL 容量瓶中，用流动相定容，由此配制一系列标准工作液，准备色谱进样。

3. 样品预处理

分别取药店所购两种片剂 20 片，在研钵中研磨粉碎，混合均匀。精确称量雷贝拉唑药粉 20mg、多潘立酮药粉 30mg，转移至 100mL 烧杯中，加 50mL 甲醇溶解，超声 20min，用甲醇多次冲洗残留物，全部转移入容量瓶，定容。

移取上述溶液 1.0mL，甲醇定容于 100mL 容量瓶。取该溶液 1.0mL、2.0mL、5.0mL，由流动相定容于 5mL 容量瓶。备用。

4. 色谱检测

（1）在教师的指导下开启液相色谱仪，设定操作条件。流速：$1mL \cdot min^{-1}$；检测波长：287nm；进样体积：$20\mu L$。

（2）绘制标准曲线：分别用微量注射器进已配制好的系列标准工作溶液，平行测定三次，绘制标准曲线。

（3）进样品溶液，平行进样三针，记录数据。

六、数据处理

1. 分析标准样品色谱图，确定两种物质的保留时间；

2. 用 Origin 作图软件作出两种物质浓度对峰面积的标准曲线，得出线性方程、线性相关系数；

3. 根据线性方程计算样品药片中两种物质的各自含量。

七、思考题

1. 实验过程中有哪些需要注意的问题？为何制作标准曲线时进样浓度顺序为由低到高？可以反过来吗？

2. 查阅文献，对比其他分析方法，分析这两种药物的准确度与回收率，总结其优缺点。（提示：HPTLC、LC-MS/MS）

八、参考文献

Patel B H，Patel M M，Patel J R. HPLC Analysis for Simultaneous Determination of Rabeprazole and Domperidone in Pharmaceutical Formulation. J Liq Chromatogr R T，2007，30：439-445.

实验 10-16　高效液相色谱法测定食品中苏丹红

一、预习要点

1. 固相萃取样品预处理方法的原理和操作要点；

2. 梯度洗脱的特点。

二、实验目的

1. 了解梯度洗脱的特点和梯度洗脱条件的设定方法；

2. 学习固相萃取样品预处理方法；

3. 学习高效液相色谱测定食品中的苏丹红 I、苏丹红 II、苏丹红 III、苏丹红 IV 的原理和实验方法。

三、实验原理

苏丹红为人工合成的一类偶氮类工业染料，主要应用于溶剂、蜡染、增光等方面，由于其成本低廉，颜色鲜艳，不易褪色，不少不法商贩将苏丹红添加到鸡鸭饲料以及辣椒制品等食品中去，极大地危害了消费者的健康。研究表明，苏丹红的原型和代谢产物均有潜在致癌作用，已被禁止作为食品添加剂使用。目前已报道食品中苏丹红的检测方法有液相色谱法、液质联用法、气质联用法等。

本实验采用高效液相色谱法测定食品中苏丹红的含量。样品经溶剂提取、固相萃取净化后，用反相高效液相色谱-紫外可见光检测器进行检测，梯度洗脱，采用外标法定量。

四、仪器与试剂

1. 仪器

高效液相色谱仪（配有紫外可见分光光度检测器），分析天平（感量 0.1mg），旋转蒸发仪，均质机，离心机，0.45μm 有机滤膜，层析柱管［1cm（内径）×5cm（高）的注射器管］。

2. 试剂

乙腈、丙酮，均为色谱纯；甲酸、乙醚、正己烷、无水硫酸钠，均为分析纯。

层析用氧化铝（中性，100~200 目）：105℃干燥 2h，于干燥器中冷至室温，每 100g 中加入 2mL 水，混匀后密封，放置 12h 后使用。

5％丙酮的正己烷液：吸取 50mL 丙酮，用正己烷定容至 1L；标准物质：苏丹红Ⅰ、苏丹红Ⅱ、苏丹红Ⅲ、苏丹红Ⅳ，纯度≥95％；标准贮备液：分别称取苏丹红Ⅰ、苏丹红Ⅱ、苏丹红Ⅲ及苏丹红Ⅳ各 10.0mg（按实际含量折算），用乙醚溶解后，用正己烷定容至 250mL。

五、实验步骤

1. 氧化铝层析柱的制备

在层析柱底部塞入一薄层脱脂棉，干法装入处理过的氧化铝至 3cm 高，轻敲实后加一薄层脱脂棉，用 10mL 正己烷预淋洗，洗净柱中杂质后，备用。

2. 样品处理

（1）红辣椒粉等粉状样品　称取 1~5g 红辣椒粉（准确至 0.001g）于锥形瓶中，加入 10~30mL 正己烷，超声 5min，过滤，用 10mL 正己烷洗涤残渣数次，至洗出液无色，合并正己烷液，用旋转蒸发仪浓缩至 5mL 以下，慢慢加入氧化铝层析柱中，为保证层析效果，在柱中保持正己烷液面为 2mm 左右时上样，在全程的层析过程中不应使柱干涸，用正己烷少量多次淋洗浓缩瓶，一并注入层析柱。控制氧化铝表层吸附的色素带宽宜小于 0.5cm，待样液完全流出后，视样品中含油类杂质的多少，用 10~30mL 正己烷洗柱，直至流出液无色，弃去全部正己烷淋洗液，用含 5％丙酮的正己烷液 60mL 洗脱，收集、浓缩后，用丙酮转移并定容至 5mL，经 0.45μm 有机滤膜过滤后待测。

（2）辣椒酱、番茄沙司等含水量较大的样品　称取 10~20g（准确至 0.01g）样品于离心管中，加 10~20mL 水将其分散成糊状，含增稠剂的样品多加水，加入 30mL 正己烷：丙酮＝3：1，匀浆 5min，3000r·min⁻¹ 离心 10min，吸出正己烷层，于下层再加入 20mL×2 次正己烷匀浆，离心，合并 3 次正己烷，加入无水硫酸钠 5.0g 脱水，过滤后于旋转蒸发仪上蒸干并保持 5min，用 5mL 正己烷溶解残渣后，按（1）中"慢慢加入氧化铝层析柱中……过滤后待测"操作。

（3）香肠等肉制品　称取粉碎样品 10~20g（准确至 0.01g）于锥形瓶中，加入 60mL 正己烷充分匀浆 5min，滤出清液，再以 20mL×2 次正己烷匀浆，过滤。合并 3 次滤液，加入 5g 无水硫酸钠脱水，过滤后于旋转蒸发仪上蒸至 5mL 以下，按步骤（1）中"慢慢加入氧化铝层析柱中……过滤后待测"操作。

3. 检测

（1）配制标准溶液。用移液管分别吸取苏丹红标准贮备液 0.0mL、0.1mL、0.2mL、0.4mL、0.8mL、1.6mL，用正己烷定容至 25mL，此标准系列浓度为 $0.00\mu g \cdot mL^{-1}$、$0.16\mu g \cdot mL^{-1}$、$0.32\mu g \cdot mL^{-1}$、$0.64\mu g \cdot mL^{-1}$、$1.28\mu g \cdot mL^{-1}$、$2.56\mu g \cdot mL^{-1}$。

（2）在教师的指导下开启液相色谱仪，设定操作条件。色谱柱：Zorbax SB-C$_{18}$（150×4.6mm i.d.，5μm）；流动相：溶剂 A，0.1%甲酸的水溶液：乙腈＝85：15（体积比）；溶剂 B，0.1%甲酸的乙腈溶液：丙酮＝80：20（体积比）；梯度洗脱条件见表 10-1；流速：$1mL \cdot min^{-1}$；柱温：30℃；检测波长：苏丹红Ⅰ 478nm，苏丹红Ⅱ、苏丹红Ⅲ、苏丹红Ⅳ 520nm，于苏丹红Ⅰ出峰后切换；进样量 10μL。

表 10-1 梯度洗脱条件

时间/min	流动相/%		曲 线
	A	B	
0	25	75	线形
10.0	25	75	线形
25.0	0	100	线形
32.0	0	100	线形
35.0	25	75	线形
40.0	25	75	线形

（3）待仪器稳定后，按标准溶液浓度递增的顺序，由稀到浓依次等体积进样 10μL（每个标样重复进样 3 次），准确记录各自的保留时间。

（4）同样取 10μL 待测样品进行色谱分析。

（5）根据标准物的保留时间确定样品中的苏丹红组分峰。

（6）计算系列标准物和样品的峰面积。

（7）以标准物的峰面积对相应浓度做工作曲线。

（8）从工作曲线上求得样品中苏丹红的浓度。

六、数据处理

按如下公式计算苏丹红含量：

$$R = cVM$$

式中 R——样品中苏丹红含量，$mg \cdot kg^{-1}$；

　　　c——由标准曲线得出的样液中苏丹红的浓度，$\mu g \cdot mL^{-1}$；

　　　V——样液定容体积，mL；

　　　M——样品质量，g。

七、注意事项

1. 不同厂家和不同批号氧化铝的活度有差异，须根据具体购置的氧化铝产品略作调整，活度的调整采用标准溶液过柱，将 $1\mu g \cdot mL^{-1}$ 苏丹红的混合标准溶液 1mL 加到柱中，用 5%丙酮正己烷溶液 60mL 完全洗脱为准，4 种苏丹红在层析柱上的流出顺序为苏丹红Ⅱ、苏丹红Ⅳ、苏丹红Ⅰ、苏丹红Ⅲ，可根据每种苏丹红的回收率作出判断。苏丹红Ⅱ、苏丹红Ⅳ的回收率较低，则表明氧化铝活性偏低；苏丹红Ⅲ的回收率偏低，则表明氧化铝活性偏高。

2. 用于梯度洗脱的溶剂需彻底脱气，以防止溶剂混合时产生气泡。

3. 每次梯度洗脱之后必须对色谱柱进行再生处理，使其恢复到初始的状态。需让 10～

30 倍柱容积的初始流动相流经色谱柱，使固定相和初始流动相达到完全平衡。

八、思考题

1. 等度洗脱和梯度洗脱有何区别？
2. 梯度洗脱时应注意哪些问题？

九、参考文献

[1] GB/T 19681—2005 食品中苏丹红染料的检测方法　高效液相色谱法.

[2] 孙姝琦，田毅敏，杜振霞. 超高效液相色谱串联四极杆质谱联用分析番茄酱中苏丹红 Ⅰ—Ⅳ 含量. 分析测试学报，2007，(26)：225.

[3] 严拯宇主编. 分析化学实验与指导. 北京：中国医药科技出版社，2005：189.

[4] 潘志明，李忠，王冰等. 食品中苏丹红检测研究进展. 世界科技研究与发展，2007，29 (6)：14.

[5] 武汉大学化学与分子科学学院实验中心编. 仪器分析实验. 武汉：武汉大学出版社，2005：86-87.

实验 10-17　高效液相色谱-荧光检测法测定蜂蜜中苯酚残留量

一、预习要点

高效液相色谱仪和荧光检测器的基本原理及操作。

二、实验目的

1. 学习蜂蜜中苯酚残留量的高效液相色谱测定方法；
2. 掌握高效液相色谱仪和荧光检测器的基本操作。

三、实验原理

作为消毒、杀菌剂之一的苯酚，在农业上被用作农田的驱虫剂。在养蜂业中，苯酚也有它的特殊用途。为了驱使蜜蜂集中于花丛快速采蜜，在一些大型的养蜂场中，从 20 世纪 30 年代起苯酚作为驱虫剂而被广泛使用，但苯酚作为原生质毒物，可使蛋白质凝固，且主要作用于神经系统。浓度较低时则引起累积性中毒，发生头晕、贫血等症状。因此，蜂蜜中苯酚残留量的危害应引起人们的高度重视。目前许多国家已限制在蜂蜜采集过程中使用苯酚，对检测的要求也不断提高。本文采用高效液相色谱-荧光检测法测定蜂蜜中的苯酚。

试样用水溶解，经过滤的试样水溶液通过反相液相色谱柱洗脱，苯酚用配有荧光检测器的高效液相色谱仪测定，外标法定量。

四、仪器与试剂

1. 仪器

高效液相色谱仪，配有荧光检测器，微量注射器（100μL），针头过滤器（0.22μm）。

2. 试剂

除另有说明外，所用试剂均为优级纯，水为 GB/T 6682 规定的一级水。

乙腈（色谱纯），苯酚标准物质（纯度＞99%），苯酚标准贮备溶液（准确称取适量的苯酚标准物质，用水配制成浓度为 1mg·mL^{-1} 的标准贮备溶液），苯酚标准工作溶液（根据需要用水将苯酚标准贮备溶液稀释成适当浓度的标准工作溶液）。

五、实验步骤

1. 试样制备

对无结晶的样品，将其搅拌均匀。对有结晶的样品，在密闭情况下，置于不超过 60℃ 的水浴中温热，振荡，待样品全部融化后搅匀，迅速冷却至室温。分出 0.5kg 作为试样。制备好的试样置于样品瓶中，密封，并做好标记，于常温下保存。

2. 分析步骤

(1) 试样溶液的制备　称取 5g 试样，精确到 0.01g，加水使试样完全溶解，然后用水定容至 10mL 或 25mL，摇匀后，用针头过滤器将试样溶液过滤，供液相色谱仪测定。

(2) 测定

① 液相色谱条件

色谱柱：Hypersil C_{18} （150mm×4.6mm i. d. 5μm）；

流动相：乙腈＋水（30＋70 体积比）；

流速：1.0mL·min^{-1}；

检测波长：激发波长 270nm，发射波长 295nm；

进样量：100μL。

② 液相色谱测定　在所设定的色谱条件下，首先进苯酚标准工作溶液以制备标准曲线，然后在完全相同的色谱条件下对待测样品进样测定。

六、数据处理

蜂蜜中苯酚残留量按下式计算：

$$X = \frac{Ac_sV}{A_sm} \times \frac{1000}{1000}$$

式中　X——试样中苯酚的残留含量，mg·kg^{-1}；

A——试样溶液中苯酚的峰面积；

A_s——标准工作溶液中苯酚的峰面积；

c_s——标准工作溶液中苯酚的浓度，μg·mL^{-1}；

V——试样溶液最终定容体积，mL；

m——最终试样溶液所代表的试样质量，g。

七、思考题

苯酚为何能采用 HPLC-荧光法检测？

八、参考文献

[1] GB/T 18932.13—2003 蜂蜜中苯酚残留量的测定方法　高效液相色谱-荧光检测法.

[2] 方晓明，郭德华，王宝根等. 高效液相色谱-安培检测法测定蜂蜜中苯酚残留量. 理化检验：化学分册，2003，39（4）：229-235.

实验 10-18　离子色谱法测定水中无机阴离子

一、预习要点

1. 离子色谱法的基本原理；

2. 离子色谱仪的基本结构及操作要点。

二、实验目的

1. 学习理解离子色谱法的测定原理；

2. 正确掌握仪器操作方法；

3. 学习实际水样中无机阴离子的测定方法。

三、实验原理

离子色谱法是在经典的离子交换色谱法基础上发展起来的，这种色谱法以阴离子或阳离子交换树脂为固定相，电解质溶液为流动相（洗脱液）。在分离阴离子时，常用 $NaHCO_3$-Na_2CO_3 混合液或 Na_2CO_3 溶液作洗脱液；在分离阳离子时，则常用稀盐酸或稀硝酸溶液。

由于待测离子对离子交换树脂亲和力的不同，致使它们在分离柱内具有不同的保留时间而得到分离。此法常使用电导检测器进行检测，为消除洗脱液中强电解质电导对检测的干扰，于分离柱和检测器之间串联一根抑制柱而成为双柱型离子色谱法。图 10-2 为双柱型离子色谱仪流程示意图。它由高压恒流泵、高压六通进样阀、分离柱、抑制柱、再生泵及电导检测器和记录仪等组成。充样时试液被截留在定量管内，当高压六通进样阀转向进样时，洗脱液由高压恒流泵输入定量管，试液被带入分离柱。在分离柱中发生如下交换过程：

$$R—HCO_3 \ + \ MX \ \underset{洗脱}{\overset{交换}{\rightleftharpoons}} \ RX \ + \ MHCO_3$$

阴离子交换树脂　　试液中组分

式中，R 代表离子交换树脂。由于洗脱液不断地流过分离柱，使交换到离子交换树脂上的各种阴离子 X^- 又被洗脱，而发生洗脱过程。各种阴离子在不断进行交换及洗脱过程中，由于亲和力的不同，交换和洗脱过程有所不同，亲和力小的离子先流出分离柱，而亲和力大的离子后流出分离柱，因而各种不同离子得到分离。

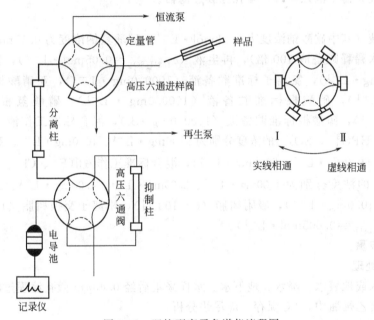

图 10-2　双柱型离子色谱仪流程图

在使用电导检测器时，当待测阴离子从柱中被洗脱而进入电导池时，要求电导检测器能随时检测出洗脱液中电导的改变，但因洗脱液中 HCO_3^-、CO_3^{2-} 的浓度要比试样阴离子浓度大得多，因此，与洗脱液本身的电导值相比，试液离子的电导贡献显得微不足道。因而电导检测器难于检测出由于试液离子浓度变化所导致的电导变化。若使分离柱流出的洗脱液通过填充有高容量 H^+ 型阳离子交换树脂柱（即抑制柱），则在抑制柱上将发生如下的交换反应：

$$R—H^+ + Na^+ HCO_3^- \longrightarrow R—Na^+ + H_2CO_3$$
$$R—H^+ + Na_2^+ CO_3^{2-} \longrightarrow R—Na^+ + H_2CO_3$$
$$R—H^+ + M^+ X^- \longrightarrow R—M^+ + HX$$

可见，从抑制柱流出的洗脱液中，Na_2CO_3、$NaHCO_3$ 已被转变成电导值很小的 H_2CO_3，消除了本底电导的影响，而且试样阴离子 X^- 也转变成相应酸。由于 H^+ 的离子淌度是金属离子 M^+ 的 7 倍，因而使得试液中离子电导测定得以实现。

除上述填充阳离子交换树脂抑制柱外，还有纤维状带电膜抑制柱、中空纤维管抑制柱、电渗析离子交换膜抑制器、薄膜型抑制器等多种。它们的抑制机理虽有不同，但共同点都是消除洗脱液本底电导的干扰。

由于离子色谱法具有高效、快速、高灵敏和选择性好等特点，因此广泛应用于环境监测、化工、生化、食品、能源等各领域中的无机阴、阳离子和有机化合物的分析，此外，离子色谱法还能应用于分析离子价态、化合形态和金属络合物等。

本实验采用阴离子交换分离柱分离无机阴离子（F^-、Cl^-、NO_3^-、NO_2^-、HPO_4^{3-}、SO_4^{2-}），以碳酸钠-碳酸氢钠溶液为淋洗液，硫酸溶液为再生液，用电导检测器进行检测，将样品的色谱峰与标准溶液中各离子的色谱峰相比较，根据保留时间定性，峰面积定量。

四、仪器与试剂

1. 仪器

离子色谱仪（配电导检测器），色谱柱（阴离子分离柱和阴离子保护柱），微膜抑制器或抑制柱，淋洗液和再生液贮存罐，微孔滤膜过滤器。

2. 试剂

淋洗贮备液（其中碳酸钠浓度为 $0.18 mol \cdot L^{-1}$，碳酸氢钠浓度为 $0.17 mol \cdot L^{-1}$），淋洗工作液（加水稀释贮备液 100 倍），再生液（$c_{1/2 H_2SO_4} = 0.05 mol \cdot L^{-1}$），氟离子标准贮备液（$1000.0 mg \cdot L^{-1}$），氯离子标准贮备液（$1000.0 mg \cdot L^{-1}$），亚硝酸根标准贮备液（$1000.0 mg \cdot L^{-1}$），硝酸根标准贮备液（$1000.0 mg \cdot L^{-1}$），磷酸氢根标准贮备液（$1000.0 mg \cdot L^{-1}$），硫酸根标准贮备液（$1000.0 mg \cdot L$），混合标准工作液 I（$F^-$、$Cl^-$、$NO_2^-$、$NO_3^-$、$HPO_4^{3-}$、$SO_4^{2-}$ 的浓度分别为 $5.00 mg \cdot L^{-1}$、$10.0 mg \cdot L^{-1}$、$20.0 mg \cdot L^{-1}$、$40.0 mg \cdot L^{-1}$、$50.0 mg \cdot L^{-1}$、$50.0 mg \cdot L^{-1}$），混合标准工作液 II（F^-、Cl^-、NO_2^-、NO_3^-、HPO_4^{3-}、SO_4^{2-} 的浓度分别为 $1.00 mg \cdot L^{-1}$、$2.00 mg \cdot L^{-1}$、$4.00 mg \cdot L^{-1}$、$8.00 mg \cdot L^{-1}$、$10.0 mg \cdot L^{-1}$、$10.0 mg \cdot L^{-1}$），吸附树脂（$0 \sim 100$ 目），阳离子交换树脂（$100 \sim 200$ 目），弱淋洗液（$c_{Na_2B_4O_7} = 0.005 mol \cdot L^{-1}$）。

五、实验步骤

1. 水样的处理

采集饮用水或地表水、降水、地下水。水样采集后经 $0.45 \mu m$ 微孔滤膜过滤，保存于清洁的玻璃瓶或聚乙烯瓶中，4℃保存，应尽快分析。

2. 色谱条件

淋洗液浓度：碳酸钠 $0.0018 mol \cdot L^{-1}$，碳酸氢钠 $0.0017 mol \cdot L^{-1}$；

再生液流速：根据淋洗液流速来确定，使背景电导达到最小值；

电导检测器：根据样品浓度选择量程；

进样量：$25 \mu L$；

淋洗液流速：$1.0 \sim 2.0 mL \cdot min^{-1}$。

3. 绘制标准曲线

根据样品浓度选择混合标准使用液 I 或 II，配制 5 个浓度水平的混合标准溶液，测定峰面积。以峰面积为纵坐标，离子浓度（$mg \cdot L^{-1}$）为横坐标，制作校准曲线。

4. 样品测定

在相同色谱条件下，测定待测水样。

5. 空白实验

以实验用水代替水样，经 $0.45 \mu m$ 微孔滤膜过滤后进行色谱分析。

六、数据处理

以峰面积为纵坐标，离子浓度（mg·L^{-1}）为横坐标，制作校准曲线。将测得的样品峰面积代入线性回归方程并经换算求出水中各离子的含量。

七、注意事项

1. 高灵敏度的离子色谱法一般用稀释的样品，对未知的样品要稀释 100 倍后进样，再根据所得结果选择适当稀释倍数。

2. 对有机物含量较高的样品，应先用有机溶剂萃取除去大量有机物，以免干扰测定，再取水相进行分析。

八、思考题

1. 列举离子色谱仪的主要组成及各部分的作用。

2. 说明离子色谱法的检测原理及适用范围。

九、参考文献

［1］ HJ/T 84—2001 水质无机阴离子的测定 离子色谱法.

［2］ 高庆宇主编. 仪器分析实验. 徐州：中国矿业大学出版社，2002：54-56.

实验 10-19　毛细管区带电泳（CZE）测定饮料中咖啡因含量

一、预习要点

1. 毛细管电泳基本原理；

2. 毛细管电泳仪的基本构造、操作要点。

二、实验目的

1. 了解 CZE 分离的基本原理；

2. 了解毛细管电泳仪的基本构造，掌握其基本操作技术；

3. 掌握采用毛细管电泳法进行定性和定量分析的基本方法。

三、实验原理

毛细管电泳（capillary electrophoresis，CE）是一类以毛细管为分离通道，以高压直流电场为主要驱动力的分离技术。与传统电泳和高效液相色谱（HPLC）相比，它具有高效、快速、高灵敏度、高度自动化等特点，并且所需样品量和溶剂消耗少，运行成本低，对环境污染小，在一台 CE 仪器上可兼容多种分离模式，因此适用样品范围广，已被广泛应用于生物、化学、医药、食品、环保等领域。

毛细管区带电泳是最常用的一种毛细管电泳分离模式，它是根据被分离物质在毛细管中的迁移速度不同进行分离的。毛细管电泳分离分析装置如图 10-3 所示。

被分离物质在毛细管中的迁移速度取决于电渗淌度和该物质自身的电泳淌度。一定介质中的带电离子在直流电场作用下的定向运动称为电泳。单位电场下的电泳速度称为电泳淌度或电泳迁移率。电泳速度的大小与电场强度、介质特性、粒子的有效电荷及其大小和形状有关。电渗是伴随电泳而产生的一种电动现象。电渗起因于固液界面形成的双电层。在直流电场作用下，双电层中的水合阳离子向负极迁移，并通过碰撞等作用给溶剂施加单向推力，使之同向运动，形成电渗。电渗速度与毛细管中电解质溶液的介电常数和黏度、双电层的 ζ 电势以及外加直流电场强度有关。若同时含有阳离子、阴离子和中性分子组分的样品溶液从正极端引入毛细管后，在外加直流电场作用下，样品组分在毛细管电泳分离中的出峰顺序是：

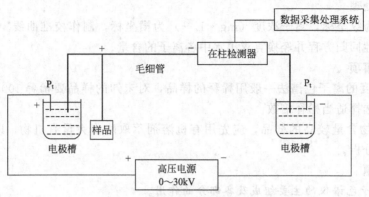

图 10-3　毛细管电泳仪结构示意图

阳离子、中性分子、阴离子。

四、仪器与试剂

1. 仪器

毛细管电泳仪（配有 UV 检测器），涂层的熔融石英毛细管，数据处理软件。

2. 试剂

咖啡因、尼古丁标准品，氢氧化钠，硼酸钠，磷酸，咖啡，茶，饮料，所有溶液用水为去离子水。

五、实验步骤

1. 溶液的配制

贮备液：称取咖啡因、尼古丁标准品，分别配制 20mmol·L^{-1} 咖啡因、16mmol·L^{-1} 尼古丁溶液。

缓冲溶液：配制 50mmol·L^{-1} 的硼酸钠缓冲溶液，并用磷酸将缓冲溶液调 pH 至 8.5。过 0.2μm 滤膜，然后将缓冲溶液分别移入阴阳极贮液槽。

标准溶液配制：将咖啡因标准贮备液 900μL 与 100μL 内标尼古丁溶液混合，并用去离子水稀释，得到其中咖啡因的浓度范围为 17mg·L^{-1}、50mg·L^{-1}、100mg·L^{-1}、150mg·L^{-1}、200mg·L^{-1}、250mg·L^{-1}、300mg·L^{-1} 的系列溶液，移入 2mL 小瓶，准备进样。

2. 仪器准备

用 0.1mol·L^{-1} NaOH 冲洗毛细管 5min，缓冲溶液冲洗 10min。

3. 标准曲线绘制

将标准系列溶液在电压 25kV、自动压力进样（5s）条件下测量，记录数据。

4. 样品检测

茶、咖啡或其他饮料样品分别先以 1∶4 比例用去离子水稀释，每种样品进样三次，记录数据。

六、数据处理

1. 由标准曲线得回归方程、线性相关系数；

2. 从样品电泳图可以获得咖啡因峰面积，据标准曲线推出咖啡因的浓度。

七、注意事项

两种样品进样之间需用缓冲溶液冲洗 5min。

八、思考题

1. 毛细管电泳分离实验中，调控分离的主要实验条件有哪些？

2. 选择内标物的一般原则是什么？为什么在本实验中选择尼古丁为内标物？

九、参考文献

Conte E D，Barry E F，Rubinstein H. Determination of Caffine in Beverages by Capillary Zone Electrophoresis. J Chem Educ 1996，73：12.

实验 10-20 饮用水中阴离子的毛细管电泳定量分析

一、预习要点
1. 毛细管电泳直接紫外检测与间接紫外检测；
2. 毛细管电泳软件积分计算峰面积的基本步骤。

二、实验目的
1. 掌握毛细管电泳紫外间接检测的原理与背景电解质的组成；
2. 掌握软件计算峰面积的基本步骤，特别是倒峰峰面积的计算。

三、实验原理
近年来，环境污染问题日益严峻，如何缓解全球性的环境危机，如何实现人与自然的和谐相处，这一话题受到世界各国的普遍关注，它关系到人类的切身利益。这需要我们在注重经济发展的同时，注重保护环境，利用现代先进的分析技术，加大环境的监测和保护力度，为人类的健康谋福利。

对于空气、水中污染物的分析是人们普遍关注的研究课题，因为它们是污染物传播的载体，直接受到人类活动的影响。像化肥、农药的滥施等一些不合理的生产活动使得水体含有大量的有毒物质，这就对分析技术提出了更高的要求。离子色谱已用来测定饮用水中一些有害的阴离子，近年来毛细管电泳也以它的诸多优势得到广泛应用。

毛细管电泳（capillary electrophoresis，CE）是一类以毛细管为分离通道，以高压直流电场为主要驱动力的液相分离技术。相比传统电泳和高效液相色谱（HPLC），它具有高效、快速、高灵敏度、高度自动化等特点，并且所需样品量和溶剂消耗少，运行成本低，对环境污染小，在一台 CE 仪器上可兼容多种分离模式，因此适用样品范围广，已被广泛应用于生物、化学、医药、食品、环保等领域。CE 的工作原理与色谱不同，首先，带电粒子在高压直流电场作用下向所带电荷相反方向发生定向运动——电泳。由于毛细管表面可能会牢固结合某种在电场作用下不能迁移的定域电荷，定域电荷吸引溶液中的相反电荷离子，导致溶剂整体朝一个方向运动，称为电渗。如果在毛细管中引入另一个相（如胶束、色谱固定相等），则样品组分就会在两相之间进行分配。CE 就利用以上三种原理，通过调整缓冲液或流动相，加入添加剂、涂层或填充毛细管等，对带电粒子和中性粒子进行分离。

本实验就是利用毛细管电泳这一高效分离技术，对饮用水、矿泉水、河水中氯离子、硫酸根离子、氟离子、硝酸根离子含量进行测定。

首先配制所需溶液，然后在选定的实验条件下对几种离子进样，铬酸盐为背景电解质，间接紫外检测，谱图确认，再作不同离子的标准曲线，最后对未知样品进行测定。整个过程需大概 4h 左右。最后是实验数据处理，计算出水样中各离子的浓度。

四、仪器与试剂
1. 仪器
毛细管电泳仪（配有紫外检测器），未涂层的熔融石英毛细管（总长 47cm，内径 75μm）。

2. 试剂

无机盐 KNO_3、KCl、KF、K_2SO_4、H_3BO_3、$Na_2CrO_4 \cdot 4H_2O$、OFM—OH^- 均为分析纯，所有溶液用水为蒸馏水。

五、实验步骤

1. 溶液的制备

缓冲溶液的配制：$4.6 \text{mmol} \cdot L^{-1}$ 的铬酸盐，$2.5 \text{mmol} \cdot L^{-1}$ OFM—OH^-，用硼酸调 pH 至 8.0；贮备液：称取药品，分别配制 $2 \text{mg} \cdot L^{-1}$ 和 $10 \text{mg} \cdot L^{-1}$ 四种离子的贮备液；缓冲液过 $0.45 \mu \text{m}$ 滤膜；所有溶液进样之前脱气。

2. 离子的确认

在电压 10kV、温度 23℃，自动压力进样 [5psi(34.47kPa)，5s]，不同样品分析间需用铬酸盐缓冲液冲洗 1min。首先将一种含有上述三种阴离子的溶液样品引入到毛细管电泳柱内，选择合适电压和紫外检测波长，并记录电泳谱图。然后在这一溶液中适量加入三种离子中的一种阴离子，再进行同样的操作。最后比较上述两个图，峰高值增强的谱峰即为添加离子。其他离子的指认需做类似的实验。

3. 标准曲线的绘制

将各贮备液稀释，得到 $2 \mu \text{g} \cdot \text{mL}^{-1}$、$5 \mu \text{g} \cdot \text{mL}^{-1}$、$10 \mu \text{g} \cdot \text{mL}^{-1}$、$15 \mu \text{g} \cdot \text{mL}^{-1}$、$25 \mu \text{g} \cdot \text{mL}^{-1}$、$50 \mu \text{g} \cdot \text{mL}^{-1}$、$75 \mu \text{g} \cdot \text{mL}^{-1}$、$100 \mu \text{g} \cdot \text{mL}^{-1}$ 各离子的标准系列，在同样的电泳条件下测量，记录数据，作标准曲线。标准系列组成见表 10-2。

表 10-2　标准系列溶液浓度

溶液离子	稀释	浓度/$\mu \text{g} \cdot \text{mL}^{-1}$
贮备液 $2 \text{mg} \cdot L^{-1}$ Cl^-、F^-、NO_3^-、SO_4^{2-}	取 $20 \mu L$ 到 20mL	2
	取 $50 \mu L$ 到 20mL	5
	取 $100 \mu L$ 到 20mL	10
	取 $75 \mu L$ 到 10mL	15
贮备液 $10 \text{mg} \cdot L^{-1}$ Cl^-、F^-、NO_3^-、SO_4^{2-}	取 $25 \mu L$ 到 10mL	25
	取 $50 \mu L$ 到 10mL	50
	取 $75 \mu L$ 到 10mL	75
	取 $100 \mu L$ 到 10mL	100

4. 未知样品分析

水样（饮用水、矿泉水或河水）在同样电泳条件下测定，记录数据。

六、数据处理

1. 制作标准曲线，得线性回归方程、线性相关系数；
2. 从电泳图可以获得峰面积，据标准曲线求出各离子的浓度。

七、思考题

1. 在毛细管电泳紫外检测中可分为直接检测法和间接检测法，请简单归纳它们之间的区别和使用范围。
2. 本实验中铬酸盐的作用是什么？
3. 如果将这种分析方法拓展到体液中上述离子的分析，考虑应该增加什么前处理步骤（通过文献调研完成）？

八、参考文献

Demay S, Girardeau A M, Gonnord M F. J Chem Educ, 1999, 76.

实验 10-21 毛细管电泳法测定制剂中的褪黑激素

一、预习要点
缓冲溶液的酸度、浓度等实验因素在有机弱酸碱分离中的作用。

二、实验目的
1. 掌握毛细管电泳分离最佳条件确定的一般步骤；
2. 掌握缓冲溶液的酸度、浓度对于调节有机弱酸碱分离的作用；
3. 掌握一种新的测定褪黑激素含量的毛细管电泳分析方法。

三、实验原理
褪黑激素（melatonin）是由人体的内分泌腺——松果腺所分泌的一种激素，它的分泌是黑暗激发，光照抑制。它直接影响心理节奏，被用于治疗旅行时差所引起的失眠、没有食欲等症，另外还具有提高生命力、增强免疫力等作用。作为一种抗氧化剂和癌症治疗的调节剂，其药代动力学属性被大量研究。

关于褪黑激素的检测，毛细管电泳和高效液相色谱法均有报道。本实验是以毛细管电泳为分析方法，测定药片中褪黑激素的含量。首先选择最佳的实验条件，包括缓冲液的浓度、pH、操作电压。

在最佳条件下，以系列不同浓度的褪黑激素标准溶液进样测定，标准曲线法定量。

四、仪器与试剂
1. 仪器
毛细管电泳仪，熔融石英毛细管（长 60cm，直径 50μm），pH 计。

2. 试剂
褪黑激素标准品，褪黑激素药片，甲醇（色谱级），磷酸（分析纯），蒸馏水。

五、实验步骤
1. 贮备液的制备
准确称取 5mg 褪黑激素，溶解在 50mL 甲醇中，配成 100μg·mL^{-1} 的贮备液。用时以甲醇稀释到所需浓度。

2. 药片中褪黑激素的提取
取五片药片压成粉末，加入 50mL 甲醇，40℃超声提取 15min，转移出上层清液，残留物再以同样的方法提取两次，合并三次的提取液，0.22μm 滤膜过滤，稀释到不同浓度，进行电泳分析。

3. 最佳缓冲液 pH 的选择
用磷酸调节缓冲液的 pH，变化在 1~9 之间。观察电泳迁移时间随 pH 的变化规律，选择最佳的 pH。

4. 背景电解质浓度的选择
分别选择磷酸盐的浓度 50mmol·L^{-1}、100mmol·L^{-1}、150mmol·L^{-1}，调节到最佳的 pH，测定标准溶液，观察电泳迁移和迁移时间随其浓度的变化规律，选择最佳的浓度值。

5. 最佳测定条件的确定
供参考的实验条件为：50mmol·L^{-1}，pH 3.0 的磷酸盐缓冲液，操作电压 20kV，紫外检测 214nm，阴极端压力进样 20s。

6. 标准曲线的绘制

配制 $10 \sim 100 \mu g \cdot mL^{-1}$ 的褪黑激素溶液，按照给定的最佳实验条件进样分析，记录实验条件及结果。

7. 样品检测

样品提取液在同样的条件下进样分析，记录实验条件及结果。

8. 回收率实验

取五片药片压成粉末，加入 50mL 甲醇，再加入适量的褪黑激素标准溶液，以下按照样品的提取方法顺序进行，在最佳条件测量，平行做三次，记录数据。

9. 方法重现性实验

按照处理方法，在最佳条件下做五份样品，测定褪黑激素的含量，计算 RSD。

六、数据处理

1. 用 Origin 软件分别绘制缓冲液的浓度、pH 对电泳迁移时间的关系图；
2. 用 Origin 软件作出褪黑激素浓度对峰面积的坐标图，得出线性方程、线性相关系数；
3. 根据线性方程计算药片中的褪黑激素含量；
4. 计算方法的重现性及加标回收率。

七、思考题

1. 缓冲溶液 pH 在毛细管电泳分离有机酸碱中的主要作用是什么？
2. 缓冲溶液浓度对于分离检测的影响的一般规律是什么？

八、参考文献

Ali I，Aboul-Enein H Y，Gupa V K. Analysis of Melatonin in Dosge Formulation by Capillary Electrophoresis. J Liq Chromatogr R T，2007，30：545-556.

第 11 章　色谱和质谱联用技术

实验 11-1　气相色谱-质谱联用测定塑料制品中邻苯二甲酸二异丁酯

一、预习要点
1. 气质联用仪的主要组成及其结构原理；
2. 邻苯二甲酸二异丁酯的性质。

二、实验目的
1. 了解气质联用仪器的基本原理；
2. 掌握气质联用仪的基本操作；
3. 学习塑料制品的样品前处理方法。

三、实验原理

邻苯二甲酸酯类化合物主要用在塑料制品、涂料、印染、化妆品和香料的生产过程中，近年来，此类化合物的产量不断增加并进入环境，成为全球性最普遍的一类污染物。邻苯二甲酸酯类化合物可通过呼吸、饮食和皮肤接触进入人体，对人体健康造成危害。早在 20 世纪 80 年代，美国国家癌症研究所就通过动物实验证实了邻苯二甲酸酯的致癌性。同时有临床医学证明，邻苯二甲酸盐会导致人类和动物的雌性激素效应，可以引起内分泌失调，使之出现生殖系统病变。邻苯二甲酸酯类化合物被欧盟列为 CMR 物质（致癌、致突变、致生殖毒性物质）。2010 年，欧洲化学品管理署（ECHA）正式将邻苯二甲酸二异丁酯（DIBP）等 14 种化学物质列入化学品注册、评估、许可和限制（REACH）法规中高关注物质（SVHC）清单。

气相色谱是以气体为流动相，以表面积大且具有一定活性的吸附剂或表面涂渍固定液的载体作为固定相。当多组分的混合样品进入色谱柱后，由于每个组分的吸附力或分配系数不同，各组分在色谱柱中的运行速度也就不同。经过一定的时间后，吸附力弱或分配系数小的组分最先离开色谱柱进入检测器，而吸附力最强或分配系数最大的组分最后离开色谱柱。各组分得以在色谱柱中彼此分离，顺序进入检测器中被检测、记录下来。

质谱分析是一种测量离子质荷比（质量-电荷比）的分析方法，基本原理是使试样中各组分在离子源中发生电离，生成不同质荷比的带电荷的离子，经加速电场的作用，形成离子束，进入质量分析器。在质量分析器中，再利用电场和磁场使发生相反的速度色散，将它们分别聚焦而得到质谱图，从而确定其质量。

气相色谱法-质谱法联用（GC-MS）是把气相色谱作为质谱的进样系统，使复杂的组分得到分离；利用质谱作为检测器进行定性和定量分析。GC-MS 结合了气相色谱极强的分离能力和质谱独特的鉴定能力及高灵敏度检测能力，成为分离和检测复杂混和物的最有力工具之一。主要应用于工业检测、食品安全、环境保护等众多领域。如检测农药残留、食品添加剂等；纺织品检测如禁用偶氮染料、含氯苯酚检测等。化妆品检测如二噁烷、香精香料检测等；电子电器产品检测如多溴联苯、多溴联苯醚检测等；物证检验中可能涉及各种各样的复杂化合物等。

本实验采用索氏提取法以二氯甲烷为提取溶剂提取塑料玩具中的邻苯二甲酸二异丁酯（DIBP），固相萃取法（SPE）净化样品，用 GC-MS 法测定塑料玩具中邻苯二甲酸二异丁酯（DIBP）的含量，外标法定量，采用选择离子监测（SIM）模式进行确证。

四、仪器与试剂

1. 仪器

气相色谱-质谱联用仪（GC-MS）（7890A-5975C，美国安捷伦科技有限公司），索氏提取器，旋转蒸发仪（RE-52AA，上海亚荣生化仪器厂），有机系微孔滤膜（孔径 0.45μm）。

2. 试剂和材料

二氯甲烷（色谱纯），邻苯二甲酸二异丁酯标准品（纯度≥99%）；

标准贮备溶液（1000mg·L^{-1}）：准确称量邻苯二甲酸二异丁酯标准品 0.05g 于 50mL 棕色容量瓶中，用正己烷定容到 50mL；

标准工作溶液：将标准贮备溶液根据需要用正己烷逐级稀释到所需浓度；

固相萃取柱（硅胶填料 500mg，柱管体积 6mL，安捷伦科技有限公司）。

五、实验步骤

1. 样品准备

取代表性样品约 10g，将其剪碎至 2mm×2mm 以下尺寸，混匀。精确称取 1.0g 试样置于索氏提取器的蒸气室中，在 150mL 圆底烧瓶中加入 120mL 二氯甲烷，60～80℃回流提取 6h，冷却后用旋转蒸发仪于 50℃旋转蒸发至约剩下 10mL 左右，将浓缩液加入固相萃取柱中进行净化处理（先用 3mL 二氯甲烷预洗柱进行活化），再用 3mL 二氯甲烷淋洗固相萃取柱，重复 3 次，收集洗脱液，用二氯甲烷定容至 25mL，经有机系微孔滤膜过滤后供 GC-MS 测定。

2. 气相色谱-质谱条件

色谱柱：DB-5MS 石英毛细管柱 30m × 0.25mm×0.25μm；

程序升温：80℃（恒温 1min）以 30℃·min^{-1} 速度升温至 180℃（恒温 1min），再以 15℃·min^{-1} 速度升温至 280℃（恒温 8min）；

载气：高纯氦气，流速：1.2mL·min^{-1}；

进样口温度：270℃；

进样方式：分流进样，分流比 20∶1；

色谱-质谱接口温度：280℃；

离子源：230℃；

电离能量：70eV；

溶剂延迟：2min；

测定方式：采用全扫描方式（SCAN）定性（定性离子：167，205，223），选择离子监测（SIM）模式定量（定量离子：149）；

进样量：1.0μL。

3. 邻苯二甲酸二异丁酯的定性测定

按照提供的色谱条件进行 GC-MS 测定，得到邻苯二甲酸二异丁酯的色谱图。样品色谱峰的保留时间与标准品对照,同时也对照质谱图中所选择离子的出现和丰度比等,判断样品中是否检出邻苯二甲酸二异丁酯。

4. 邻苯二甲酸二异丁酯的含量测定

采用外标法定量。对浓度分别为 10mg·kg^{-1}、20mg·kg^{-1}、50mg·kg^{-1}、100mg·kg^{-1} 和 200mg·kg^{-1} 的邻苯二甲酸二异丁酯标准溶液进行测定,每个浓度平行测定 3 次,取平均值,以峰面积为纵坐标,标准品浓度为横坐标绘制标准曲线,得到线性回归方程、相关系数 R 和线性范围。

在相同条件下测定样品溶液,利用标准曲线计算样品中的邻苯二甲酸二异丁酯含量。

六、数据处理

1. 根据色谱图和质谱图分析和确定样品中是否含有邻苯二甲酸二异丁酯;
2. 利用 Origin 软件绘制标准曲线,得到线性回归方程、相关系数和线性范围数据;
3. 计算样品中邻苯二甲酸二异丁酯的含量。

七、注意事项

1. 使用前,要检查气源是否充足,仪器的真空度是否符合要求。
2. 样品溶液必须经 0.22μm 滤膜过滤。
3. 必须严格按照操作规程使用仪器。

八、思考题

1. 质谱仪为何需要抽真空?
2. 为何采用选择离子监测模式进行测定?

九、参考文献

[1] 许国旺. 现代实用气相色谱法. 北京:化学工业出版社,2004,290-314.

[2] 黄理纳,陈阳,蚁乐洲等. 气相色谱-质谱法分析玩具 PVC 塑料中的邻苯二甲酸酯增塑剂. 检验检疫科学,2005,(15):22-25.

[3] 李天宝,王春利,刘炜等. 塑料玩具中邻苯二甲酸二异丁酯的测定. 中国测试,2011,37 (6):49-51.

实验 11-2　气相色谱-质谱法测定纺织品中多氯联苯

一、预习要点

1. 气相色谱-质谱法的原理;
2. 气相色谱-质谱仪的组成以及操作要点。

二、实验目的

1. 熟悉气相色谱-质谱法的测定原理;
2. 掌握气相色谱-质谱仪的基本操作;
3. 学习气相色谱-质谱法测定纺织品中多氯联苯残留量的方法。

三、实验原理

多氯联苯(polychlorobiphenyls,PCBs)是一种持久性环境污染物,有"三致"作用,在《斯德哥尔摩公约》中被提出严禁使用。PCBs 是联苯分子中的氢在不同程度地被氯取代后的化合物的总称。常温下呈油状液体或蜡样固体,挥发性低,难溶于水,易溶于油及多种有机溶剂。由于 PCBs 有很好的化学稳定性、脂溶性、不燃性、高绝缘性、导热性而被广泛地用作变压器、电容器的绝缘液;化工上用作热载体,塑料及橡胶中用作软化剂;在油漆、油墨中用作添加剂。然而,PCB 也正因为它的高稳定性、高脂溶性,给环境和生态带来严重问题，在环境中残留期长并可通过食物链富集，经消化道、皮肤及呼吸系统进入人体内储积在脂肪和肝脏中。多氯联苯进入动物机体内对机体产生危害，除导致机体发生组织器官的病理现象之外，还可能产生一些类似雌激素的生理作用，干扰和破坏正常的激素作用，使动物的生长发育和生殖机能受到影响。

人们常在纺织品中检测出残留的多氯联苯衍生物，并习惯上将其归入杀虫剂。其实多氯联苯并非作为杀虫剂，而是作为抗静电剂及阻燃剂，而被用于纺织品的染料中间体。多氯联苯对人体有毒，会引起皮肤着色，肠胃不适，并有致癌作用。根据欧盟委员会于 2002 年 5 月颁布的生态标准（2002·371·EC）规定，纺织品中不得使用多氯联苯。因此采用快速、灵敏、准确的分析方法有效地对纺织品中多氯联苯残留量进行检测是至关重要的。

气相色谱-质谱（gas chromatography-mass spectrometry，GC-MS）联用技术是将气相色谱的分离能力与质谱的定性和结构鉴定能力相结合的现代分析方法。1957 年 Holmes 和 Morrell 首次实现气相色谱和质谱的联用，目前 GC-MS 已被广泛应用于石油化工、环境、食品、医药分析和司法鉴定等领域。

气质联用仪主要由气相色谱、接口、质谱和数据处理系统组成。其中气相色谱部分由气路系统、进样系统和柱系统组成；质谱部分包括离子源、质量分析器、检测器和真空系统。接口部分为毛细管连接，气相色谱和接口部件相当于质谱仪的进样系统，而质谱仪在这里作为气相色谱的检测器。样品中不同物质组分由于沸点、极性以及吸附性质的差异，在气相色谱中得到分离，分离后的组分被连续地送入质谱仪中进行检测。在质谱仪的高真空条件下，被测物质在离子源内发生电离，形成运动的气态带电离子，在质量分析器中实现按质荷比（m/z）的分离，然后到达检测器进行检测。

本实验用正己烷在超声波浴中萃取试样中可能残留的多氯联苯，用气相色谱-质谱法进行测定，采用选择离子监测模式进行确证，外标法定量。

四、仪器与试剂

1. 仪器

气相色谱-质谱联用仪，超声波发生器（工作频率 10kHz），提取器（由硬质玻璃制成，具磨口塞或带旋盖，50mL），0.45μm 有机相针式过滤器，真空旋转蒸发器。

2. 试剂

所用试剂均为分析纯。

多氯联苯标准贮备溶液（100mg·L^{-1}）：用多氯联苯标准物质，配制每种物质有效浓度为 100mg·L^{-1} 的正己烷标准贮备溶液；

标准工作溶液（10mg·L^{-1}）：从标准贮备溶液中取 1mL 置于容量瓶中，用正己烷定容至 10mL，可根据需要配制成其他合适的浓度。

五、实验步骤

1. 样品预处理

取有代表性的样品，剪碎至 5mm×5mm 以下，混匀。从混合样中称取 2g，精确至 0.01g，置于提取器中。

准确加入 20mL 正己烷于提取器中，超声提取 15min，将提取液转移到另一提取器中，残渣分两次重复上述步骤超声提取，合并提取液于圆底烧瓶中。将圆底烧瓶置于旋转蒸发器上，于 40℃左右低真空下浓缩至近 1mL 后，用氮气吹至近干，再用正己烷溶解并定容至 1.0mL，作为样液供气相色谱-质谱测定。

2. 气相色谱-质谱检测

（1）气相色谱-质谱条件

色谱柱：HP-5MS 30m×0.25mm×0.50μm；

柱温：120℃（0.5min）→200℃（2min）→280℃（15min）；

进样口温度：270℃；

色谱-质谱接口温度：280℃；

载气：氦气，纯度≥99.999%，1.0mL·min⁻¹；

电离方式：EI；

电离能量：70eV；

测定方式：选择离子监测模式；

进样方式：无分流进样；

进样体积：1μL。

（2）气相色谱-质谱测定　分别取样液和标准工作溶液等体积进样测定，通过比较试样与标准物色谱峰的保留时间和质谱选择离子（SIM-MS）进行定性，通过外标法定量。

六、数据处理

样品中各个多氯联苯含量 X_i 按下式计算：

$$X_i = \frac{A_i c_{is} V}{A_{is} m}$$

式中　X_i——试样中多氯联苯 i 的含量，$mg \cdot kg^{-1}$；

A_i——试样中多氯联苯 i 的峰面积；

A_{is}——标准工作溶液中多氯联苯 i 的峰面积；

c_{is}——标准工作溶液中多氯联苯 i 的浓度，$mg \cdot L^{-1}$；

V——样液的定容体积，mL；

m——试样的质量，g。

测定结果以各种多氯联苯的总和表示，结果表示到小数点后两位。

七、思考题

1. 简述气相色谱-质谱仪的组成以及各部分的作用。

2. 样品萃取时有哪些注意事项？

3. 超声萃取有何优点？

4. 对多氯联苯的测定还可以用到其他哪些方法？

八、参考文献

[1] GB/T 20387—2006 纺织品中多氯联苯的测定.

[2] 黄冬梅，于慧娟，沈晓盛. 水产品中多氯联苯检测方法的研究. 食品科学，2008，29（7）：359-361.

[3] 北京大学化学与分子工程学院分析化学教学组. 基础分析化学实验. 第3版，北京：北京大学出版社，2012，159.

[4] 周公度主编. 化学辞典. 北京：化学工业出版社，2004：141.

[5] 陈芸，杨海英. 纺织品中多氯联苯残留量的测定. 印染，2004，（17）：39-41.

[6] Kellner R, Otto J M, Widmer H M 等编. 分析化学. 李克安，金钦汉等译. 北京：北京大学出版社，2001：760.

实验 11-3　气相色谱-质谱法测定食品中丙烯酰胺的含量

一、预习要点

1. 气相色谱-质谱法的原理；

2. 气相色谱-质谱法测定中样品衍生的目的和意义；

3. 气相色谱-质谱仪的操作要点。

二、实验目的

1. 了解气相色谱-质谱法测定中样品衍生的目的和意义；

2. 进一步掌握气相色谱-质谱仪的操作；

3. 学习用气相色谱-质谱法测定食品中丙烯酰胺含量的原理和方法。

三、实验原理

丙烯酰胺（acrylamide，AA）是一种白色片状晶体物质，结构式 $H_2C = CHCONH_2$，相对分子质量为 71.08。室温下稳定，易溶于水。在乙醇、乙醚、丙酮等有机溶剂中及见光、受热易聚合。在酸性环境中可水解成丙烯酸，遇碱分解。丙烯酰胺是国际癌症研究机构（IARC）1994 年评估认定的一种潜在的可致癌化学品（ⅡA 类），可经消化道、皮肤、肌肉、胎盘屏障等途径吸收，导致遗传物质的改变和癌症的发生。2002 年，瑞典科学家研究发现，食品中的氨基酸和糖一起加热后发生 Maillard 反应可生成丙烯酰胺，丙烯酰胺主要在高碳水化合物、低蛋白质的植物性食物加热烹调过程中形成，特别是烘烤、油炸食品最后阶段水分减少、表面温度升高后（140～180℃为生成的最佳温度），丙烯酰胺生成量更高。在高温加热的植物源性食品中普遍含有 $30～2000\mu g \cdot kg^{-1}$ 的丙烯酰胺。鉴于丙烯酰胺的毒性，我国卫生部于 2005 年 4 月发布公告，提倡合理营养、平衡膳食，减少因丙烯酰胺可能导致的健康危害。

作为一种强极性的小分子化合物，丙烯酰胺须经衍生化才能进行 GC-MS 检测。食品中丙烯酰胺经水、醇类等极性溶剂提取，离心过滤和过柱等净化处理，溴化衍生生成 2,3-二溴丙烯酰胺（2,3-DBPA），进行气相色谱-质谱法检测。

主要特征定性离子碎片（m/z）：152、150、108、106，其相对丰度比：150∶152＝1，108∶106＝1，108∶152＝0.6，106∶150＝0.6（各丰度比与标准品相比最大相差≤20%）。定量离子（m/z）：150。标准加入法定量。

四、仪器与试剂

1. 仪器

气相色谱-质谱仪，振荡器，冷冻离心机（$5000～10000r \cdot min^{-1}$），固相提取装置，石墨化炭黑柱（规格为 Carbotrap B. SPE 柱，500mg，3mL），粉碎机（或均质机），分析天平（精度 0.1mg），聚四氟乙烯活塞分液漏斗，具塞锥形瓶，$0.45\mu m$ 有机系过滤膜。

2. 试剂

除非另有说明，所用试剂均为分析纯，水为二次蒸馏超纯水。

丙烯酰胺标准品（纯度≥99%），正己烷（重蒸馏），乙酸乙酯（色谱纯），无水硫酸钠（650℃灼烧 4h，干燥器中放置保存），饱和溴水（3%），硫代硫酸钠溶液（$0.2mol \cdot L^{-1}$），甲醇，溴化钾，氢溴酸。

丙烯酰胺标准溶液：准确称取适量的丙烯酰胺标准品（精确至 0.1mg），用甲醇定容，制备成 $100\mu g \cdot mL^{-1}$ 标准贮备溶液（贮存条件：存放于 -20℃冰箱中）。根据实验需要再用水稀释成合适浓度的标准工作溶液（贮存条件：0～4℃避光放置，不得超过 3 天）。

五、实验步骤

1. 提取

准确称取已粉碎均匀（或均质化）的四份样品各 10g（精确至 1mg），分别置于 250mL 具塞锥形瓶中，各加入丙烯酰胺标准工作液（$10\mu g \cdot mL^{-1}$）0.0mL、0.5mL、1.0mL、

2.0mL和水共计50mL，振荡30min，过滤，取滤液25mL。

2. 净化

（1）将滤液置于分液漏斗中，加入20mL正己烷，室温下振荡萃取，静置分层，取下层水相。

（2）将水相进行高速离心（转速5000～10000r·min⁻¹，时间30min），上清液用玻璃棉过滤。若过滤液出现浑浊时，应过石墨化炭黑固相萃取柱（柱使用前依次用5mL甲醇和5mL水活化），再用20mL水淋洗，收集过柱和淋洗后的溶液用于衍生化。

3. 衍生化

净化后的溶液中加入溴化钾7.5g、氢溴酸0.4mL、饱和溴水8mL衍生，在0～4℃下放置15h（避光）。逐滴加入硫代硫酸钠溶液至衍生液褪色，加乙酸乙酯25mL，振荡20min，静置分层，收集乙酸乙酯层，加10g左右无水硫酸钠脱水。可根据需要浓缩定容备用。进样前将待测液过0.45μm有机系过滤膜净化。

4. 测定

（1）仪器条件

色谱柱：DB-5ms或柱效相当的色谱柱，30m×0.25mm×0.25μm。

色谱柱温度（程序升温）：65℃保持1min，然后以每分钟升温15℃直到280℃，保持15min。

进样口温度：260℃；

离子源温度：230℃；

接口温度：280℃；

离子源：EI源，70eV；

测定方式：选择离子监测方式（SIM）或选择离子贮存方式（SIS）；

选择监测离子（m/z）：152、150、108、106；

载气：氦气（99.999%），流速1.0mL·min⁻¹；

进样方式：恒流，无分流进样；

进样量：1μL。

（2）定性分析　采用选择离子监测扫描方式（SIM）监测，在8.4min附近有峰出现（注：8.4min只是保留时间参考值，实际保留时间取决于实验所设定的具体色谱条件），选定的定性离子（m/z）：150、152、106、108都出现，且各碎片离子的相对丰度比为：150:152=1、106:108=1、106:150=0.6、108:152=0.6，各丰度比与标准品相比最大相差≤20%，即可确定样品中含有丙烯酰胺。

（3）定量分析　以添加的丙烯酰胺量为横坐标，以定量离子（m/z：150）的峰面积为纵坐标，绘制标准曲线，进行定量分析。

六、数据处理

样品中丙烯酰胺含量按下式计算：

$$X = \frac{cVR \times 1000}{m \times 1000}$$

式中　X——样品中丙烯酰胺的含量，mg·kg⁻¹；

c——测定液中丙烯酰胺的浓度，μg·mL⁻¹；

V——测定液体积，mL；

R——稀释倍数；

m——试样的质量，g。

七、思考题

1. 为什么要对丙烯酰胺进行衍生？
2. 对丙烯酰胺的测定还可以用其他哪些方法？

八、参考文献

[1] GB/T 5009.204—2005 食品中丙烯酰胺含量的测定方法 气相色谱-质谱（GC-MS）法.

[2] 陈砚朦，钟淑婷，尹艳梅等. 超高效液相色谱-电喷雾串联四极杆质谱法测定高温烘烤食品中丙烯酰胺的方法研究. 中国卫生检验杂志，2008，18（6）：972-974.

[3] 贾斌，刘继红，冯书惠等. 基质固相分散和气相色谱-质谱法测定食品中的丙烯酰胺. 粮食与食品工业，2007，14（6）：52-54.

[4] 蒋荣，陈一资，耿志明等. 离子交换高效液相色谱法测定淀粉类食品中丙烯酰胺含量的研究. 四川农业大学学报，2007，25（4）：452-456.

[5] 周宇，朱圣陶. 气相色谱法测定油炸、烘烤食品中丙烯酰胺. 理化检验，2007，439（11）：928-930.

实验 11-4 高效液相色谱-离子阱质谱法测定牛奶中四环素类抗生素及其代谢产物

一、预习要点

1. 高效液相色谱-离子阱质谱联用仪的主要组成部件和工作原理；
2. 四环素类抗生素的结构及其代谢过程。

二、实验目的

1. 了解液相色谱-离子阱质谱联用技术的测定原理；
2. 掌握仪器的基本操作；
3. 学习奶制品中四环素类抗生素及其代谢物的测定方法。

三、实验原理

四环素类（tetracyclines，TCs）为广谱抗菌药，被广泛用作药物添加剂，用于预防和治疗畜禽疾病。但由于该类药物的不合理使用及滥用，容易诱导产生耐药菌株并导致动物源食品中四环素类药物的残留问题。我国及欧盟均规定牛奶中四环素类抗生素的最大残留限量为 $0.1 mg \cdot kg^{-1}$。常用的 TCs 有：四环素（tetracycline，TC）、金霉素（chlortetracycline，CTC）、土霉素（oxytetracycline，OTC）、强力霉素（doxycycline，DC）、去甲基金霉素（demeclocycline，DMCTC）、甲烯土霉素（methacycline，MTC）和二甲胺四环素（minocycline，MINO）等。另外，四环素、金霉素和土霉素还可在动物体内经代谢而转化为差向四环素（4-epitetracycline，ETC）、差向金霉素（4-epichlortetracycline，ECTC）和差向土霉素（4-epioxytetracycline，EOTC），差向四环素类药物的药效极低或消失，但它们的毒副作用增加，已经被欧盟确定为四环素、金霉素和土霉素的残留标识物。TCs 残留的测定方法主要有微生物法、酶联免疫法、薄层色谱法和液相色谱法。本实验采用高效液相色谱-离子阱质谱联用技术测定牛奶中四环素类抗生素及其代谢产物。

液相色谱-质谱联用技术（HPLC-MS）是以液相色谱作为分离系统，质谱作为检测系统。样品中的组分在液相色谱的色谱柱中分离，经接口进入质谱仪，在离子源中实现离子化后，进入质量分析器按质荷比（m/z）的不同得到分离，经检测器检测得到质谱图。液质联用体现了液相色谱和质谱优势的互补，将色谱对复杂样品的高分离能力与质谱所具有的高选择性、高灵敏度及能够提供相对分子质量与结构信息的优点结合起来，在药物分析、食品分析和环境分析等许多领域得到了广泛的应用。比较常用的质谱仪有：四极杆质谱仪、离子阱质谱仪、飞行时间质谱仪和离子回旋共振质谱仪等。离子阱质谱中离子阱作为质量分析器，它是由环行电极和上、下两个端盖电极构成的三维四极场。工作时，样品被离子源离子化为带电离子，经毛细管捕集、透镜聚焦进入离子阱质量分析器将离子储存在阱里，离子累积到一定数量后，改变电场电压按不同质荷比将离子推出阱外进入电子倍增器被检测。安捷伦液相色谱-离子阱质谱联用仪的仪器构造如图 11-1 所示（安捷伦公司培训教材）。

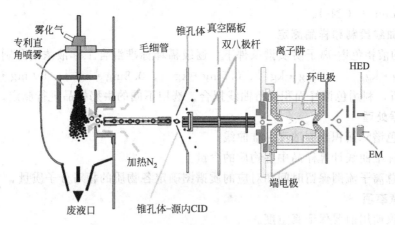

图 11-1　离子阱质谱仪的仪器结构示意图

四、仪器与试剂

1. 仪器

6310 离子阱质谱仪（配 Agilent 1200 高效液相色谱仪和电喷雾离子源），离心机，氮吹浓缩仪，漩涡混合器，HLB 固相萃取柱，微量移液器，离心管，样品瓶等。

2. 试剂

二甲胺四环素盐酸盐，土霉素，四环素，去甲基金霉素盐酸盐，金霉素盐酸盐，甲烯土霉素盐酸盐，强力霉素盐酸盐，差向四环素，差向土霉素，差向金霉素（纯度＞98%），甲醇、乙腈和三氟乙酸为色谱纯试剂，其他试剂均为分析纯试剂，水为高纯水。

0.1mol·L^{-1} EDTA-Mcllvaine 缓冲溶液：称取柠檬酸（含 1 个结晶水）12.9g，Na_2HPO_4 10.9g，EDTA 二钠盐 37.2g，用高纯水溶解并定容至 1L，调节 pH 值至 4.00±0.05。牛奶为市购。

五、实验步骤

1. 样品前处理

称取混匀试样 5g（精确至 0.01g），置于 50mL 比色管中，用 0.1mol·L^{-1} EDTA-Mcllvaine 缓冲溶液溶解并定容至 50mL，漩涡混合 1min，低温超声 10min，转移至 50mL 聚丙烯离心管中，冷却至 4℃，以 5000r·min^{-1} 离心 10min（温度低于 15℃），过滤。准确吸取 10mL 提取液以 1 滴·s^{-1} 的速度过 HLB 固相萃取柱，待样液完全流出后，依次用 5mL 水和 5mL 甲醇＋水（5＋95，V/V）淋洗，弃去全部流出液。减压抽干 5min，最后用 10mL 甲醇＋乙酸乙酯（10＋90，V/V）洗脱。将洗脱液氮吹浓缩至干（温度低于 40℃），用 1.0mL 流动相溶解残渣，低温超声 5min，0.45μm 滤膜过滤，供高效液相色谱-离子阱质谱仪测定。

2. 检测条件的设定

色谱条件：色谱柱：Inertsil C_8-3.5μm，150mm×2.1mm i. d.；流速：0.3mL·min^{-1}；柱温：30℃；进样量：30μL。流动相：甲醇（A）-0.01mol·L^{-1}三氟乙酸（B），梯度洗脱条件为：0min（5.0% A）→5.0min（30.0% A）→10.0min（33.5% A）→12.0min（65.0% A）→17.5min（65.0% A）→18.0min（5.0% A）→25.0min（5.0% A），共25min。

质谱条件：离子化模式：ESI+；质谱分辨率：单位分辨率；雾化气：6.0L·min^{-1}；气帘气：10.0L·min^{-1}；喷雾电压：4500V；去溶剂温度500℃；去溶剂气流700L·min^{-1}；碰撞气 6.0L·min^{-1}（N_2）。

3. 标准曲线绘制和样品测定

在给定的液相色谱-离子阱质谱条件下，逐级稀释标准混合工作液浓度分别为 0.05mg·kg^{-1}、0.1mg·kg^{-1}、0.2mg·kg^{-1}、0.5mg·kg^{-1}、0.8mg·kg^{-1}、1.0mg·kg^{-1}，进行液质联用分析，利用色谱峰面积进行曲线拟合。选用不同的牛奶样品进行测定。

六、数据处理

1. 利用色谱峰面积绘制浓度标准曲线。

2. 根据标准曲线计算样品中各物质的含量。

3. 根据总离子流图保留时间和对应的质谱图确定各物质的相对分子质量。

七、注意事项

1. 质谱仪使用前要保证真空度。

2. 测试样品溶液必须经 0.22μm 滤膜过滤。

3. 注意流动相的流速要和质谱部分相匹配。

八、思考题

1. 液相色谱-质谱联用仪如何定量？

2. 液质联用和气质联用的异同点？

九、参考文献

[1] 李俊锁，邱月明，王超. 兽药残留分析. 上海：上海科学技术出版社，2002：393-412.

[2] 岳振峰，邱月明，林秀云，吉彩霓. 高效液相色谱串联质谱法测定牛奶中四环素类抗生素及其代谢产物. 分析化学，2006，34（9）：1255-1259.

实验 11-5　超高效液相色谱-串联质谱法测定环境水中的氨基甲酸酯类农药

一、预习要点

1. 超高效液相色谱-串联质谱仪的主要组成部件和检测原理；

2. 氨基甲酸酯类农药的结构和性质。

二、实验目的

1. 了解超高效液相色谱-串联质谱法的基本原理；

2. 掌握超高效液相色谱-串联质谱仪的基本操作；

3. 学习环境水样中农药残留的检测方法。

三、实验原理

氨基甲酸酯类农药是氨基甲酸被各类取代基取代所形成的酯类化合物，因其具有选择性强、高效、广谱、对人畜低毒、易分解和残毒少的特点，在农业、林业和畜牧业中广泛用作除草剂、杀虫剂和杀螨剂。氨基甲酸酯类农药可通过喷洒、土壤渗滤和废水排放等途径进入环境水体中，造成环境水的污染。氨基甲酸酯类农药是乙酰胆碱酯酶的抑制剂，可能影响神经冲动传导，引起毒理反应。此外，氨基甲酸酯类农药及其代谢物被怀疑为致癌物和诱变剂。因此，氨基甲酸酯类农药被美国环境保护署（EPA）列为优先检测污染物。本实验采用超高效液相色谱-串联质谱法对环境水样中的五种氨基甲酸酯类农药进行检测。

超高效液相色谱（ultra performance liquid chromatography，UPLC）是在传统高效液相色谱基础上开发出来的液相色谱新技术，其原理与传统高效液相色谱基本相同。超高效液相色谱突破了传统液相色谱的瓶颈，采用了小颗粒填料（粒径 $1.7\mu m$）、超高压输液泵、低系统体积及快速检测手段，具有高效、快速、高灵敏度的特点。串联质谱法（tandem mass spectrometry，MS/MS）又称质谱-质谱法、多级质谱法或二维质谱法。串联质谱从结构上分为空间串联质谱和时间串联质谱。空间串联质谱是将2个以上的质量分析器在空间上顺序连接起来，其间有一个碰撞活化室。由一级质谱（MS1）选出要研究的离子，使其进入碰撞室（collision cell）与惰性气体（例如氩气）碰撞，经过碰撞诱导解离（collision induced dissociation，CID），产生的产物再由二级质谱（MS2）进行分析。常见的空间串联质谱有串联四极杆质谱和四极杆-飞行时间串联质谱。其中，四极杆串联质谱是将2个四极杆质量分析器在空间上串联起来（如图11-2所示）。四极杆质量分析器由4根平行的金属杆组成，在四极上加上直流电压和射频电压形成射频场。离子进入此射频场后，会受到电场力的作用，只有合适质荷比（m/z）的离子才会通过稳定的振荡进入检测器。

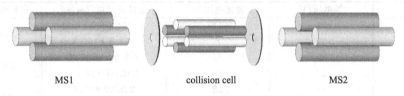

图 11-2　串联四极杆质谱结构示意图

本实验采用 UPLC-MS/MS 对氨基甲酸酯类农药进行高效、快速、高灵敏度的检测。离子化方式为电喷雾电离（electrospray ionization，ESI），多反应监测（multiple reaction monitoring，MRM）模式进行检测。

四、仪器与试剂

1. 仪器

ACQUITY 超高效液相色谱-Xevo TQ 串联四极杆质谱仪［美国 Waters 公司，配有电喷雾离子源（ESI）］，固相萃取装置，固相萃取空柱管（3mL）及筛板，氮吹浓缩装置。

2. 试剂

对照品抗蚜威（pirimicarb，99.2%），乙霉威（diethofencarb，99.5%），残杀威（baygon，99.5%），异丙威（isoprocarb，99.2%），甲萘威（carbaryl，99.5%），仲丁威（baycarb，99.5%），乙腈、甲酸和甲醇均为色谱级试剂，石墨烯，实验用水为超纯水，实验样品为湖水、河水等环境水样。

五、实验步骤

1. 样品制备

（1）自制石墨烯固相萃取小柱　首先在空柱管中放入筛板（防止吸附剂的流失），然后加入 30mg 的石墨烯，放上另一块筛板压实。

（2）水样萃取　在萃取前，固相萃取柱分别用 3mL 甲醇、3mL 丙酮、3mL 乙腈和

9mL 的超纯水预处理。取 50mL 样品溶液以 1mL·min^{-1} 的流速通过柱子。然后用 5mL 丙酮洗脱留在柱子上的分析物。收集洗脱液在氮气流保护下吹干。残渣用 1mL 20% 的乙腈水溶液复溶，经 0.22μm 滤膜过滤后，取 10μL 进行 UPLC-MS/MS 分析。

2. UPLC-MS/MS 检测条件的设定

(1) UPLC 分离条件的设定 色谱柱：ACQUITY UPLC BEH C$_{18}$ 柱（2.1×100mm i. d.，1.7μm，Waters），配有 BEH C$_{18}$ VanGuard TM 预柱（2.1×5mm i. d.，1.7μm，Waters）。流动相由 A（0.1% 的甲酸溶液）和 B（乙腈）两种溶液组成。梯度洗脱条件是：0~4min，B 的线性梯度为 30%~40%；4~6min，B 的线性梯度为 40%~45%；6~6.5min，B 的线性梯度为 45%~90%；6.5~6.6min，B 从 90% 降到 30%；6.6~8.0min，保持 B 含量为 30%。流速为 0.4mL·min^{-1}。强洗液（90% 的乙腈水溶液，含 0.1‰ 的甲酸）体积为 200μL。弱洗液（10% 的乙腈水溶液，含 0.1‰ 的甲酸）体积为 600μL。柱温为 40℃，进样器温度为 15℃。进样体积为 10μL。

(2) 质谱检测条件的设定 质谱检测在 Xevo TQ 串联四极杆质谱上进行，ESI 离子源条件如下：源温度为 150℃；脱溶剂气温度为 550℃；脱溶剂气（N$_2$）流速为 850L·h^{-1}；锥孔气（N$_2$）流速为 50L·h^{-1}；毛细管电压为 4.00kV；碰撞气（Ar）流速为 0.15mL·min^{-1}。六种化合物都是在正离子模式下检测，多反应监测（MRM）模式进行定量。优化的 MRM 参数列于表 11-1。

表 11-1　六种氨基甲酸酯类农药的 MRM 参数

化合物	锥电压/V	碰撞电压/V	定性离子对/(m/z)	定量离子对/(m/z)
异丙威	22	14	194.2→95.0	194.2→95
	22	8	194.2→137.1	
甲萘威	20	25	202.05→127.05	202.05→145
	20	12	202.05→145.0	
仲丁威	20	15	208.09→95.0	208.09→95
	20	8	208.09→152.0	
残杀威	15	15	210.15→111.0	210.15→111
	15	8	210.15→168.1	
抗蚜威	28	20	239.17→72.0	239.17→72
	28	16	239.17→182.1	
乙霉威	16	30	268.18→124.03	268.18→226.15
	16	10	268.18→226.15	

3. 标准曲线制备

配制系列浓度混合标准工作液，进行 UPLC-MS/MS 测定。以峰面积为纵坐标，工作溶液浓度（ng·mL^{-1}）为横坐标，绘制标准工作曲线。

4. 样品测定

在相同的仪器操作条件下，测定样品溶液。用标准工作曲线对样品进行定量。

六、数据处理

1. 根据色谱图和质谱图分析和确证水样中是否含有氨基甲酸酯类农药；

2. 利用 Origin 软件绘制标准曲线，得到线性回归方程、相关系数和线性范围数据；

3. 计算样品中氨基甲酸酯类农药的含量。

七、注意事项

1. 使用的流动相溶剂应为 HPLC 级，水为超纯水；

2. 流动相溶剂及测试样品溶液必须经 0.22μm 滤膜过滤；

3. 做实验时，要关注真空度、柱压、氮气和氩气压力等的变化，如遇异常情况及时向老师汇报；

4. 实验完毕应及时冲洗色谱系统和质谱系统。

八、思考题

1. 超高效液相色谱法有哪些优点？

2. 串联四极杆质谱的检测原理是什么？

3. 何谓多反应监测（MRM）模式？

4. 使用超高效液相色谱-串联质谱仪时应注意哪些实验细节？

九、参考文献

Zhihong Shi, Junda Hu, Qi Li, et al. Graphene based solid phase extraction combined with ultra high performance liquid chromatography-tandem mass spectrometry for carbamate pesticides analysis in environmental water samples. Journal of Chromatography A，2014，1355：219-227.

实验 11-6　液相色谱-串联质谱法测定动物源产品中喹诺酮类药物残留量

一、预习要点

1. 液相色谱-串联质谱法的测定原理；

2. 液相色谱-串联质谱仪的组成及操作要点。

二、实验目的

1. 了解液相色谱-串联质谱法的测定原理；

2. 掌握液相色谱-串联质谱仪的基本操作；

3. 学习动物源产品中喹诺酮类药物残留量的测定方法。

三、实验原理

喹诺酮类药物是一类人工合成的广谱、高效的抗菌药物，作为兽药和饲料添加剂而大量用于动物，因而其残留在动物可食性产品中的可能性相对很大。这些残留物可直接对人身体造成危害，更严重的是低浓度的残留药物可能会使致病菌产生耐药性，从而间接危害人类健康。近年来，这些药物在动物组织中的残留已引起广泛的关注，我国规定牛、鸡、猪、羊、兔等动物的肌肉、脂肪、肝、肾食品中达氟沙星、二氟沙星、恩诺沙星（环丙沙星与恩诺沙星量之和）、沙拉沙星等喹诺酮类兽药最高残留限量为 $0.01\sim1.9\mathrm{mg}\cdot\mathrm{kg}^{-1}$，欧盟规定在动物肌肉、肝脏和肾脏中达氟沙星、二氟沙星、恩诺沙星（环丙沙星与恩诺沙星量之和）、麻保沙星、沙拉沙星等喹诺酮类兽药最高残留限量为 $0.01\sim1.9\mathrm{mg}\cdot\mathrm{kg}^{-1}$。

近年来，国内外对喹诺酮类药物的残留量检测方法报道较多。本实验采用液相色谱-串联质谱法测定动物源产品中 11 种喹诺酮类药物残留。采用甲酸-乙腈提取试样中喹诺酮类药物残留物，提取液用正己烷净化，液相色谱-串联质谱仪测定，外标法定量。

伊诺沙星、氧氟沙星、诺氟沙星、培氟沙星、环丙沙星、洛美沙星、沙拉沙星、双氟沙星、司帕沙星的检出限为 $0.1\mu\mathrm{g}\cdot\mathrm{kg}^{-1}$，丹诺沙星、恩诺沙星的检出限为 $0.5\mu\mathrm{g}\cdot\mathrm{kg}^{-1}$。

伊诺沙星、氧氟沙星、诺氟沙星、培氟沙星、环丙沙星、洛美沙星、丹诺沙星、恩诺沙星、沙拉沙星、双氟沙星、司帕沙星的定量限为 $1.0\mu\mathrm{g}\cdot\mathrm{kg}^{-1}$。

四、仪器与试剂

1. 仪器

液相色谱-串联质谱仪（配有电喷雾离子源），高速组织捣碎机，均质器，旋转蒸发仪，氮吹仪，涡流混匀器，离心机（转速 $4000r \cdot min^{-1}$），分析天平（感量 $0.1mg$ 和 $0.01g$），移液器（$200\mu L$、$1mL$），棕色鸡心瓶（$100mL$），聚四氟乙烯离心管（$50mL$），分液漏斗（$125mL$），一次性针头过滤器（配有 $0.45\mu m$ 微孔滤膜），样品瓶（$2mL$，带聚四氟乙烯旋盖）。

2. 试剂

乙腈、冰醋酸、正己烷均为液相色谱级；甲酸（优级纯）；

乙腈饱和的正己烷：量取正己烷 $80mL$ 于 $100mL$ 分液漏斗中，加入适量乙腈后，剧烈振摇，待分配平衡后，弃去乙腈层即得；

2% 甲酸溶液：$2mL$ 甲酸用水稀释至 $100mL$，混匀；

甲酸-乙腈溶液：$98mL$ 乙腈中加入 $2mL$ 甲酸混匀；

伊诺沙星、氧氟沙星、诺氟沙星、培氟沙星、环丙沙星、洛美沙星、丹诺沙星、恩诺沙星、沙拉沙星、双氟沙星、司帕沙星标准品，纯度 $\geqslant 99\%$；

11 种 $0.1mg \cdot mL^{-1}$ 喹诺酮类标准贮备溶液：分别准确移取适量的每种喹诺酮标准品，用乙腈配制成 $0.1mg \cdot mL^{-1}$ 的标准贮备溶液（$4^{\circ}C$ 保存可使用 3 个月）；

11 种 $10\mu g \cdot mL^{-1}$ 喹诺酮类标准中间溶液：分别准确称取适量的每种喹诺酮类标准贮备溶液，用乙腈稀释成 $10\mu g \cdot mL^{-1}$ 喹诺酮类标准中间溶液（$4^{\circ}C$ 保存可使用 1 个月）；

11 种喹诺酮类混合标准工作溶液：准确量取适量的喹诺酮类标准中间溶液，用甲酸-乙腈溶液配制成浓度系列为 $5.0ng \cdot mL^{-1}$、$10.0ng \cdot mL^{-1}$、$25.0ng \cdot mL^{-1}$、$50.0ng \cdot mL^{-1}$、$100.0ng \cdot mL^{-1}$、$250.0ng \cdot mL^{-1}$、$500.0ng \cdot mL^{-1}$ 的喹诺酮类混合标准工作溶液（$4^{\circ}C$ 保存可使用 1 周）；

11 种 $100.0ng \cdot mL^{-1}$ 喹诺酮类混合标准添加溶液：准确量取适量的喹诺酮类标准中间溶液，用乙腈稀释成 $100.0ng \cdot mL^{-1}$ 喹诺酮类混合标准添加溶液（$4^{\circ}C$ 保存可使用 1 周）。

五、实验步骤

1. 样品制备

（1）样品提取　样品经高速组织捣碎机均匀捣碎，称取 $5.0g$ 试样，置于 $50mL$ 聚四氟乙烯离心管中，加入 $20mL$ 甲酸-乙腈溶液，用均质器均质 $1min$，然后于离心机上以 $4000r \cdot min^{-1}$ 的速率离心 $5min$，将上清液移入另一个 $50mL$ 聚四氟乙烯离心管中。将离心残渣用 $20mL$ 甲酸-乙腈溶液再提取一次，合并上清液。

（2）样品净化　将上清液转移到 $125mL$ 分液漏斗中，加入 $25mL$ 乙腈饱和的正己烷，振摇 $2min$，弃去上层溶液，将下层溶液移至 $100mL$ 棕色鸡心瓶中，于 $40^{\circ}C$ 水浴中旋转蒸发至近干，用氮气流吹干。准确加入 $1.0mL$ 甲酸-乙腈溶液溶解残渣，涡流混匀后，过滤至样品瓶中，供液相色谱-串联质谱仪测定。

2. LC-MS/MS 检测条件的设定

（1）液相色谱条件的设定

色谱柱：C_{18} 柱（可用 Intersil ODS-3，粒径 $5\mu m$，柱长 $150mm$，内径 $4.6mm$）；

流动相：乙腈＋2% 甲酸溶液（梯度洗脱条件见表 11-2）；

流速：$0.8mL \cdot min^{-1}$；

进样量：$20\mu L$。

表 11-2　梯度洗脱条件

时间/min	乙腈/%	2%甲酸溶液/%
0	15	85
20	17	83

（2）质谱条件的设定　离子源：电喷雾离子源；扫描方式：正离子扫描；检测方式：多反应监测；其他质谱条件经优化后自行设定。

定性离子对、定量离子对和碰撞气能量见表 11-3。

表 11-3　11 种喹诺酮类药物的定性离子对、定量离子对和碰撞气能量

名　称	定性离子对（m/z）（母离子/子离子）	定量离子对（m/z）（母离子/子离子）	碰撞气能量/eV
伊诺沙星	320.9/303.0 320.9/234.0	320.9/303.0	30 33
氧氟沙星	361.9/318.0 361.9/261.0	361.9/318.0	29 41
诺氟沙星	320.0/302.0 320.0/233.0	320.0/302.0	33 36
培氟沙星	334.0/316.0 334.0/290.0	334.0/316.0	33 28
环丙沙星	332.0/314.0 332.0/230.9	332.0/314.0	32 53
洛美沙星	351.9/265.0 351.9/334.0	351.9/265.0	36 30
丹诺沙星	358.0/340.0 358.0/254.9	358.0/340.0	36 55
恩诺沙星	360.0/316.0 360.0/244.9	360.0/316.0	29 40
沙拉沙星	386.0/299.0 286.0/367.9	386.0/299.0	45 42
双氟沙星	400.0/356.0 400.0/382.0	400.0/356.0	30 35
司帕沙星	393.0/349.0 393.0/292.0	393.0/349.0	30 36

3. 标准曲线制备

利用混合标准工作液（分别相当于测试样品含有 1.0μg・kg^{-1}、2.0μg・kg^{-1}、5.0μg・kg^{-1}、10.0μg・kg^{-1}、20.0μg・kg^{-1}、50.0μg・kg^{-1}、100.0μg・kg^{-1}目标化合物），进行液相色谱-串联质谱测定。以峰面积为纵坐标，工作溶液浓度（ng・mL^{-1}）为横坐标，绘制标准工作曲线。

4. 样品测定

在相同的仪器条件下，测定样品溶液。用标准工作曲线对样品进行定量，样品溶液中 11 种目标化合物响应值均应在仪器测定的线性范围内。

六、数据处理

试样中每种喹诺酮类残留量按下式计算：

$$X = c \frac{V}{m} \frac{1000}{1000}$$

式中　X——试样中被测组分残留量，μg・kg^{-1}；

　　　　c——从标准工作曲线得到的被测组分溶液浓度，ng・mL^{-1}；

V——试样溶液定容体积，mL；

m——试样溶液所代表的质量，g。

七、思考题

1. 液相色谱-串联质谱仪由哪些主要部件组成？各自的功能是什么？

2. 使用液相色谱-串联质谱仪时应注意哪些环节？

3. 样品处理过程中需要注意哪些问题？

八、参考文献

[1] GB/T 20366—2006 动物源产品中喹诺酮类残留量的测定——液相色谱-串联质谱法.

[2] 杨长志，刘永，孟冰冰等. 动物源性食品中五种氟喹诺酮类药物残留量的同时测定. 分析试验室，2008，27（9）：82.

[3] 陈培榕，李景虹，邓勃. 现代仪器分析实验与技术. 北京：清华大学出版社，2006：221-224.

实验 11-7　液相色谱-串联质谱法测定水产品中孔雀石绿和结晶紫残留量

一、预习要点

液相色谱-串联质谱仪器的原理和操作要点。

二、实验目的

1. 进一步巩固液相色谱-串联质谱法的基本操作；

2. 掌握利用液相色谱-串联质谱法进行水产品中孔雀石绿和结晶紫残留定性定量分析的方法。

三、实验原理

孔雀石绿（malachite green，MG）和结晶紫（crystal violet，CV）同属于碱性三苯甲烷类染料，具有类似的结构，在水产养殖过程中，常作为杀菌剂和抗寄生虫药，用于防治各种鱼病。该类物质在鱼体内代谢为隐色孔雀石绿（leucomalachite green，LMG）和隐色结晶紫（leucocrystal violet，LCV），长期残留于生物体内。由于三苯甲烷具有致突变、致畸和致癌作用，欧美、中国和日本等宣布严禁在水产养殖中使用孔雀石绿和结晶紫，并规定孔雀石绿（含隐色孔雀石绿）和结晶紫（含隐色结晶紫）不得检出。

本实验使用液相色谱-串联质谱法对鲜活水产品中孔雀石绿及其代谢物隐色孔雀石绿、结晶紫及其代谢物隐色结晶紫残留量进行测定。试样中的残留物用乙腈-乙酸铵缓冲溶液提取，乙腈再次提取后，液液分配到二氯甲烷层，经中性氧化铝和阳离子固相萃取柱净化后，用液相色谱-串联质谱法测定，内标法定量。

四、仪器与试剂

1. 仪器

高效液相色谱-串联质谱联用仪［配有电喷雾（ESI）离子源］，匀浆机，离心机（$4000\text{r} \cdot \text{min}^{-1}$），超声波水浴，旋涡振荡器，KD 浓缩瓶（25mL），固相萃取装置，旋转蒸发仪。

2. 试剂

乙腈、甲醇为 HPLC 级，二氯甲烷、无水乙酸铵、冰醋酸为分析纯，$5\text{mol} \cdot \text{L}^{-1}$ 乙酸铵缓冲溶液，$0.1\text{mol} \cdot \text{L}^{-1}$ 乙酸铵缓冲溶液，$5\text{mmol} \cdot \text{L}^{-1}$ 乙酸铵缓冲溶液，$0.25\text{g} \cdot \text{mL}^{-1}$ 盐酸羟胺溶液，$1.0\text{mol} \cdot \text{L}^{-1}$ 对甲苯磺酸溶液，2%（体积分数）甲酸溶液，5%（体积分数）

乙酸铵甲醇溶液，阳离子交换柱（MCX，60mg·3mL^{-1}），中性氧化铝柱（1g·3mL^{-1}）。

标准品：孔雀石绿（MG）、隐色孔雀石绿（LMG）、结晶紫（CV）、隐色结晶紫（LCV）、同位素内标氘代孔雀石绿（D5-MG）、同位素内标氘代隐色孔雀石绿（D6-LMG），纯度大于98%。

标准贮备溶液：准确称取适量的孔雀石绿、隐色孔雀石绿、结晶紫、隐色结晶紫、氘代孔雀石绿、氘代隐色孔雀石绿标准品，用乙腈分别配制成100μg·mL^{-1}的标准贮备液。

混合标准贮备溶液（1μg·mL^{-1}）：分别准确吸取1.00mL孔雀石绿、结晶紫、隐色孔雀石绿和隐色结晶紫的标准贮备溶液至100mL容量瓶中，用乙腈稀释至刻度，1mL该溶液分别含1μg的孔雀石绿、结晶紫、隐色孔雀石绿和隐色结晶紫。−18℃避光保存。

混合标准贮备溶液（100ng·mL^{-1}）：用乙腈稀释混合标准贮备溶液，配制成每毫升含孔雀石绿、隐色孔雀石绿、结晶紫、隐色结晶紫均为100ng的混合标准贮备溶液。−18℃避光保存。

混合内标标准溶液：用乙腈稀释标准溶液，配制成每毫升含氘代孔雀石绿和氘代隐色孔雀石绿各100ng的内标混合溶液。−18℃避光保存。

混合标准工作溶液：根据需要，临用时吸取一定量的混合标准贮备溶液和混合内标标准溶液，用乙腈-5mmol·L^{-1}乙酸铵溶液（1+1）稀释配制适当浓度的混合标准工作液，每毫升该混合标准工作溶液含有氘代孔雀石绿和氘代隐色孔雀石绿各2ng。

五、实验步骤

1. 鲜活水产品的提取

称取5.00g已捣碎的鲜活水产品样品于50mL离心管中，加入200μL混合内标标准溶液，加入11mL乙腈，超声波振荡提取2min，8000r·min^{-1}匀浆提取30s，4000r·min^{-1}离心5min，上清液转移至25mL比色管中；另取一50mL离心管加入11mL乙腈，洗涤匀浆刀头10s，洗涤液移入前一离心管中，用玻璃棒捣碎离心管中的沉淀，旋涡混合器上振荡30s，超声波振荡5min，4000r·min^{-1}离心5min，上清液合并至25mL比色管中，用乙腈定容至25.0mL，摇匀备用。

2. 样品净化

移取5.00mL样品溶液，加至已活化的中性氧化铝柱上，用KD浓缩瓶接收流出液，4mL乙腈洗涤中性氧化铝柱，收集全部流出液，45℃旋转蒸发至约1mL，残液用乙腈定容至1.00mL，超声振荡5min，加入1.0mL 5mmol·L^{-1}乙酸铵，超声振荡1min，样液经0.2μm滤膜过滤后供液相色谱-串联质谱测定。

3. 液相色谱-串联质谱测定条件的设定

色谱柱：C$_{18}$柱（50×2.1mm i.d.，3μm）

流动相：乙腈+5mmol·L^{-1}乙酸铵=75+25（体积比）；

流速：0.2mL·min^{-1}；

柱温：35℃；

进样量：10μL；

离子源：电喷雾（ESI），正离子模式；

扫描方式：多反应监测（MRM）；

其他质谱条件经优化后自行设定。

监测离子对：孔雀石绿（m/z）329.313（定量离子）、329.208；隐色孔雀石绿（m/z）331.316（定量离子）、331.239；结晶紫（m/z）372.356（定量离子）、372.251；隐色结晶紫

$(m/z)374.359$(定量离子)、374.238；氘代孔雀石绿 $(m/z)334.318$(定量离子)；氘代隐色孔雀石绿 $(m/z)337.322$(定量离子)。

4. 测定

按照所设定的液相色谱-串联质谱条件测定样品和标准工作溶液，分别计算样品和标准工作溶液中非定量离子对与定量离子对色谱峰面积的比值，仅当两者数值的相对偏差小于25％时方可确定两者为同一物质。

按照所设定的液相色谱-串联质谱条件测定混合标准工作溶液和样品溶液，以色谱峰面积按内标法定量，孔雀石绿和结晶紫以氘代孔雀石绿为内标物计算，隐色孔雀石绿和隐色结晶紫以氘代隐色孔雀石绿为内标物计算。

5. 空白试验

除不加试样外，均按上述测定步骤进行。

六、数据处理

1. 计算

按下式计算样品中孔雀石绿、隐色孔雀石绿、结晶紫和隐色结晶紫残留量。计算结果需扣除空白值。

$$X = \frac{c_i V c A A_{is}}{c_{is} A_i A_s W}$$

式中　X——样品中待测组分残留量，$\mu g \cdot kg^{-1}$；

　　　c——孔雀石绿、隐色孔雀石绿、结晶紫或隐色结晶紫标准工作溶液的浓度，$\mu g \cdot L^{-1}$；

　　　c_{is}——标准工作溶液中内标物的浓度，$\mu g \cdot L^{-1}$；

　　　c_i——样液中内标物的浓度，$\mu g \cdot L^{-1}$；

　　　A_s——孔雀石绿、隐色孔雀石绿、结晶紫或隐色结晶紫标准工作溶液的峰面积；

　　　A——样液中孔雀石绿、隐色孔雀石绿、结晶紫或隐色结晶紫的峰面积；

　　　A_{is}——标准工作溶液中内标物的峰面积；

　　　A_i——样液中内标物的峰面积；

　　　V——样品定容体积，mL；

　　　W——样品称样量，g。

2. 测定结果的表述

孔雀石绿的残留量测定结果系指孔雀石绿和它的代谢物隐色孔雀石绿残留量之和，以孔雀石绿表示。

结晶紫的残留量测定结果系指结晶紫和它的代谢物隐色结晶紫残留量之和，以结晶紫表示。

七、思考题

1. 样品制备时应注意哪些问题？

2. 用 LC-MS/MS 进行定量分析误差来源在哪里？用内标法能克服哪些因素造成的误差？

八、参考文献

[1] GB/T 19857—2005 水产品中孔雀石绿和结晶紫残留量的测定.

[2] 张志刚，施冰，陈鹭平等. 液相色谱法同时测定水产品中孔雀石绿和结晶紫残留. 分析化学，2006，34（5）：663-667.

第12章 其他结构鉴定和表征方法

实验 12-1 苯甲酸红外光谱解析

一、预习要点

1. 红外光谱法测定有机化合物结构的原理；
2. 溴化钾压片法制备固体样品的操作要点。

二、实验目的

1. 掌握溴化钾压片法制备固体样品的方法；
2. 学习并掌握红外光谱仪的使用方法；
3. 初步学会对红外吸收光谱图的解析。

三、实验原理

红外光谱法又称"红外分光光度分析法"，是分子吸收光谱法的一种。利用物质对红外光区电磁辐射的选择性吸收来进行结构分析及定性和定量分析。物质分子中的各种不同基团，在有选择地吸收不同频率的红外辐射后，发生振动能级之间的跃迁，形成各自独特的红外吸收光谱。几乎所有的有机化合物在红外光谱区均有吸收。除光学异构体、某些高分子量的高聚物以及在分子量上只有微小差异的化合物外，凡是结构不同的两个化合物，一定不会有相同的红外光谱。红外吸收带的波数位置、波峰的数目以及吸收谱带的强度反映了分子结构上的特点，可以用来鉴定未知物的结构组成或确定其化学基团；而吸收谱带的吸收强度与分子组成或化学基团的含量有关，可用以进行定量分析和纯度鉴定。红外光谱分析特征性强，气体、液体、固体样品都可测定，并具有用量少、分析速度快的特点。红外光谱法已成为现代科学研究中不可或缺的研究手段之一。

红外光谱定性分析一般采用两种方法：标准物对照法和标准谱图查对法。

标准物对照法是在完全相同的条件下，分别绘出标准品和样品的红外光谱图进行对照，谱图相同，则可确定为同一化合物。

标准谱图查对法是根据待测样品的来源、物理常数、分子式以及谱图中的特征谱带，查对标准谱图来确定化合物。常用的标准谱图集为萨特勒红外标准谱图集（Sadtler Catalog of Infrared Standard Spectra）。

一般谱图的解析步骤如下：

（1）先从特征频率区入手，找出化合物所含主要官能团；

（2）指纹区分析，进一步找出官能团存在的依据。因为一个基团常有多种振动形式，所以确定该基团就不能只依靠一个特征吸收，必须找出所有的吸收带；

（3）对指纹区谱带位置、强度和形状仔细分析，确定化合物可能的结构；

（4）对照标准谱图，配合其他鉴定手段进一步验证。

傅里叶变换红外光谱仪是 20 世纪 70 年代发展起来的新一代红外光谱仪，它具有以下特点：一是扫描速度快，可以在 1s 内测得多张红外谱图；二是光通量大，可以检测透射较低的样品，可以检测气体、固体、液体、薄膜和金属镀层等不同样品；三是分辨率高，便于观察气态分子的精细结构；四是测定光谱范围宽，只要改变光源、分束器和检测器的配置，就可以得到整个红外区的光谱。

四、仪器与试剂

1. 仪器

Thermo Nicolet 380 Fourier 变换红外光谱仪，可拆式样品架，压片机，玛瑙研钵，红外灯。

2. 试剂

苯甲酸：优级纯，于 80℃下干燥 24h，存于干燥器中；溴化钾：优级纯，于 130℃下干燥 24h，存于干燥器中；苯甲酸试样（经提纯）；无水乙醇。

五、实验步骤

开启空调机，使室内温度控制在 18～20℃，相对湿度≤65%。

1. 苯甲酸标样、试样和纯溴化钾晶片的制备

称取溴化钾约 150mg，置于洁净的玛瑙研钵中，研磨成均匀、细小颗粒，然后转移至压片模具中，将压模置于压片机上，并旋转压力丝杆手轮，压紧压模，将油阀顺时针旋转放到底，然后一边抽气，一边缓慢上下移动压把，加压开始，注视压力表，当压力加到 $1 \times 10^5 \sim 1.2 \times 10^5$ kPa 时，停止加压，维持 3～5min，反时针旋转放油阀，压力表指针回 "0"，旋松压力丝杆手轮，取出压模，即可得到直径为 13mm、厚 1～2mm 的透明溴化钾晶片，从压模中小心取出晶片，并保存于干燥器中。

另取一份 150mg 左右溴化钾于洁净的玛瑙研钵中，加入 2～3mg 优级纯苯甲酸，研磨均匀、压片，得到苯甲酸标准品溴化钾晶片，并保存于干燥器中。

再取一份 150mg 左右溴化钾于洁净的玛瑙研钵中，加入 2～3mg 苯甲酸样品，研磨均匀、压片，得到苯甲酸样品溴化钾晶片，并保存于干燥器中。

2. 苯甲酸红外光谱测绘及解析

（1）打开主机电源，主机进行自检（约 1min），打开 PC 机，进入 Windows 操作系统。用鼠标双击 OMNIC 图标，进入红外分析操作窗口。

（2）点击 "实验设置" 进行相关参数的设定，如扫描次数、响应值和采样顺序等（当仪器正常使用时，方法已经设定，不需要重新设定），通常选择采集完样品后再采集空白。

（3）将制备好的苯甲酸标准品晶片置于可拆式样品架上，插入红外光谱仪的样品室，点击 "开始采集" 从波数 4000～400cm^{-1} 进行扫描，得到吸收光谱，然后从样品室中取出样品架。样品采集完毕后，窗口出现 "采集背景" 的提示框，此时将固定溴化钾晶片的样品架置于样品室，然后点击 "OK"，进行以溴化钾为背景的信号采集，采集结束后，计算机自动扣除背景，最后窗口显示样品的红外光谱图，此时出现 "是否加入 Windows" 的字样，点击 "是"，这样就得到了溴化钾标准品的红外光谱图。

（4）通过 "基线校准"、"自动平滑" 和 "标峰" 等手段对谱图进行合理的处理，打印光谱图，对照标准谱图或者各官能团指纹区与官能团区所处的波数位置，练习红外光谱解析方法。

（5）采用（3）和（4）中的方法得到苯甲酸样品的红外光谱图，与上述标准谱图作对比，进行红外光谱图的解析。

（6）测样完毕，退出 OMNIC 窗口，关闭计算机，关闭红外光谱仪的电源开关，做好仪器使用记录。最后，用浸有无水乙醇的脱脂棉将用过的研钵、镊子、刮刀、模具等清洗干净，置于红外灯下烘干，放回原处。

六、数据处理

1. 记录实验条件。

2. 在苯甲酸标样和试样的红外吸收光谱图上，标出各特征吸收峰的波数，并确定其归属。

3. 将苯甲酸试样光谱图与其标准光谱图进行对比，如果两张图谱上的各种特征吸收峰及其相对吸收强度一致，则可认为该试样是苯甲酸。

七、注意事项

制得的晶片必须无裂痕，局部无发白现象，如同玻璃般完全透明，否则应重新制作。晶片局部发白，表示压制的晶片厚薄不匀；晶片模糊，表示晶体吸潮。水在 $3450cm^{-1}$ 和 $1640cm^{-1}$ 处有吸收峰。

八、思考题

1. 红外吸收光谱分析中，对固体试样的制片有何要求？

2. 如何进行红外吸收光谱的定性分析？

3. 在含氧有机化合物中，如在 $1900\sim1600cm^{-1}$ 区域中有强吸收谱带出现，能否判断分子中有羟基存在？

4. 羟基的伸缩振动在乙醇及苯甲酸中为何不同？

九、参考文献

北京大学化学系分析化学教学组. 基础分析化学实验，第二版. 北京：北京大学出版社. 1998，219-222.

实验 12-2　薄膜法测定聚苯乙烯的红外吸收光谱

一、预习要点

1. 红外光谱法测定有机化合物结构的原理；

2. 薄膜法制备液体样品的操作要点。

二、实验目的

1. 掌握薄膜的制备方法；

2. 学习并掌握聚苯乙烯膜的红外吸收光谱的测绘方法；

3. 初步学会对红外吸收光谱图的解析。

三、实验原理

红外光谱分析特征性强，气体、液体、固体样品都可测定，并具有用量少，分析速度快的特点。因此，红外光谱法是鉴定化合物和测定分子结构的有效方法之一。

红外光谱分析中，能否获得一张满意的红外光谱图，除了仪器性能的因素外，试样的处理和制备也十分重要。对于高分子固体试样，比如聚苯乙烯、聚乙烯等，通常采用薄膜制样法。可将它们直接加热熔融后涂制或压制成膜，或者将试样溶解在低沸点的易挥发溶剂中，涂在洁净的玻璃板上，待溶剂挥发后形成薄膜，固定到薄膜夹后进行测定。

四、仪器与试剂

1. 仪器

Thermo Nicolet 380 Fourier 变换红外光谱仪，薄膜夹，平板玻璃，玻棒，铅丝，红外灯。

2. 试剂

四氯化碳（分析纯），聚苯乙烯。

五、实验步骤

1. 聚苯乙烯薄膜制备

配制浓度约 12％的聚苯乙烯四氯化碳溶液，用滴管吸取此溶液于干净的玻璃板上，立即用两端绕有细铅丝的玻棒将溶液推平，使其自然干燥 1～2h，然后将玻板浸于水中，用镊子小心地揭下薄膜，再用滤纸吸去薄膜上的水，将薄膜置于红外灯下烘干，待用。

2. 聚苯乙烯薄膜的红外吸收光谱测定

将制备好的聚苯乙烯薄膜放在薄膜夹上，插入红外光谱仪的试样安放处，以空气作为参比，按照实验 12-1 中的步骤，从波数 4000～400cm^{-1}进行扫描，得到吸收光谱图。

六、数据处理

1. 记录实验条件，保存实验数据。

2. 在获得的红外吸收光谱图上，从高波数到低波数标出各特征吸收峰的频率，并指出各特征吸收峰属于何种基团的哪种振动形式。

七、注意事项

1. 平板玻璃一定要光滑、干净。

2. 在解释红外吸收光谱时，一般从高波数到低波数，但不必对谱图的每一个吸收峰都进行解释，只需指出各基团的特征吸收即可。

八、思考题

1. 化合物的红外吸收光谱是怎样产生的？

2. 化合物的红外吸收光谱能提供哪些信息？

九、参考文献

［1］北京大学化学系分析化学教学组. 基础分析化学实验，第二版. 北京：北京大学出版社. 1998，219-222.

［2］叶宪曾，张新祥等编. 仪器分析教程，第 2 版. 北京：北京大学出版社. 2008. 70-71.

实验 12-3　合成橡胶的红外和拉曼光谱测定

一、预习要点

1. 傅里叶变换红外光谱和拉曼光谱的特点；

2. 傅里叶变换红外和拉曼光谱仪的各主要部件的结构和性能。

二、实验目的

1. 了解傅里叶变换红外和拉曼光谱仪的各主要部件的结构和性能；

2. 掌握测定橡胶样品拉曼光谱的基本参数设定，了解测定红外光谱中所需的衰减全反射附件；

3. 测定合成橡胶的红外和拉曼光谱，进行指认，并对比其异同。

三、实验原理

红外光谱和拉曼光谱都属于分子振动光谱，都是研究分子结构的有力工具。红外光谱测定的是样品的透射光谱。当红外线穿过样品时，样品分子中的基团吸收红外线产生振动，使偶极矩发生变化，得到红外吸收光谱。拉曼光谱测定的是样品的散射光谱。单色激光照射样品后，产生瑞利散射和拉曼散射。瑞利散射是激光的弹性散射，不负载样品的任何信息。拉曼散射又分为斯托克斯散射和反斯托克斯散射，拉曼散射负载有样品的信息。

对于分子中的同一个基团，它的红外光谱吸收峰的位置和拉曼光谱峰的位置是相同的。在红外光谱图中，横坐标的单位可以用波数表示。在拉曼光谱图中，虽然横坐标的单位也是用波数，但表示的是拉曼位移。拉曼位移是激光波数和拉曼散射光波数的差值。

有些基团振动时偶极矩变化非常大，红外吸收峰很强，是红外活性的，如羰基的吸收。有些基团振动时偶极矩没有变化，不出现红外吸收峰，是红外非活性的。这种振动拉曼峰会非常强，是拉曼活性的。

一个基团存在几种振动模式时，偶极矩变化大的振动，红外吸收峰强；偶极矩变化小的振动，红外吸收峰弱。拉曼光谱与之相反，偶极矩变化大的振动，拉曼峰弱；偶极矩变化小的振动，拉曼峰强；偶极矩没有变化的振动，拉曼峰最强。这就是红外光谱和拉曼光谱的互补性。

合成橡胶中的碳碳和碳氮伸缩振动在拉曼光谱中有明显的散射峰，而在红外光谱中没有吸收峰。在红外光谱中较强的 CH 峰的变角振动在拉曼光谱中却没有信号。由此可见，拉曼和红外光谱能相互补充而得到完整的分子振动能级跃迁的信息。

四、仪器与试剂

傅里叶变换红外和拉曼光谱仪，合成橡胶。

五、实验步骤

1. 测定合成橡胶的傅里叶变换拉曼光谱，并储存。

2. 学习衰减全反射光谱（ATR）附件的使用，测定合成橡胶的傅里叶变换红外光谱，并储存。

3. 打印光谱图，并解析谱图。

六、数据处理

记录橡胶的红外和拉曼光谱图，查阅有关标准光谱图进行指认，并比较其异同。

七、注意事项

1. 衰减全反射光谱（attenuated total reflection spectra，ATR）是研究黑色样品和薄膜样品的有效手段。当光束 I_0 由光学介质1进入到另一种光学介质2时，光线在两种介质的界面发生反射和折射。发生全反射现象须具备：介质1的折射率大于介质2的折射率和入射角大于临界角两个条件。又由于样品对红外辐射有选择地吸收，使得透入到样品的光束在发生吸收的波长处减弱，称为衰减全反射。使用 ATR 附件测量红外光谱时，要注意将橡胶样品压紧，并且不要挡住 ATR 晶体的入射面和反射面。

2. 测量橡胶的拉曼光谱时，依据监测谱图方式逐步调节激光功率，保证在不损伤样品的条件下得到最佳光谱信号。橡胶是黑色样品，注意观测当功率加大时的热背景并设法降低。

3. 光谱测试完毕后，将激光功率调小至待机状态，然后关闭激光。

八、思考题

1. 在进行衰减全反射红外光谱的测量时，为什么要将样品与 KRS-5 晶体充分接触并压紧，且不能挡住入射和反射面？

2. 测定橡胶样品时对于激光功率的选择有何要求？

九、参考文献

[1] 陈培榕，邓勃主编. 现代仪器分析实验与技术. 北京：清华大学出版社，1999：131-132.

[2] 邓勃，宁永成，刘密新. 仪器分析. 北京：清华大学出版社，1993.

[3] Nakamoto K. Infrared and Raman Spectra of Inorganic and Coordination Copounds. 5th ed. New York：Wiley，1997.

[4] Skoog D A and Leary J J. Principles of Instrumental Analysis. 4th ed. Saunder College Publishing，1992.

[5] 吴谨光主编. 近代傅里叶变换红外光谱技术及应用. 北京：科学技术文献出版社，1994.

实验 12-4　圆二色光谱法研究牛血清蛋白与维生素 B_{12} 作用后的构象变化

一、预习要点
1. 圆二色光谱仪的结构和工作原理；
2. 蛋白质结构的基本知识。

二、实验目的
1. 了解圆二色（CD）光谱仪的基本原理和使用方法；
2. 了解 CD 光谱研究蛋白质二级构象的原理和方法；
3. 能设计实验用 CD 光谱监测蛋白质与小分子作用后的构象变化。

三、实验原理

在一些物质的分子中，没有任意次旋转反映轴，不能与镜像相互重叠，则具有光学活性。电矢量相互垂直，振幅相等，相位相差四分之一波长的左圆和右圆偏振光重叠而成的是平面圆偏振光。平面圆偏振光通过光学活性分子时，这些物质对左、右圆偏振光的吸收不相同，产生的吸收差值，就是该物质的圆二色性。圆二色性用摩尔吸收系数差 $\Delta\varepsilon_M$ 来度量，且有关系式：

$$\Delta\varepsilon_M = \varepsilon_L - \varepsilon_R$$

式中，ε_L 和 ε_R 分别表示左和右圆偏振光的摩尔吸收系数。如果 $\varepsilon_L - \varepsilon_R > 0$，则为"＋"，有正的圆二色性，相应于正 Cotton 效应；如果 $\varepsilon_L - \varepsilon_R < 0$，则为"－"，有负的圆二色性，相应于负 Cotton 效应。

圆二色光谱仪由光源、单色器、起偏器、圆偏振发生器、试样室和光电倍增管组成。主要用于手性光学活性物质的研究。可用于有机立体化学研究、光学活性物质纯度测试、药物定量分析、天然有机化学、生物化学与宏观大分子、金属配合物化学、聚合物化学、蛋白质折叠研究、蛋白质构象研究等。

蛋白质的肽链中局部肽段骨架形成的构象称为二级结构，主要分为：α螺旋、β折叠、转角、环形和任意性较大的无规卷曲。这些二级结构的不对称性使蛋白质具有光学活性，也就具有特征 CD 谱。α螺旋在 222nm 和 208nm 处有负 Cotton 效应，表现出两个负的肩峰谱带，在靠近 192nm 有一正的谱带。

CD 是一种定量的、灵敏的光谱技术，因此样品的准备及测量条件的选择对分析计算蛋白质构象的准确性至关重要，尤其是一些蛋白质的构象信息出现在低于 195nm 的真空紫外区，对试剂和缓冲体系的要求更高。测试用的蛋白质样品中应避免含有光吸收的杂质，缓冲剂和溶剂在配制溶液前最好做单独的检查，透明性极好的磷酸盐可用作缓冲体系。蛋白质最佳浓度的选择和测定，决定 CD 数据计算二级结构的准确性。CD 光谱的测量一般在蛋白质含量相对低的稀溶液中进行，溶液的最大吸收不超过 2.0。

本实验选用了牛血清蛋白（BSA）和小分子维生素 B_{12}（VB_{12}）为研究对象，通过圆二色光谱测定系列不同浓度 VB_{12} 与 BSA 作用，进一步分析 BSA 的构象变化。

四、仪器与试剂

1. 仪器

法国 Bio-Logic MOS-450/SFM300 CD 分光光度计，25mL 容量瓶 6 支，10~1000μL 移液枪。

2. 试剂

牛血清蛋白（BSA）贮备液 20μmol·L^{-1}，VB_{12} 贮备液 7.5×10^{-2} mol·L^{-1}（Co^{2+} 溶液），缓冲溶液：pH 4.0 HAc-NaAc，pH 8.0 磷酸盐体系。

五、实验步骤

1. 不同浓度 VB_{12} 的 BSA 系列溶液的配制

分别取一定体积的 BSA 贮备液，置于 6 支 25mL 容量瓶中，同时移取不同体积的 VB_{12} 贮备液置于容量瓶中，用 pH＝4.0 的 HAc-NaAc 缓冲溶液定容，得到 BSA 固定浓度为 5μmol·L^{-1}，系列 VB_{12} 浓度为 0μmol·L^{-1}、5μmol·L^{-1}、7.5μmol·L^{-1}、15μmol·L^{-1}、30μmol·L^{-1}、50μmol·L^{-1} 的测试溶液。

2. BSA 与 VB_{12} 作用构象变化测定

（1）测试条件

灵敏度：standard   速度：50nm·min^{-1}

波长范围：250~200nm   带宽：1.0nm

取点：0.1nm

（2）测定前准备　开机预热至少 30min，设定测试条件，进行基线校准。

（3）测定　将配好的测试溶液从低浓度到高浓度逐一放入样品池，按照仪器操作规程开始自动采集数据，得到谱图。

六、数据处理

1. 利用所得谱图，找出蛋白对应的吸收谱峰。

2. 根据所得到的不同浓度的谱图，解释 BSA 与 VB_{12} 作用后构象的变化规律或趋势。

七、注意事项

1. 严格按照仪器的操作规程使用仪器。

2. 样品池要清洗干净，保证实验结果的准确性。

八、思考题

1. 蛋白质的主要紫外生色团有哪些？

2. CD 光谱仪测定过程中为什么要使用氮气？

3. 从 CD 光谱图中可以得到蛋白质的哪些结构信息？

九、参考文献

［1］朱良漪，孙亦梁，陈耕燕.分析仪器手册.北京：化学工业出版社，1997，247.

［2］沈星灿，梁宏，何锡文，王新省.圆二色光谱分析蛋白质构象的方法及研究进展.分析化学，2004，32（3）：388-394.

实验 12-5　核磁共振波谱法测定乙酰乙酸乙酯互变异构体

一、预习要点

1. 核磁共振波谱法的原理；

2. 乙酰乙酸乙酯互变异构体的分子结构。

二、实验目的

1. 了解核磁共振波谱仪的 ^1H 和 ^{13}C 谱常规操作程序；
2. 学习 NMR 对分子结构的测定方法。

三、实验原理

核磁共振波谱技术（NMR）是将核磁共振现象应用于分子结构测定的一项技术。对于有机分子结构测定来说，核磁共振谱扮演了非常重要的角色。核磁共振谱与紫外光谱、红外光谱和质谱一起被有机化学家们称为"四大名谱"。核自旋量子数 $I \neq 0$ 的原子核在磁场中产生核自旋能量分裂，形成不同的能级，在射频辐射的作用下，可使特定结构环境中的原子核实现共振跃迁。记录发生共振时的讯号位置和强度，就可得到 NMR 谱。谱上共振讯号的位置反映样品分子的局部结构（如官能团）；讯号的强度往往与有关原子核在分子中存在的量有关。自旋量子 $I = 0$ 的核，如 ^{12}C、^{16}O、^{32}S 没有共振跃迁。$I \neq 0$ 的原子核，原则上都可以得到 NMR 讯号。但目前有实用价值的仅限于 ^1H、^{13}C、^{19}F、^{31}P 及 ^{15}N 等核磁共振讯号，而其中氢谱和碳谱应用最广。本实验采用核磁共振波谱法对乙酰乙酸乙酯互变异构体的结构进行测定。

四、仪器与试剂

1. 仪器

核磁共振波谱仪，0.5mL 吸量管 2 支，$d=5$mm NMR 样品管 1 支。

2. 试剂

乙酰乙酸乙酯，氘代氯仿（99.5%），四甲基硅烷-四氯化碳溶液（TMS-CCl$_4$，1+99）。

五、实验步骤

1. 配制试液

用 0.5mL 吸量管准确移取 0.10mL 乙酰乙酸乙酯于 $d=5$mm 的 NMR 样品管中。用另一支 0.5mL 吸量管准确移取氘代氯仿于同一样品管中，加入两滴 TMS-CCl$_4$ 溶液（1+99），加盖摇匀。样品体积分数约为 17%。

2. 测试

将波谱仪调节到最佳实验状态。把上述样品管套上转子，调节转子高度，把样品管放进磁体里的探头中，调节气量，使之旋转到合适的转速。进行锁场调制，进行匀场。通过键盘输入实验参数和指令，开始采集数据点。累加完毕，对数据进行处理。记录下图谱后，对各峰面积进行积分。平行进行 5 次，求取积分平均值。

3. 乙酰乙酸乙酯的 ^{13}C NMR 谱

（1）利用切换开关可在同一探头中做 ^{13}C NMR 实验。重新对探头调谐，然后调出 ^{13}C NMR实验的程序，输入参考和指令。首先做一张 ^{13}C 的噪声去耦谱。从获得的图谱可以看到，噪声去耦谱峰的积分面积比不等于相应基团的 ^{13}C 核数之比。也就是说，通常的噪声去耦谱是不定量的谱，如果要对 ^{13}C 谱峰做定量实验，则要采用反转门控的技术。这种实验比噪声去耦实验费时较多。

（2）乙酰乙酸乙酯的不失真极化转移增强（distortionless enhancement by polarization transfer，DEPT）谱图

噪声去耦图是一种对质子全部去耦的图，因此丧失了借耦合裂分来归属碳峰结构基团的信息。现代 NMR 技术发展的多脉冲序列——DEPT 谱则可明确归属 ^{13}C 峰的结构基团。

做一张 θ 角为 135℃ 的 DEPT 谱。该谱亦是一张噪声全去耦谱，只是分子结构

中—CH_2—基团的谱峰翻到噪声线之下，而—CH_3、—$\overset{|}{\underset{|}{C}}$— 基团仍然与正常谱一样，在噪声线之上出现。所有季碳包括羰基碳峰在 DEPT 谱上是不出现的。因此，与全去耦的^{13}C谱对照，不难归属出哪些谱峰是乙酰乙酸乙酯的季碳或羰基碳，哪些是—CH_2—碳。根据化学位移的知识，亦不难从 DEPT 谱归属出—CH_2—碳峰。如果采用 θ 角为 $\pi/2$ 做实验，则 DEPT 谱上只出现 —$\overset{|}{\underset{|}{C}}$— 峰，就更可以明确判断。

六、思考题

简述核磁共振方法测定乙酰乙酸乙酯互变异构体的原理。与其他测定互变异构体方法相比，这种方法的优缺点是什么？

七、参考文献

[1] 北京大学化学系分析化学教学组. 基础分析化学实验. 第二版. 北京：北京大学出版社，1998：275-278.

[2] 张剑荣，戚苓，方惠群. 仪器分析实验. 北京：科学出版社，1999.

实验 12-6　乙酰苯胺碳氢氮元素分析

一、预习要点

1. 碳氢氮元素分析的原理；
2. 元素分析仪的使用方法。

二、实验目的

1. 了解碳氢氮元素分析的原理；
2. 掌握元素分析实验技术和元素分析仪的使用方法。

三、实验原理

一定量的样品置于预热至 1050℃ 的石英燃烧管中，在高纯氧气流中，碳氢氮元素分别被氧化成 CO_2、H_2O、NO_x，其中 CO_2、$H_2O(g)$ 的浓度采用红外吸收法测定，自动算出 C、H 元素的百分含量。在另一气路中，抽取定量的燃烧气，以氦气作载气，用铜丝去除氧气，少量的 NO_x 被催化还原为 N_2，再利用吸收剂除去 CO_2、H_2O，最后于热导池中测出 N_2 的浓度并自动换算成所测样品中 N 元素的含量。在样品分析前，仪器用含碳、氢、氮的标准物质校正，利用校正因子来确定未知物的碳、氢、氮含量。

四、仪器与试剂

1. 仪器

元素分析仪，ADIZ 电子天平，燃烧管，还原管，高纯氦气钢瓶，高纯氧气钢瓶。

2. 试剂

元素分析用乙酰苯胺标准物质，乙酰苯胺试样。

五、实验步骤

用 CHN 模式测定：载气为纯度大于 99.995% 的高纯氦气，分压为 $1.4 \times 10^5 Pa$；氧气为纯度大于 99.995% 的高纯氧气，分压为 $1.05 \times 10^5 Pa$；样品舟用锡舟，质量为 22.50mg 左右。仪器稳定后，做空白及 K 因子实验，然后注入称量后的样品并进行测定。样品质量及燃烧条件见表 12-1。

表 12-1　样品质量及燃烧条件

样品编号	样品质量/mg	燃烧条件/s			
		充氧	燃烧	补氧 1	补氧 2
1	2.400	0	0	0	0
2	4.500	2	0	0	0

六、数据处理

计算样品中 CHN 百分含量,将平均值与理论值进行比较。

七、注意事项

1. 开机后检查参数设定,是否处于 K 因子标定。

2. 氧气与氦气纯度应>99.9%,否则空白值过大,仪器不易稳定,对测试结果也有影响。

3. 检查氧气钢瓶分压表压力是否达到规定要求,否则样品燃烧不完全。

4. 应选择与所测样品组成及元素含量相近的标准物质,以减小误差。

八、思考题

该仪器除了 CHN 模式外,还有哪几种模式可供选用?

九、参考文献

[1] 周桂萍. 利用 CHN-1000 元素分析仪测定煤中碳氢氮元素的含量. 山东电力技术,1996,92 (6).

[2] 赵桂英,崔彦民,赵瑞廷. PE-2400 Ⅱ型元素分析仪在化工生产中的应用. 内蒙古石油化工,2002,28.

[3] 吴立军,尤瑜升,张国民. PE2400 型元素分析仪测氮方法的改进. 分析仪器,1996,4.

实验 12-7　SiO₂ 自然氧化层超薄膜的 X 射线光电子能谱分析

一、预习要点

1. X 射线光电子能谱的原理;

2. X 射线光电子能谱仪的结构和操作要点。

二、实验目的

1. 了解和掌握 XPS 定性分析方法以及在未知物定性鉴定上的应用;

2. 了解 XPS 的定量分析方法以及元素化学价态测定的方法;

3. 掌握 X 射线光电子能谱仪的基本操作。

三、实验原理

X 射线光电子能谱(X-ray photoelectron spectroscopy,XPS)是一种基于光电效应的电子能谱,它是利用 X 射线光子(能量在 $1000\sim1500\text{eV}$ 之间)激发出物质表面原子的内层电子,利用能量分析器对这些电子进行能量分析而获得的一种能谱。当一束光子辐照到样品表面时,光子可以被样品中某一元素的原子轨道上的电子所吸收,使得该电子脱离原子核的束缚,以一定的动能从原子内部发射出来,变成自由的光电子,而原子本身则变成一个激发态的离子,在光电离过程中,固体物质的结合能可以用下面的方程表示:

$$E_k = h\nu - E_b - \varphi_s$$

式中　E_k——出射的光电子的动能,eV;

$h\nu$——X 射线源光子的能量,eV;

E_b——特定原子轨道上的结合能，eV；

φ_s——谱仪的功函，eV。

谱仪的功函主要由谱仪材料和状态决定，对同一台谱仪基本是一个常数，与样品无关，其平均值为 3～4eV。

对于特定的单色激发源和特定的原子轨道，其光电子的能量是特征的。当固定激发源能量时，其光电子的能量仅与元素的种类和所电离激发的原子轨道有关。因此，可以根据光电子的结合能来定性分析物质的元素种类。

在普通的 XPS 谱仪中，一般采用 Mg Kα 和 Al Kα X 射线作为激发源，光子的能量足够促使除氢、氦以外的所有元素发生光电离作用，产生特征光电子。由此可见，XPS 技术是一种可以对所有元素进行一次全分析的方法，这对于未知物的定性分析是非常有效的。

经 X 射线辐照后，从样品表面出射的光电子的强度与样品中该原子的浓度呈线性关系，可以利用它进行元素的半定量分析。还须指出的是，XPS 是一种表面灵敏的分析方法，具有很高的表面检测灵敏度，可以达到 10^3 原子单层，其表面采样深度为 2.0～5.0nm。

此外，利用化学位移即结合能的微小差异，可以分析元素在某物质中的化学价态和存在形式。元素的化学价态分析是 XPS 分析最重要的应用之一。

四、仪器与试剂

X 射线光电子能谱仪，单晶硅片（1cm×1cm）。

五、实验步骤

1. 样品处理和进样

将大小合适，带有自然氧化层的硅片经乙醇清洗干燥后，送入快速进样室。开启低真空阀，用机械泵和分子泵抽真空到 10^{-3} Pa。然后关闭低真空阀，开启高真空阀，使快速进样室与分析室连通，把样品送到分析室内的样品架上，关闭高真空阀。

2. 仪器硬件调整

通过调整样品台位置和倾角，使掠射角为 90°（正常分析位置），待分析室真空度达到 $5×10^{-7}$ Pa 后，选择和启动 X 枪光源，使功率上升到 250W。

3. 仪器参数设置和数据采集

定性分析的参数设置：扫描的能量范围为 0～1200eV，步长为 1eV/步，分析器通能为 89.0eV，扫描时间为 2min。

4. 定量分析和化学价态分析的参数设置

扫描的能量范围依据各元素而定，扫描步长为 0.05eV/步，分析器的通能为 37.25eV，收谱时间为 5～10min.

六、数据处理

1. 定性分析的数据处理

用计算机采集完谱图后，首先标注每个峰的结合能位置，然后再根据结合能的数据在标准手册中寻找对应的元素。最后再通过对照标准谱图，一一对应其余的峰，确定有哪些元素存在。原则上，当一个元素存在时，其相应的强峰都应在谱图上出现。一般来说，不能根据一个峰的出现来定元素的存在与否。现在新型的 XPS 能谱仪可以通过计算机进行智能识别，自动进行元素的鉴别。但由于结合能的非单一性和荷电效应，计算机自动识别经常会出现一些错误的结论。

2. 定量分析的数据处理

采集完谱图后，通过定量分析程序，设置每个元素谱峰的面积、计算区域和扣背底方式，由计算机自动计算出每个元素的相对原子百分数。也可依据计算出的面积和元素的灵敏度因子手动计算浓度。最后得出单晶硅片表面 C 元素、O 元素和 Si 元素的相对含量。

3. 元素化学价态分析

利用上面的实验数据，在计算机系统上用光标定出 C 1s、O 1s 和 Si 2p 的结合能。依据 C 1s 结合能数据判断是否有荷电效应存在，如果有，先校准每个结合能数据，再依据结合能数据，鉴别这些元素的化学价态。

七、注意事项

1. 鉴于光电子的强度不仅与原子的浓度有关，还与光电子的平均自由程、样品的表面光洁度、元素所处的化学状态、X 射线源强度以及仪器的状态有关，因此，XPS 技术一般不能给出所分析元素的绝对含量，仅能提供各元素的相对含量。

2. 由于元素的灵敏度因子不仅与元素种类有关，还与元素在物质中的存在状态、仪器的状态有一定的关系，因此不经校准测得的相对含量也会存在很大的误差。

3. XPS 是一种表面灵敏的分析技术，它提供的仅是表面上的元素含量，与体相成分会有很大的差别，对于体相检测灵敏度仅为 0.1% 左右。而它的采样深度与材料性质、光电子的能量有关，也同样品表面和分析器的角度有关。

八、思考题

1. 在 XPS 的定性分析谱图上，经常会出现一些峰，在 XPS 的标准数据中难以找到它们的归属，是否是仪器的问题？如何解释？

2. X 射线光电子能谱法有什么优点？

3. X 射线光电子能谱仪有几种校正方法？分别是什么？

九、参考文献

[1] 陈培榕，李景虹，邓勃. 现代仪器分析实验与技术. 北京：清华大学出版社，2006.

[2] Briggs D 等. X 射线与紫外光电子能谱. 北京：北京大学出版社，1984.

[3] 陈培榕，邓勃主编. 现代仪器分析实验与技术. 北京：清华大学出版社，1999.

实验 12-8　X 射线衍射光谱法进行多晶体物相分析

一、预习要点

1. 布拉格公式；

2. X 射线衍射仪的操作要点。

二、实验目的

1. 加深理解多晶体的物相分析；

2. 学习旋转阳极 X 射线衍射仪的操作技术；

3. 巩固布拉格定律的应用。

三、实验原理

X 射线物相分析是以 X 射线衍射效应为基础的。任何一种晶体物质都具有其特定的晶体结构和晶格参数。在给定波长 X 射线的照射下，按照布拉格定律（$2d\sin\theta=\lambda$）进行衍射。根据衍射曲线可以计算出晶体物质的特征衍射数据——晶面距离（d）和衍射线的相对强度（I）。通常用比较待测晶体物质与已知晶体物质的晶面距离和衍射强度（d、I），对未知晶体进行分析，得出定性分析的结果。国际上通用的晶体物质衍射标准数据是由美国物质测试协会制定的 ASTM(american standard test method)。衍射仪由 X 射线发生器、测角仪、记录仪等几部分组成。

四、仪器与试剂

旋转阳极 X 射线衍射仪，多晶体试样。

五、实验步骤

1. 试样处理

试样用玛瑙研钵研磨至 $1\sim10\mu m$。将磨好的试样压入平板样品框中，尽可能薄，用力不得过猛，以免引起择优取向；试样的表面与平板样品框架的表面要严格重合，误差<0.1mm。

2. 设置实验条件

CuKα 线；管压 40kV；管流 40mA；发散狭缝（D_s）加防散射狭缝（S_s），宽度为 10mm；接受狭缝（R_s），宽度为 0.15mm；滤光片（镍片可滤去 Cu Kβ 线，得到 Cu Kα 单色光）；扫描范围：（2θ）20°～120°；扫描速度：$1\sim8°\cdot min^{-1}$；计数率：$1\sim10k\cdot s^{-1}$。

3. 试样测试

将试样垂直插入样品台，在上述实验条件下，使记录仪处于准备状态中，关好衍射仪的防护玻璃罩，启动 X 射线衍射仪，仪器自动扫描，同时记录衍射曲线。

六、数据处理

1. 从衍射曲线中选出 $2\theta<90°$ 的 3 条强衍射线和 5 条次强衍射线。用布拉格方程分别计算对应的晶面间距（d），并以最强的衍射线强度为 100，求出各衍射线的相对强度。

2. 利用 ASTM 索引卡片找出晶体物质的化学式、名称及卡片的编号。

3. 复相分析的 X 射线曲线是试样中各相衍射曲线叠加的结果。各相的衍射曲线不因其他相的存在而变化，当不同相的衍射线重合时，其强度是简单的相加。因此，复相分析的步骤为：①在总衍射曲线中找出某一相的各条衍射线。②在余下的衍射线中再找另一相的各条衍射线，依此类推，直至将全部衍射线均列入各相。

七、思考题

1. 阐明物相分析的应用范围，并举例说明。

2. 使用 X 射线衍射仪时应该注意什么？

3. 影响 X 射线衍射强度的各种因素是什么？

八、参考文献

［1］高庆宇. 仪器分析实验. 北京：中国矿业大学出版社，2002.

［2］周公度. 晶体结构测定. 北京：科学出版社，1981.

［3］威拉德 H H，小梅里特 L L，迪安 J A. 仪器分析法. 北京：机械工业出版社，1982.

第 13 章　计算机软件在分析化学实验中的应用

实验 13-1　Origin 软件在分析化学实验中的应用

一、预习要点

1. 了解 Origin 软件的基本功能；
2. 实验数据处理的基本方法。

二、实验目的

1. 掌握 Origin 软件的使用方法；
2. 学会使用 Origin 软件进行数理统计；
3. 学会运用 Origin 软件处理实验获得的数据及绘图。

三、实验原理

Origin 是一个多文档界面应用软件系统。它将所有工作都保存在 Project 文件（*.OPJ）中。在保存的 Project 文件中，一个文件可以包括多个子窗口，如工作表窗口（Worksheet）、绘图窗口（Graph）、矩阵窗口（Matrix）、函数图窗口（Function graph）、版面设计窗口（Layout page）等。包含有实验的原始记录数据、所设置的各种计算公式及相应的计算结果、由计算结果绘制的图形以及相应的参数等信息。各子窗口之间相互关联，可以实现数据的即时更新，即如果工作表中数据被改动之后，其变化能立即反映到其他窗口，比如绘图窗口中所绘数据点可以立即更新。子窗口可以随 Project 文件一起存盘，也可以单独存盘，以便其他程序调用。Project 文件以实验名称保存后，对实验数据进行处理时只需修改相应的原始数据，即可得出实验结果。

Origin 具有两大主要功能：数据制图和数据分析。Origin 数据制图提供了几十种 2D 和 3D 图形模板，可以使用这些模板制图，也可以根据需要自己设置模板。Origin 软件支持多种格式的数据导入，包括 ASCⅡ，dBase，Lotus，LabTech，MatLab，SigmaPlot，ODBC 等，并提供了数据导入向导（Import Wizard），使数据导入更为快捷。用导入的这些不同格式的数据文件，可以实现绘图以及对图形的分析；Origin 数据分析包括排序、计算、统计、平滑、拟合和频谱分析等分析工具。在分析化学领域，可以计算常用的均值、标准差、t 检验、方差分析和线性回归等。

四、仪器与试剂

1. 仪器

安装有 Origin 软件的计算机，荧光分光光度计。

2. 试剂

含有同一荧光基团的 3 种不同物质，其中化合物 1 和化合物 2 是普通的烷基化合物，化合物 3 是含有荧光基团的杯芳烃衍生物。

五、实验步骤

1. 使用 Origin 软件进行 t 检验

（1）在 Origin 中，进行单样本 t 检验时，首先选中 Worksheet 的列，然后选择 Statistics \ Hypothesis Testing \ One Sample t-Test，打开 One Sample t-Test 工具框。

（2）输入假设检验的条件及置信水平、置信区间等参数（输入分析化学教材例题中的条件）；Hypotheses 组中的 Null Mean 为假设检验的均值 μ_0，在 Significance 文本框中输入显著性水平 a，在 Lever(s)in‰文本框中输入置信度。

（3）选中 Power Analysis 复选框，进行相应 Power 值的计算（该值越大做出的判断越准确）；最后单击 Computer 按钮后，Origin 自动将结果输出到 Results Log 窗口中。

2. 使用 Origin 软件绘制荧光光谱

（1）测定 1、2、3 三种化合物在不同浓度下的荧光光谱，将光谱数据保存为 ASC II 码。

（2）打开 Origin 软件工具栏中的 Import Multi ASC II 按钮，选择同一物质不同浓度的光谱对应的 ASC II 文件，把相应的数据导入到 Origin 工作区的数据表 Data1 中，将同一物质在不同浓度下的荧光光谱处理在一张图上。

（3）在菜单项 Tools 中选择 Pick peaks 可以找出每个化合物的最强荧光峰，得到最大荧光强度。

（4）最后在 Origin 工作区的 Data2 表中选择荧光基团浓度作为横坐标，三种化合物在不同荧光基团浓度下的最大荧光强度作为纵坐标，通过 Scatter 绘图得到一些坐标点。选择工具栏中的 Polynominal fit 项对点进行拟合。

六、数据处理

1. 记录 Origin 软件计算 t 检验得到的结果，并与笔算的结果进行比较，考察结果的准确度。

2. 根据三种化合物在不同浓度下的最大荧光强度，比较三种化合物在同一荧光基团浓度下的荧光强度的大小。

七、注意事项

1. 由数据表 Data1 中的数据生成谱图时，要选中 Data1 中相应的数据，否则谱图无法生成。

2. Origin 的绘图功能是基于模版的，绘图时，只要选择所需的模板即可。

八、思考题

1. 在 Origin 的工作表窗口中，一个 X 值可以对应多少个 Y 值，有何意义？

2. Origin 中的数据以及谱图怎样导出？

九、参考文献

龚林波，王聪玲，谢音，吴卫兵. Origin 软件在分析化学教学中的应用. 大学化学，2008，23（3）：36-39.

实验 13-2　Microsoft Excel 软件在分析化学实验中的应用

一、预习要点

1. 熟悉计算机，掌握基本操作；

2. 了解平均值、标准偏差、变异系数、离群值等术语的意义；

3. 准备自来水总硬度测定的实验数据；

4. 准备邻二氮菲分光光度法测定铁的实验数据。

二、实验目的

1. 通过对学生所测得的自来水总硬度大宗分析数据（数百个测定值）的统计处理，掌握有关大宗分析数据处理的计算机方法；

2. 通过上机入网工作，培养有关数据库的建立、数据的共享等现代化信息管理的意识；

3. 通过实际操作，基本掌握 Microsoft Excel 计算机软件包中有关统计处理的函数及科学作图的功能；

4. 通过对标准曲线实验数据的线性回归分析，掌握一元线性回归分析的最小二乘法原理；

5. 通过绘制吸收光谱、标准曲线和各种条件实验所得的自变量与因变量相关曲线，掌握用计算机软件包作图的基本方法。

三、实验原理

Excel 是 Microsoft Office 系统中的电子表格程序。我们可以使用 Excel 创建工作簿（电子表格集合）并设置工作簿格式，以便进行数据分析。特别是可以使用 Excel 跟踪数据，生成数据分析模型，编写公式以对数据进行计算，以多种方式透视数据，并以各种具有专业外观的图表来显示数据。简而言之：Excel 是更方便处理数据的办公软件。

在本实验中，我们将 Microsoft Excel 计算机软件包应用于分析化学实验数据处理。

四、仪器与试剂

安装了 Microsoft Excel 7.0 的入网计算机。

五、实验步骤

1. 大宗测量数据的统计处理

（1）双击 Microsoft Excel 7.0，进入数据表工作状态，打开数据文件。

（2）输入计算公式并结合 Excel 的复制功能完成数据计算，求出每个学生所测得的自来水总硬度值，选择 Excel 的函数（fx）功能，利用 Excel 的内部函数 "AVERAG" 与 "STDEV*"，求出每个学生所测得的自来水总硬度的样本平均值、样本标准偏差及变异系数。

（3）利用 Excel 的内部函数，"AVERAGE" 与 "STDEVP**"，求出每年学生所测得的自来水总硬度值、样本标准偏差及变异系数。

（4）在计算结果的基础上作弃留检验和显著性检验。

（5）利用 Excel 的排序功能键对样本平均值进行排序，并利用 "COUNT" 函数功能，求出落在不同测量值区间的测量数据的个数（频数 n_i），求出相应的频率（n_i/n，其中 n 为样本数）和频率密度（$n_i/n\Delta s$，其中 Δs 为组距），并选择 "插入" "图表" 功能，作出测量数据的频率密度分布图。

（6）利用 Excel 内部函数 "STANDARDIZED***"，求出样本平均值的正态化值（u），并做出随机误差的正态化分布图。

（7）输出数据处理结果，保存文件并退出。

2. 线性回归分析

（1）双击 Microsoft Excel 7.0，进入数据表工作状态。

（2）输入 "邻二氮菲分光光度法测定铁" 实验的标准曲线实验数据或打开数据文件，利用 Excel 的 "插入" "图表" 功能，以 XY 散点的方式作出标准曲线。

（3）将鼠标移入图中，双击鼠标左键，进入图编辑状态。将鼠标移至图中实验数据点，单击鼠标右键，选择"添加趋势线"功能，进入回归分析状态，选择一元线性回归，并选择输出线性方程和相关系数等功能，单击"确定"，退出回归分析状态。鼠标移出图区，双击鼠标左键，退出图编辑状态。得到标准曲线图（为使图美观，可作相应的编辑，如字体的选择、坐标刻度的选择等）。

六、数据处理

1. 求出每个学生所测得的自来水总硬度的样本平均值、样本标准偏差及变异系数。

2. 求出每年自来水总硬度测定的总体平均值、标准偏差与变异系数。

3. 对离群值进行弃留检验。

4. 做出测量数据随机误差的正态分布图。

5. 对邻二氮菲分光光度法测定铁的标准曲线实验数据进行线性回归分析，求得线性回归方程与相关系数。

七、注意事项

* STDEV 为返回某总体抽样所得样本的标准偏差。** STDEVP 为计算样本总体标准偏差。*** STANDARDIZED 为返回由平均值和标准偏差表征的正态化值。

八、思考题

Microsoft Excel 软件还可以有哪些应用？

九、参考文献

郭祥群. Microsoft Excel 在本科分析化学实验教学中的应用. 大学化学，1999，14（6）：36-38.

实验 13-3　PeakMaster 软件计算毛细管电泳缓冲液 pH 和离子强度

一、预习要点

1. 了解 PeakMaster 软件的基本功能；

2. 了解毛细管电泳实验的操作过程以及实验中的各种可调控的操作因素。

二、实验目的

1. 掌握 PeakMaster 软件的使用方法；

2. 学会使用 PeakMaster 软件快速计算毛细管电泳背景电解质 pH 和预测分析物毛细管区带电泳行为。

三、实验原理

PeakMaster 是一款快速计算毛细管电泳背景电解质 pH 和预测分析物毛细管区带电泳行为的软件，可以方便快速地计算出分析物有效淌度等相关参数，并且可以模拟出混合分析物的电泳图，确定系统特征峰的位置等等。PeakMaster 软件模拟出的电泳图可以预测被分析物的峰型和位置，对具体的分离实验工作可以起到很好的辅助作用。

PeakMaster 的功能可分为计算功能和模拟实验功能。在计算方面，PeakMaster 可以完成背景电解质有关参数的计算（如 pH、离子强度、缓冲容量等）、分析物的重要参数计算（如直接紫外检测信号或荧光信号、淌度等）、分析物峰扭曲变形趋势（受到电迁移扩散因素的影响）的估算；在实验模拟方面，PeakMaster 可以模拟出某一背景电解质条件下混合样品的电泳图，并能预测和模拟系统特征峰的位置和振幅大小。

四、仪器与试剂

安装有 PeakMaster 软件的计算机。

五、实验步骤

1. 在 PeakMaster 上实现计算功能

（1）图 13-1 所示界面为 PeakMaster 的开始界面，总共由 7 个小窗口组成，按照从上到下，从左至右的顺序依次为 Run parameters，BGE constituents，Run settings，Analytes，Signal，System parameters，Electropherogram。在 Run parameters 窗口中设定毛细管电泳仪的相关实验参数（如毛细管的总长度、毛细管的有效长度、样品进样端的极性、运行分离电压值），如果已经获得了电渗流数值，也可在这里录入。

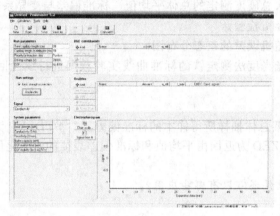

图 13-1　PeakMaster 界面

（2）在 BGE constituents 小窗口中，可将实验选用的背景电解质溶液的组成信息调入 PeakMaster 中。点击＋Add 键后，在主界面上就会浮现出一新界面 Add BGE constituent。在这个新界面中，有两种方式可实现将选用的缓冲液信息调入运行软件。一种方式是直接调用 PeakMaster 软件内置数据库：点击 Pick from database 按钮，将出现一个称为 Pick from database 的新界面（图 13-2）；如果选用的缓冲液为磷酸盐，则应在数据库中查找磷酸，之后点击 Pick 键；在 Add BGE constituent 界面中的 c 栏输入磷酸盐缓冲液的总浓度，然后点击＋Add 键。这样就完成了一种背景电解质组成的输入。背景电解质的组成可以是弱酸、强酸、碱或两性物质。另一种方式则需要查阅相关的化学手册（如《兰氏化学手册》等），然后将相关信息输入到该窗口的相应栏目中；在 Name 栏中输入缓冲液的名称，在 c 栏中输入缓冲液的总浓度，在 u 栏中输入构成缓冲溶液弱酸的各种可能存在型体的极限淌度绝对值，在 pK_a 栏中输入构成缓冲

图 13-2　Add BGE constituent 窗口
和 Pick from database 窗口

溶液弱酸的各级 pK_a 值。

（3）在 Run settings 窗口中可进行两项操作：一项是离子强度校正的选项操作，目的在于获得准确的背景电解质 pH；另一项操作是点击"Amplitudes"，以获得样品与系统区带的响应数据。完成上述操作后，点击主界面左上角的 Calculate 按钮，PeakMaster 就会将计算出的缓冲液 pH 和离子强度、电导率、电阻率、缓冲容量、电渗流标记物在毛细管中的迁移时间、电渗流淌度和系统特征淌度等 8 项内容的相应数值显示在 System parameters 小窗口中。

2. 在 PeakMaster 上实现模拟实验功能

（1）首先，在 Analytes 小窗口中输入被分析物质的信息。点击＋Add，输入样品中分析对象的名称和数量。待分析离子相应信息的输入方法与前述输入背景电解质信息的方法相似，可直接从数据库中选择。离子数量有 4 个等级可供选择，S（Small），M（Middle），L（Large），XL（Extra Large）。最后点击＋Add 完成选择。

（2）在 Signal 小窗口中可选择信号的检测方法。可供选择的检测方法有直接 UV 法和间接 UV 法以及电导率法。

（3）在完成这些选择后，点击主界面左上方的 Calculate 键，PeakMaster 会将模拟出的混合分析物电泳图显示在主界面左下角的 Electropherogram 小窗口。在电泳图上不仅可看到分析物的检测信号，而且可看到用垂直线标记出的系统特征峰的位置，以及以灰色竖条标记出的中性电渗流标记物的位置。

3. 应用 PeakMaster 计算毛细管电泳缓冲液酸度

针对毛细管电泳常用背景电解质，采用 PeakMaster 软件对其 pH、离子强度进行计算。考虑到二氧化碳对计算结果的影响，所有校正数据在假设碳酸盐的含量为 $0.2 \text{mmol} \cdot \text{L}^{-1}$ 条件下计算。计算结果与文献值（表 13-1）相比较。

六、数据处理

针对毛细管电泳常用背景电解质，采用 PeakMaster 软件对其 pH、离子强度进行计算，并将结果与文献值进行比较。

表 13-1 缓冲溶液 pH 和离子强度的 PeakMaster 计算值与实验值的比较

缓冲溶液组成	pH			$I / \text{mmol} \cdot \text{L}^{-1}$		
	文献值	计算值		文献值	计算值	
		校正	未校正		校正	未校正
$0.672 \text{mL } 1 \text{mol} \cdot \text{L}^{-1} \text{ HCl}+0.618 \text{mL}$ 丁胺$+658.5 \text{mg NaCl}+0.25 \text{L } H_2O$	11.35			50		
$7.855 \text{mL } 1 \text{mol} \cdot \text{L}^{-1} \text{ HCl}+1.235 \text{mL}$ 丁胺$+266.8 \text{mg NaCl}+0.25 \text{L } H_2O$	10.50			50		
$317.2 \text{mgNaH}_2\text{PO}_4 \cdot H_2O+482.7 \text{mg Na}_2\text{HPO}_4+0.25 \text{L } H_2O$	7.10			50		
$713.4 \text{mgNaH}_2\text{PO}_4 \cdot H_2O+153.3 \text{mg Na}_2\text{HPO}_4+239.0 \text{mg NaCl}+0.25 \text{L } H_2O$	6.25			50		
$0.487 \text{mL CH}_3\text{COOH}+532.3 \text{mg NaOOCCH}_3+352.4 \text{mg NaCl}+0.25 \text{L } H_2O$	4.55			50		
$0.0896 \text{mL CH}_3\text{COOH}+694.3 \text{mg NaOOCCH}_3+237.85 \text{mg NaCl}+0.25 \text{L } H_2O$	5.40			50		
$0.822 \text{mL HCOOH}+1710.6 \text{mg NaOOCH}+0.5 \text{L } H_2O$	3.70			50		
$0.156 \text{mL } 85\% \text{ H}_3\text{PO}_4+1409.6 \text{mg NaH}_2\text{PO}_4+822.8 \text{mg NaCl}+0.5 \text{L } H_2O$	2.85			50		
$2.093 \text{mL } 85\% \text{ H}_3\text{PO}_4+2759.8 \text{mg NaH}_2\text{PO}_4 \cdot H_2O+0.5 \text{L } H_2O$	2.00			50		

七、注意事项

1. 如果需要对在 BGE Constituents 或 Analytes subwindow 栏目中已输入的信息进行修改、删减，可单击该信息，使用左快捷键进行编辑。

2. 在 Electropherogram 中，当鼠标移到某个峰的位置，屏幕上将显示出相应分析物的名称。

3. 如果想详细地观察某一个峰，可在该峰的位置上用鼠标画一个长方形，系统将对这个峰进行放大显示。若需要撤销放大，可用鼠标双击该图。

4. 如果需要对原有数据库中的数值进行修改，例如需要修改 sodium 的数据，则要以 sodium-modified 命名作为一种新物质添加到数据库中。

5. 在录入缓冲液组成成分时，不需考虑 H^+ 和 OH^- 相关信息，并且离子的最高价都是 4（无论阳离子还是阴离子）。

八、思考题

1. 在毛细管电泳实验中都有哪些可调控的操作因素？

2. 应用 PeakMaster 软件计算毛细管电泳缓冲液酸度时，为何要考虑二氧化碳的影响？从何引入二氧化碳？

九、参考文献

张红医，梁佳丽，聂中原，石志红. PeakMaster 软件计算毛细管电泳缓冲液 pH 和离子强度. 大学化学，2008，23（4）：43-46.

实验 13-4 DryLab 软件在液相色谱分析实验中的应用

一、预习要点

1. 初步了解 DryLab 软件；

2. 预习液相色谱分离实验的基本过程及液相色谱仪的基本操作。

二、实验目的

1. 学习 DryLab 软件的基本操作；

2. 学习利用 DryLab 软件优化液相色谱的分离条件。

三、实验原理

在液相色谱分析方法建立的过程中，通常首先根据目标分析物的极性和基质的性质来选择合适类型的液相色谱柱，然后还要通过一系列的实验来确定流动相的最佳组成。优化色谱分离条件一般需要较长的时间，同时也会消耗很多有毒的有机试剂（如甲醇、乙腈等）。无论是从节能减排和环境友好的角度，还是从节约时间的角度考虑，都需要对此过程进行改进，以期节约实验成本、缩短实验周期。

Rheodyne LLC 出品的 DryLab 软件可以满足上述要求。DryLab 软件已成为较成熟的色谱实验优化软件之一。给出最佳实验条件及相应条件下的色谱模拟图是 DryLab 软件的最重要的功能。该软件由功能上相互依存的 DryLab MDW 和 DryLab 2000plus 两部分构成。DryLab MDW 部分主要用于实现色谱分离优化目标的设定、初次实验运行结果的收集及后续的数据运行；DryLab 2000plus 部分是在 DryLab MDW 结果的基础上，根据获得的实验数据预测某一条件下的模拟色谱图。

四、仪器与试剂

1. 仪器

安装有 DryLab 软件的计算机，液相色谱仪。

2. 试剂

苯、甲苯、萘和菲的标准品，乙腈等。

五、实验步骤

1. 分离目标的确立

首先在 DryLab MDW 中完成分离基本信息的保存，这些信息包括样品性质、溶剂、分离模式（等度或梯度）、柱子类型、柱长、柱内径、柱填料粒径、检测器类型、柱压、梯度延迟量等内容。文件保存的格式为特定的 mdw 格式。在这些基本信息的基础上，系统会自动生成用于色谱过程优化的初始实验条件。

DryLab MDW 的初始界面如图 13-3 所示，这一界面是新建或打开方法文件的界面。在此界面，已有方法文件保存在安装 Drylab 软件的硬盘中，我们把软件安装在了 D 盘（以下均以我们安装的为例），因此已有方法文件保存在 D:\安装程序\MDW 中，具体打开方式如下：点击图 13-3 所示的"Browse"按钮，然后在 D 盘下找到安装程序，点击进入，再找到 MDW 点击进入会出现图 13-4 所示界面。

如图 13-4 所示，都是一些 mdw 格式的文件，双击需要的方法文件就可以打开；如想建立新的方法文件，在图 13-3 所示的原有文件名称处输入想要保存的文件的名称和路径，点击"Next"系统会提醒是否创建新方法文件，选择"是"，新的方法文件就成功建立了。

图 13-3　DryLab MDW 的初始界面　　　　图 13-4　方法文件打开对话框

本实验是分离苯、甲苯、萘和菲等四种中性物质。建立方法文件，保存为"D:\安装程序\MDW\中性物质分离.mdw"选择此方法文件，点击"Next"进入 Project Information 界面。根据实际需要完善方法、样品，以及分析者的信息，信息填写可详可略，主要目的是便于以后查看。在 Special Requirements 界面中列出了一系列超出 DryLab MDW 范围的分离条件，可根据待分离样品的性质做出选择，系统则会产生两种提示信息：红色信息提示分离不能在此程序下进行；蓝色信息提示这种方法不是最佳的分离方法。本实验所选择的四种物质不具备 Special Requirements 界面提供的信息，因此直接进入 Date Sample Interview 界面。此界面要求选择待分离样品的性质、运行时间、温度、溶剂、pH 值、分离模式（等度或梯度），本实验分离的物质为中性，采用等度分离模式，因此选中"Neutrals" "Solvents" "Isocratic"。选择完毕，点击"Next"进入 Equipment and System Information 界面。根据实验对色谱系统的具体要求，对色谱柱（类型、柱长、内径、柱填料粒径）、检测器、最大压力及流动相做初步选择。我们选择的色谱柱、检测器等信息如图 13-5 所示。至此，分离目标的设定已经完成，连续点击"Next"进入 Go…Scouting Run 界面，如图 13-6 所示。

2. 数据运行

在数据运行这一步，实验者需要根据系统给出的初步色谱运行条件进行首次实际实验。待实验完毕，将首峰和尾峰的保留时间及拖尾因子输入到相关界面，系统会根据输入的信息给出另外三次的色谱运行条件，实验者需要根据这些条件依次进行实验。实验完毕，将四次实验得到的各峰的保留时间及峰面积按先后顺序依次输入相关界面，系统就会给出模拟色谱图。具体操作如下：图 13-7 所示界面就是系统根据前面输入的相关信息，提供的初步色谱分离条件。按照图 13-7 中给定的时间、温度、流动相配比、流速等条件在液相色谱仪上进行实际操作。实验运行之后，点击"Finish"按钮进入 DryLab MDW 界面。此界面与实际实验运行是同步的，待实验结束后点击"Press when experiment is complete…"，在"Enter results from your first experiment"界面输入第一个峰和最后峰的保留时间及拖尾因子。在系统允许的情况下，连续点击"Next"进入 Propose Data Run 界面。

图 13-5　Equipment and System Information 界面　　　　图 13-6　Go…Scouting Run 界面

此时系统根据输入的保留时间和拖尾因子值进一步校准，提供另外三组实验条件。如图 13-7 所示，按照图 13-7 给定的条件分别进行三组实验，实验完成后，在 Enter First Run Data 界面中分别输入四次实验得到的各峰的保留时间和峰面积。输入完毕，点击"Finish"进入到 DryLab 2000Plus 界面。

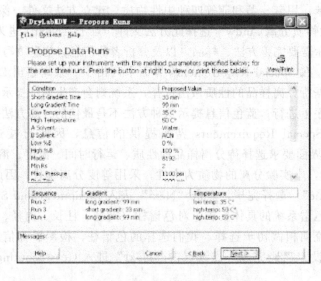

图 13-7　指导运行条件

3. 模拟色谱图的生成

根据前面输入的具体实验信息，得到了苯、甲苯、萘、菲等四种物质的模拟色谱图，此图由 DryLab 2000Plus 生成，如图 13-8 所示。图 13-8 是等度条件下的模拟图，从上到下，从左到右的窗口依次是：The Column Optimization Panel，The Status Box，The Resolution

Map，Simulated Chromatogram。其中，The Column Optimization Panel 窗口显示当前的色谱柱条件；The Status Box 显示当前位置的具体实验条件以及相关信息；The Resolution Map 窗口分为几个不同的区域，这些区域分别用不同的颜色来代表，橙色和黄色区域表示分离度相对较高，深蓝色区域表示分离度较低，点击图中任意位置可以改变流动相配比和温度值，从而改变色谱图，改变后的色谱图会在 Simulated Chromatogram 窗口中显示。可以根据具体的分离要求（分离度、运行时间等）选择合适的色谱操作条件。

DryLab 软件根据提供的信息，会自动生成两种模式（等度/梯度）下的色谱图，图 13-8 为等度，图 13-9 为梯度。

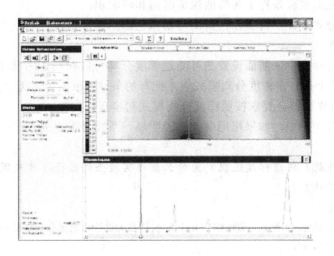

图 13-8　Laboratory 窗口

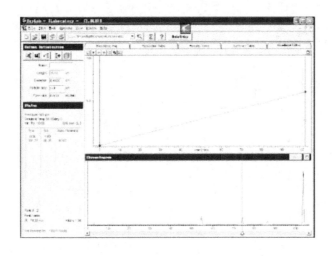

图 13-9　梯度模式下色谱图

寻找了梯度模式下的最佳条件，结果显示，温度为 51.5℃，梯度时间 101min 内乙腈的浓度从 1%～60.35% 时，能达到较好的分离。但采用这种模式，分离时间太长，温度超过了 C_{18} 柱的温度耐受范围，而且四种物质在等度条件下在较短时间也能达到很好的分离，因此选择等度。

4. 等度模式下模拟色谱图与实际色谱图比较

从图13-8来看，当前的色谱条件下四种物质达到了很好的分离，但时间较长（大约100min），因此需要对分离条件继续进行优化，The Status Box 中输入具体的流动相配比和温度，找到了四种物质的最佳分离条件（乙腈-水做流动相，乙腈的体积分数为80％，温度为33.5℃），然后在最佳分离条件下，用液相色谱仪对四种物质进行实际分离操作，并与模拟色谱图进行比较。

六、数据处理

1. 记录初步色谱实验条件下的第一个峰和最后峰的保留时间和拖尾因子。

2. 记录另外三组实验条件下各峰的保留时间和峰面积。

3. 找到最佳分离条件，将实际色谱图与模拟色谱图进行比较。

七、注意事项

1. 在数据运行操作中，前面设置的可能是等度分离，但在图13-7界面会出现梯度时间和梯度延迟量这两个只有在梯度分离模式下才能有的条件。事实上，无论选择等度或梯度分离模式，指导运行界面都会要求按照梯度分离模式初步运行实验。

2. 在数据运行操作中，如果拖尾现象比较明显，系统会阻止进入下一界面。

八、思考题

1. 何谓等度洗脱？何谓梯度洗脱？为什么最终实验条件选择等度洗脱而不是梯度洗脱？

2. 拖尾因子是什么？

九、参考文献

张翠果，张红医，马勇，王艳霞，盖丽娟 . DryLab 软件在大学液相色谱分析实验中的初步应用 . 广州化工，2011，39（5）：9-11，16.

附　录

附录一　分析实验室规则

1. 每位同学准备一本实验记录本，预先编好页码，不应随意撕毁其中的任何一页。实验前应认真预习，并写好预习报告。预习报告内容包括：实验题目、实验目的、基本原理、实验步骤、数据处理公式表格及实验中的注意事项。实验前做好详细的实验安排，对将要进行的实验做到心中有数。

2. 要爱护仪器设备，对没有使用过的仪器设备应先仔细阅读操作规程，听从教师指导。未经允许切不可随意动手，以防损坏仪器设备。

3. 实验过程中保持安静，做到正确操作，细致观察。要遵守实验室安全规则，保持室内整洁，特别要注意随时保持实验台面干净、整洁。实验中产生的有害废液、固体废物等要分类回收。

4. 实验记录应如实反映实验的情况，通常应按一定格式用黑色或蓝色墨水笔记录实验结果。所有的原始数据都应及时、准确地记录在实验记录本上，不要等到实验结束后才补记，更不要将原始数据记录在草稿纸、小纸片上或其他地方。培养实事求是的科学态度，不凭主观意愿删去不满意的数据，更不得随意涂改数据。若数据记录有误，可在错误数据上轻轻划一条线，将正确数据记录在旁边，不可乱涂、乱改。严格禁止随意拼凑、更改原始数据。

5. 实验报告应包括以下内容：

（1）班级、姓名、学号、日期；

（2）实验项目名称；

（3）实验目的；

（4）实验原理；

（5）实验步骤；

（6）实验结果与数据处理，应以表格形式详尽列出实验数据，写出计算公式，报告实验结果，尤其要对实验中观察到的异常现象进行总结；

（7）思考题。

6. 实验结束后，应立即把玻璃器皿清洗干净，仪器复原，填好仪器使用登记本，整理好实验台面，请老师检查，在老师签字确认后方可离开实验室，并按规定时间及时递交实验报告。

7. 值日生应协助实验室管理人员对实验中产生的废液、固体废物进行妥善处理，认真打扫实验室，关好水、电、煤气、窗、门，向实验室管理人员汇报后，方可离开实验室。

附录二　实验室安全规则

1. 按要求穿实验服，佩戴护目镜。

2. 不得在实验室内吸烟、进食。

3. 浓酸和浓碱具有腐蚀性，使用时应格外小心。配制溶液时，应将浓酸注入水中，而不得将水注入浓酸中。

4. 从试剂瓶中取用试剂后，应立即盖好试剂瓶盖。绝不可将取出的试剂或试液倒回原试剂瓶或试液贮存瓶内。

5. 无用的或已沾污的试剂要妥善处理，固体弃于废物缸内，会造成环境污染的液体用废液桶分类收集。

6. 要特别小心使用汞盐、砷化物、氰化物等剧毒物品。使用氰化物时不能使其接触酸，否则产生 HCN，剧毒！氰化物废液应倒入碱性亚铁盐溶液中，使其转化为亚铁氰化铁盐，再倒入回收容器中。H_2O_2 能腐蚀皮肤，取用时需小心。接触化学药品后应立即洗手。

7. 将玻璃管、温度计或漏斗插入塞子前，用水或适当的润滑剂将其润湿，并用毛巾包好再插，操作时两手不要分得太开，以免玻璃管折断划伤手。

8. 闻气味时应用手小心地把气体或烟雾扇向鼻孔嗅闻。取浓氨水、浓盐酸、浓硝酸、浓硫酸和高氯酸等易挥发的试剂时，应在通风橱内操作。开启瓶盖时绝不可将瓶口对着自己或他人的面部。夏季开启瓶盖时，最好先用冷水冷却。如不小心溅到皮肤上或眼内，应立即用大量水冲洗，然后用 5％碳酸氢钠溶液（酸腐蚀时）或 5％硼酸溶液（碱腐蚀时）冲洗，最后再用水冲洗。

9. 使用易燃的有机溶剂（乙醇、乙醚、苯、丙酮等）时，一定要远离火焰和热源。用后应将瓶塞盖紧，置于阴凉处保存。

10. 下列实验应在通风橱内进行：

（1）制备或反应产生具有刺激性、恶臭或有毒的气体，如 H_2S、NO_2、Cl_2、CO、SO_2、Br_2、HF 等。

（2）加热或蒸发 HCl、HNO_3、H_2SO_4 或 H_3PO_4 等溶液。

（3）溶解或消化试样。

11. 如果发生化学灼伤，应立即用大量水冲洗皮肤，同时脱去污染的衣服；眼睛受化学灼伤或异物入眼，应立即将眼睁开，用大量水冲洗，启用洗眼器，至少持续冲洗 15min；如果发生烫伤，可在烫伤处涂抹黄色的苦味酸溶液或烫伤软膏。严重者应立即送医院治疗。

12. 加热或进行剧烈反应时，实验人员不得离开。

13. 使用电器设备时应特别小心，切不可用湿手开启电闸和电器开关。不得使用漏电的仪器，以免触电。

14. 使用精密仪器时，应严格遵守操作规程，仪器使用完毕后，将仪器各部分旋钮恢复到原来的位置，关闭电源。

15. 发生事故时，要保持冷静，立即采取应急措施，首先切断电源、气源等，防止事故扩大，并报告教师。

附录三　常用酸碱指示剂（18～25℃）

指示剂名称	pH变色范围	颜色变化	溶液配制方法
甲基紫（第一变色范围）	0.13～0.5	黄～绿	$1g \cdot L^{-1}$或$0.5g \cdot L^{-1}$的水溶液
甲酚红（第一变色范围）	0.2～1.8	红～黄	0.04g指示剂溶于100mL 50％乙醇
甲基紫（第二变色范围）	1.0～1.5	绿～蓝	$1g \cdot L^{-1}$水溶液
百里酚蓝（麝香草酚蓝）（第一变色范围）	1.2～2.8	红～黄	0.1g指示剂溶于100mL 20％乙醇
甲基紫（第三变色范围）	2.0～3.0	蓝～紫	$1g \cdot L^{-1}$水溶液
甲基橙	3.1～4.4	红～黄	$1g \cdot L^{-1}$水溶液
溴酚蓝	3.0～4.6	黄～蓝	0.1g指示剂溶于100mL 20％乙醇
刚果红	3.0～5.2	蓝紫～红	$1g \cdot L^{-1}$水溶液
溴甲酚绿	3.8～5.4	黄～蓝	0.1g指示剂溶于100mL 20％乙醇
甲基红	4.4～6.2	红～黄	0.1或0.2g指示剂溶于100mL 60％乙醇
溴酚红	5.0～6.8	黄～红	0.1或0.04g指示剂溶于100mL 20％乙醇
溴百里酚蓝	6.0～7.6	黄～蓝	0.05g指示剂溶于100mL 20％乙醇
中性红	6.8～8.0	红～亮黄	0.1g指示剂溶于100mL 60％乙醇
酚红	6.8～8.0	黄～红	0.1g指示剂溶于100mL 20％乙醇
甲酚红	7.2～8.8	亮黄～紫红	0.1g指示剂溶于100mL 50％乙醇
百里酚蓝（麝香草酚蓝）（第二变色范围）	8.0～9.6	黄～蓝	0.1g指示剂溶于100mL 20％乙醇
酚酞	8.2～10.0	无色～紫红	0.1g指示剂溶于100mL 60％乙醇
百里酚酞	9.3～10.5	无色～蓝	0.1g指示剂溶于100mL 90％乙醇

附录四　酸碱混合指示剂

指示剂溶液的组成	变色点 pH	颜色		备注
		酸色	碱色	
三份$1g \cdot L^{-1}$溴甲酚绿酒精溶液 一份$2g \cdot L^{-1}$甲基红酒精溶液	5.1	酒红	绿	
一份$2g \cdot L^{-1}$甲基红酒精溶液 一份$1g \cdot L^{-1}$次甲基蓝酒精溶液	5.4	红紫	绿	pH5.2红紫，pH5.4暗蓝，pH5.6绿
一份$1g \cdot L^{-1}$溴甲酚绿钠盐水溶液 一份$1g \cdot L^{-1}$氯酚红钠盐水溶液	6.1	黄绿	蓝紫	pH5.4黄绿，pH5.8蓝，pH6.2蓝紫
一份$1g \cdot L^{-1}$中性红酒精溶液 一份$1g \cdot L^{-1}$次甲基蓝酒精溶液	7.0	蓝紫	绿	pH7.0蓝紫
一份$1g \cdot L^{-1}$溴百里酚蓝钠盐水溶液 一份$1g \cdot L^{-1}$酚红钠盐水溶液	7.5	黄	绿	pH7.2暗绿，pH7.4淡紫，pH7.6深紫
一份$1g \cdot L^{-1}$甲酚红钠盐水溶液 三份$1g \cdot L^{-1}$百里酚蓝钠盐水溶液	8.3	黄	紫	pH8.2玫瑰色，pH8.4紫色

附录五　金属离子指示剂

指示剂名称	离解平衡和颜色变化	溶液配制方法
铬黑T(EBT)	$pK_{a2}=6.3$　$pK_{a3}=11.55$ $H_2In^- \rightleftharpoons HIn^{2-} \rightleftharpoons In^{3-}$ 紫红　　蓝　　橙	$5g \cdot L^{-1}$水溶液
二甲酚橙(XO)	$pK_a=6.3$ $H_3In^{4-} \rightleftharpoons H_2In^{5-}$ 黄　　　红	$2g \cdot L^{-1}$水溶液

指示剂名称	离解平衡和颜色变化	溶液配制方法
K-B 指示剂	$pK_{a1}=8$ $\qquad pK_{a2}=13$ $H_2In \rightleftharpoons HIn^- \rightleftharpoons In^{2-}$ 红 $\qquad$ 蓝 $\qquad$ 紫红 （酸性铬蓝 K）	0.2g 酸性铬蓝 K 与 0.4g 萘酚绿 B 溶于 100mL 水中
钙指示剂	$pK_{a2}=7.4$ $\qquad pK_{a3}=13.5$ $H_2In^- \rightleftharpoons HIn^{2-} \rightleftharpoons In^{3-}$ 酒红 $\qquad$ 蓝 $\qquad$ 酒红	$5g \cdot L^{-1}$ 的乙醇溶液
吡啶偶氮萘酚(PAN)	$pK_{a1}=1.9$ $\qquad pK_{a2}=12.2$ $H_2In^+ \rightleftharpoons HIn \rightleftharpoons In^-$ 黄绿 $\qquad$ 黄 $\qquad$ 淡红	$1g \cdot L^{-1}$ 的乙醇溶液
Cu-PAN(CuY-PAN 溶液)	$CuY+PAN+M^{n+} \rightleftharpoons MY+Cu—PAN$ 浅绿 $\qquad$ 无色 $\qquad$ 红色	将 $0.05mol \cdot L^{-1}$ Cu^{2+} 溶液 10mL，加 pH 5～6 的 HAc 缓冲液 5mL，1 滴 PAN 指示剂，加热至 60℃左右，用 EDTA 滴至绿色，得到约 $0.025mol \cdot L^{-1}$ 的 CuY 溶液。使用时取 2～3mL 于试样中，再加数滴 PAN 溶液
磺基水杨酸	$pK_{a1}=2.7$ $\qquad pK_{a2}=13.1$ $H_2In \rightleftharpoons HIn^- \rightleftharpoons In^{2-}$ 无色	$10g \cdot L^{-1}$ 的水溶液
钙镁试剂(Calmagite)	$pK_{a2}=8.1$ $\qquad pK_{a3}=12.4$ $H_2In^- \rightleftharpoons HIn^{2-} \rightleftharpoons In^{3-}$ 红 $\qquad$ 蓝 $\qquad$ 红橙	$5g \cdot L^{-1}$ 水溶液

注：EBT、钙指示剂、K-B 指示剂等在水溶液中稳定性较差，可以配成指示剂与 NaCl 之比为 1：100 或 1：200 的固体粉末。

附录六　氧化还原指示剂

指示剂名称	$E^{0'}/V$ $[H^+]=1mol \cdot L^{-1}$	颜色变化		溶液配制方法
		氧化态	还原态	
二苯胺	0.76	紫	无色	$10g \cdot L^{-1}$ 的浓 H_2SO_4 溶液
二苯胺磺酸钠	0.85	紫红	无色	$5g \cdot L^{-1}$ 的水溶液
N-邻苯氨基苯甲酸	1.08	紫红	无色	0.1g 指示剂加 20mL $50g \cdot L^{-1}$ 的 Na_2CO_3 溶液，用水稀至 100mL
邻二氮菲-Fe(Ⅱ)	1.06	浅蓝	红	1.485g 邻二氮菲加 0.965g $FeSO_4$，溶解，稀至 100mL($0.025 mol \cdot L^{-1}$ 水溶液)
5-硝基邻二氮菲-Fe(Ⅱ)	1.25	浅蓝	紫红	1.608g 5-硝基邻二氮菲加 0.695g $FeSO_4$，溶解，稀至 100mL($0.025mol \cdot L^{-1}$ 水溶液)

附录七　吸附指示剂

名　称	配　制	用于测定		
		可测元素（括号内为滴定剂）	颜色变化	测定条件
荧光黄	1%钠盐水溶液	Cl^-，Br^-，I^-，SCN^-(Ag^+)	黄绿～粉红	中性或弱碱性
二氯荧光黄	1%钠盐水溶液	Cl^-，Br^-，I^-(Ag^+)	黄绿～粉红	pH=4.4～7.2
四溴荧光黄(曙红)	1%钠盐水溶液	Br^-，I^-(Ag^+)	橙红～红紫	pH=1～2

附录八　常用缓冲溶液的配制

缓冲溶液组成	pK_a	缓冲液 pH	缓冲溶液配制方法
氨基乙酸-HCl	2.35(pK_{a1})	2.3	取氨基乙酸 150g 溶于 500mL 水中后,加浓 HCl 溶液 80mL,水稀至 1L
H_3PO_4-柠檬酸盐		2.5	取 $Na_2HPO_4 \cdot 12H_2O$ 113g 溶于 200mL 水后,加柠檬酸 387g,溶解,过滤后,稀至 1L
一氯乙酸-NaOH	2.86	2.8	取 200g 一氯乙酸溶于 200mL 水中,加 NaOH 40g,溶解后,稀至 1L
邻苯二甲酸氢钾-HCl	2.95(pK_{a1})	2.9	取 500g 邻苯二甲酸氢钾溶于 500mL 水中,加浓 HCl 溶液 80mL,稀至 1L
甲酸-NaOH	3.76	3.7	取 95g 甲酸和 NaOH 40g 于 500mL 水中,溶解,稀至 1L
NaAc-HAc	4.74	4.7	取无水 NaAc 83g 溶于水中,加冰醋酸 60mL,稀至 1L
六亚甲基四胺-HCl	5.15	5.4	取六亚甲基四胺 40g 溶于 200mL 水中,加浓 HCl 10mL,稀至 1L
Tris-HCl〔三羟甲基氨基甲烷 $CNH_2(HOCH_3)_3$〕	8.21	8.2	取 25g Tris 试剂溶于水中,加浓 HCl 溶液 8mL,稀至 1L
NH_3-NH_4Cl	9.26	9.2	取 NH_4Cl 54g 溶于水中,加浓氨水 63mL,稀至 1L

注:1. 缓冲液配制后可用 pH 试纸检查。如 pH 不对,可用共轭酸或碱调节。可用 pH 计精确调节 pH 值。

2. 若需增大或减小缓冲溶液的缓冲容量时,可相应增加或减少共轭酸碱对物质的量,再调节之。

附录九　常用浓酸、浓碱的密度和浓度

试剂名称	密度/g·mL^{-1}	ω/%	c/mol·L^{-1}
盐酸	1.18~1.19	36~38	11.6~12.4
硝酸	1.39~1.40	65.0~68.0	14.4~15.2
硫酸	1.83~1.84	95~98	17.8~18.4
磷酸	1.69	85	14.6
高氯酸	1.68	70.0~72.0	11.7~12.0
冰醋酸	1.05	99.8(优级纯) 99.0(分析纯、化学纯)	17.4
氢氟酸	1.13	40	22.5
氢溴酸	1.49	47.0	8.6
氨水	0.88~0.90	25.0~28.0	13.3~14.8

附录十　常用基准物质及其干燥条件与应用

基准物质		干燥后组成	干燥条件	标定对象
名　称	分子式		t/℃	
碳酸氢钠	$NaHCO_3$	Na_2CO_3	270~300	酸
碳酸钠	$Na_2CO_3 \cdot 10H_2O$	Na_2CO_3	270~300	酸
硼砂	$Na_2B_4O_7 \cdot 10H_2O$	$Na_2B_4O_7 \cdot 10H_2O$	放在含 NaCl 和蔗糖饱和液的干燥器中	酸

基准物质		干燥后组成	干燥条件	标定对象
名　称	分子式		$t/℃$	
碳酸氢钾	$KHCO_3$	K_2CO_3	270～300	酸
草酸	$H_2C_2O_4 \cdot 2H_2O$	$H_2C_2O_4 \cdot 2H_2O$	室温空气干燥	碱或 $KMnO_4$
邻苯二甲酸氢钾	$KHC_8H_4O_4$	$KHC_8H_4O_4$	110～120	碱
重铬酸钾	$K_2Cr_2O_7$	$K_2Cr_2O_7$	140～150	还原剂
溴酸钾	$KBrO_3$	$KBrO_3$	130	还原剂
碘酸钾	KIO_3	KIO_3	130	还原剂
铜	Cu	Cu	室温干燥器中保存	还原剂
三氧化二砷	As_2O_3	As_2O_3	同上	氧化剂
草酸钠	$Na_2C_2O_4$	$Na_2C_2O_4$	130	氧化剂
碳酸钙	$CaCO_3$	$CaCO_3$	110	EDTA
锌	Zn	Zn	室温干燥器中保存	EDTA
氧化锌	ZnO	ZnO	900～1000	EDTA
氯化钠	$NaCl$	$NaCl$	500～600	$AgNO_3$
氯化钾	KCl	KCl	500～600	$AgNO_3$
硝酸银	$AgNO_3$	$AgNO_3$	280～290	氯化物
氨基磺酸	$HOSO_2NH_2$	$HOSO_2NH_2$	在真空 H_2SO_4 干燥器中保存 48h	碱
氟化钠	NaF	NaF	铂坩埚中 500～550℃下保存 40～50min 后，H_2SO_4 干燥器中冷却	

附录十一　相对原子质量（A_r）表（IUPAC 1993 年公布）

元素		A_r	元素		A_r	元素		A_r	元素		A_r
符号	名称		符号	名称		符号	名称		符号	名称	
Ac	锕	[227]	Er	铒	167.26	Mn	锰	54.93805	Ru	钌	101.07
Ag	银	107.8682	Es	锿	[254]	Mo	钼	95.94	S	硫	32.066
Al	铝	26.98154	Eu	铕	151.965	N	氮	14.00674	Sb	锑	121.760
Am	镅	[243]	F	氟	18.9984032	Na	钠	22.989768	Sc	钪	44.955910
Ar	氩	39.948	Fe	铁	55.845	Nb	铌	92.90638	Se	硒	78.96
As	砷	74.92159	Fm	镄	[257]	Nd	钕	144.24	Si	硅	28.0855
At	砹	[210]	Fr	钫	[223]	Ne	氖	20.1797	Sm	钐	150.36
Au	金	196.96654	Ga	镓	69.723	Ni	镍	58.6934	Sn	锡	118.710
B	硼	10.811	Gd	钆	157.25	No	锘	[254]	Sr	锶	87.62
Ba	钡	137.327	Ge	锗	72.61	Np	镎	237.0482	Ta	钽	180.9479
Be	铍	9.012182	H	氢	1.00794	O	氧	15.9994	Tb	铽	158.92534
Bi	铋	208.98037	He	氦	4.002602	Os	锇	190.23	Tc	锝	98.9062
Bk	锫	[247]	Hf	铪	178.49	P	磷	30.973762	Te	碲	127.60
Br	溴	79.904	Hg	汞	200.59	Pa	镤	231.03588	Th	钍	232.0381
C	碳	12.011	Ho	钬	164.93032	Pb	铅	207.2	Ti	钛	47.867
Ca	钙	40.078	I	碘	126.90447	Pd	钯	106.42	Tl	铊	204.3833
Cd	镉	112.411	In	铟	114.818	Pm	钷	[145]	Tm	铥	168.93421
Ce	铈	140.115	Ir	铱	192.217	Po	钋	[～210]	U	铀	238.0289
Cf	锎	[251]	K	钾	39.0983	Pr	镨	140.90765	V	钒	50.9415
Cl	氯	35.4527	Kr	氪	83.80	Pt	铂	195.08	W	钨	183.84
Cm	锔	[247]	La	镧	138.9055	Pu	钚	[244]	Xe	氙	131.29
Co	钴	58.93320	Li	锂	6.941	Ra	镭	226.0254	Y	钇	88.90585
Cr	铬	51.9961	Lr	铹	[257]	Rb	铷	85.4678	Yb	镱	173.04
Cs	铯	132.90543	Lu	镥	174.967	Re	铼	186.207	Zn	锌	65.39
Cu	铜	63.546	Md	钔	[256]	Rh	铑	102.90550	Zr	锆	91.224
Dy	镝	162.50	Mg	镁	24.3050	Rn	氡	[222]			

附录十二 常用化合物的相对分子质量表

Ag_3AsO_4	462.52	$Co(NO_3)_2$	132.94	$H_2C_2O_4$	90.035
$AgBr$	187.77	$Co(NO_3)_2 \cdot 6H_2O$	291.03	$H_2C_2O_4 \cdot 2H_2O$	126.07
$AgCl$	143.32	CoS	90.99	HCl	36.461
$AgCN$	133.89	$CoSO_4$	154.99	HF	20.006
$AgSCN$	165.95	$CoSO_4 \cdot 7H_2O$	281.10	HI	127.91
Ag_2CrO_4	331.73	$Co(NH_2)_2$	60.06	HIO_3	175.91
AgI	234.77	$CrCl_3$	158.35	HNO_3	63.013
$AgNO_3$	169.87	$CrCl_3 \cdot 6H_2O$	266.45	HNO_2	47.013
$AlCl_3$	133.34	$Cr(NO_3)_3$	238.01	H_2O	18.015
$AlCl_3 \cdot 6H_2O$	241.43	Cr_2O_3	151.99	H_2O_2	34.015
$Al(NO_3)_3$	213.00	$CuCl$	98.999	H_3PO_4	97.995
$Al(NO_3)_3 \cdot 9H_2O$	375.13	$CuCl_2$	134.45	H_2S	34.08
Al_2O_3	101.96	$CuCl_2 \cdot 2H_2O$	170.48	H_2SO_3	82.07
$Al(OH)_3$	78.00	$CuSCN$	121.62	H_2SO_4	98.07
$Al_2(SO_4)_3$	342.14	CuI	190.45	$Hg(CN)_2$	252.63
$Al_2(SO_4)_3 \cdot 18H_2O$	666.41	$Cu(NO_3)_2$	187.56	$HgCl_2$	271.50
As_2O_3	197.84	$Cu(NO_3)_2 \cdot 3H_2O$	241.60	Hg_2Cl_2	472.09
As_2O_5	229.84	CuO	79.545	HgI_2	454.40
As_2S_3	246.02	Cu_2O	143.09	$Hg_2(NO_3)_2$	525.19
		CuS	95.61	$Hg_2(NO_3)_2 \cdot 2H_2O$	561.22
$BaCO_3$	197.34	$CuSO_4$	159.60	$Hg(NO_3)_2$	324.60
BaC_2O_4	225.35	$CuSO_4 \cdot 5H_2O$	249.68	HgO	216.59
$BaCl_2$	208.24			HgS	232.65
$BaCl_2 \cdot 2H_2O$	244.27	$FeCl_2$	126.75	$HgSO_4$	296.65
$BaCrO_4$	253.32	$FeCl_2 \cdot 4H_2O$	198.81	Hg_2SO_4	497.24
BaO	153.33	$FeCl_3$	162.21		
$Ba(OH)_2$	171.34	$FeCl_3 \cdot 6H_2O$	270.30	$KAl(SO_4)_2 \cdot 12H_2O$	474.38
$BaSO_4$	233.39	$FeNH_4(SO_4)_2 \cdot 12H_2O$	482.18	KBr	119.00
$BiCl_3$	315.34	$Fe(NO_3)_3$	241.86	$KBrO_3$	167.00
$BiOCl$	260.43	$Fe(NO_3)_3 \cdot 9H_2O$	404.00	KCl	74.551
		FeO	71.846	$KClO_3$	122.55
CO_2	44.01	Fe_2O_3	159.69	$KClO_4$	138.55
CaO	56.08	Fe_3O_4	231.54	KCN	65.116
$CaCO_3$	100.09	$Fe(OH)_3$	106.87	$KSCN$	97.18
CaC_2O_4	128.10	FeS	87.91	K_2CO_3	138.21
$CaCl_2$	110.99	Fe_2S_3	207.87	K_2CrO_4	194.19
$CaCl_2 \cdot 6H_2O$	219.08	$FeSO_4$	151.90	$K_2Cr_2O_7$	294.18
$Ca(NO_3)_2 \cdot 4H_2O$	236.15	$FeSO_4 \cdot 7H_2O$	278.01	$K_3Fe(CN)_6$	329.25
$Ca(OH)_2$	74.09	$FeSO_4 \cdot (NH_4)_2SO_4 \cdot 6H_2O$	392.13	$K_4Fe(CN)_6$	368.35
$Ca_3(PO_4)_2$	310.18			$KFe(SO_4)_2 \cdot 12H_2O$	503.24
$CaSO_4$	136.14	H_3AsO_3	125.94	$KHC_2O_4 \cdot H_2O$	146.14
$CdCO_3$	172.42	H_3AsO_4	141.94	$KHC_2O_4 \cdot H_2C_2O_4 \cdot 2H_2O$	254.19
$CdCl_2$	183.32	H_3BO_3	61.83	$KHC_4H_4O_6$	188.18
CdS	144.47	HBr	80.912	$KHSO_4$	136.16
$Ce(SO_4)_2$	332.24	HCN	27.026	KI	166.00
$Ce(SO_4)_2 \cdot 4H_2O$	404.30	$HCOOH$	46.026	KIO_3	214.00
$CoCl_2$	129.84	CH_3COOH	60.052	$KIO_3 \cdot HIO_3$	389.91
$CoCl_2 \cdot 6H_2O$	237.93	H_2CO_3	62.025	$KMnO_4$	158.03

化合物	M	化合物	M	化合物	M
$KNaC_4H_4O_6 \cdot 4H_2O$	282.22	Na_3AsO_3	191.89	$Pb(NO_3)_2$	331.20
KNO_3	101.10	$Na_2B_4O_7$	201.22	PbO	223.20
KNO_2	85.104	$Na_2B_4O_7 \cdot 10H_2O$	381.37	PbO_2	239.20
K_2O	94.196	$NaBiO_3$	279.97	$Pb_3(PO_4)_2$	811.54
KOH	56.106	$NaCN$	49.007	PbS	239.30
K_2SO_4	174.25	$NaSCN$	81.07	$PbSO_4$	303.30
		Na_2CO_3	105.99		
$MgCO_3$	84.314	$Na_2CO_3 \cdot 10H_2O$	286.14	SO_3	80.06
$MgCl_2$	95.211	$Na_2C_2O_4$	134.00	SO_2	64.06
$MgCl_2 \cdot 6H_2O$	203.30	CH_3COONa	82.034	$SbCl_3$	228.11
MgC_2O_4	112.33	$CH_3COONa \cdot 3H_2O$	136.08	$SbCl_5$	299.02
$Mg(NO_3)_2 \cdot 6H_2O$	256.41	$NaCl$	58.443	Sb_2O_3	291.50
$MgNH_4PO_4$	137.32	$NaClO$	74.442	Sb_3S_3	339.68
MgO	40.304	$NaHCO_3$	84.007	SiF_4	104.08
$Mg(OH)_2$	58.32	$Na_2HPO_4 \cdot 12H_2O$	358.14	SiO_2	60.084
$Mg_2P_2O_7$	222.55	$Na_2H_2Y \cdot 2H_2O$	372.24	$SnCl_2$	189.62
$MgSO_4 \cdot 7H_2O$	246.47	$NaNO_2$	68.995	$SnCl_2 \cdot 2H_2O$	225.65
$MnCO_3$	114.95	$NaNO_3$	84.995	$SnCl_4$	260.52
$MnCl_2 \cdot 4H_2O$	197.91	Na_2O	61.979	$SnCl_4 \cdot 5H_2O$	350.596
$Mn(NO_3)_2 \cdot 6H_2O$	287.04	Na_2O_2	77.978	SnO_2	150.71
MnO	70.937	$NaOH$	39.997	SnS	150.776
MnO_2	86.937	Na_3PO_4	163.94	$SrCO_3$	147.63
MnS	87.00	Na_2S	78.04	SrC_2O_4	175.64
$MnSO_4$	151.00	$Na_2S \cdot 9H_2O$	240.18	$SrCrO_4$	203.61
$MnSO_4 \cdot 4H_2O$	223.06	Na_2SO_3	126.04	$Sr(NO_3)_2$	211.63
		Na_2SO_4	142.04	$Sr(NO_3)_2 \cdot 4H_2O$	283.69
NO	30.006	$Na_2S_2O_3$	158.10	$SrSO_4$	183.68
NO_2	46.006	$Na_2S_2O_3 \cdot 5H_2O$	248.17		
NH_3	17.03	$NiCl_2 \cdot 6H_2O$	237.69	$UO_2(CH_3COO)_2 \cdot 2H_2O$	424.15
CH_3COONH_4	77.083	NiO	74.69		
NH_4Cl	53.491	$Ni(NO_3)_2 \cdot 6H_2O$	290.79	$ZnCO_3$	125.39
$(NH_4)_2CO_3$	96.086	NiS	90.75	ZnC_2O_4	153.40
$(NH_4)_2C_2O_4$	124.10	$NiSO_4 \cdot 7H_2O$	280.85	$ZnCl_2$	136.29
$(NH_4)_2C_2O_4 \cdot H_2O$	142.11			$Zn(CH_3COO)_2$	183.47
NH_4SCN	76.12	P_2O_5	141.94	$Zn(CH_3COO)_2 \cdot 2H_2O$	219.50
NH_4HCO_3	79.055	$PbCO_3$	267.20	$Zn(NO_3)_2$	189.39
$(NH_4)_2MoO_4$	196.01	PbC_2O_4	295.22	$Zn(NO_3)_2 \cdot 6H_2O$	297.48
NH_4NO_3	80.043	$PbCl_2$	278.10	ZnO	81.38
$(NH_4)_2HPO_4$	132.06	$PbCrO_4$	323.20	ZnS	97.44
$(NH_4)_2S$	68.14	$Pb(CH_3COO)_2$	325.30	$ZnSO_4$	161.44
$(NH_4)_2SO_4$	132.13	$Pb(CH_3COO)_2 \cdot 3H_2O$	379.30	$ZnSO_4 \cdot 7H_2O$	287.54
NH_4VO_3	116.98	PbI_2	461.00		

附录十三　气相色谱常用固定液

商品名	中文名称	英文名称	相对极性	溶剂	使用温度/℃
SQ	角鲨烷	Squalene	非极性	乙醚	20～150
OV-1	二甲基聚硅氧烷	Dimethyl polysiloxane	非极性	乙醚、氯仿、苯	≤350
OV-101					
SE-30					
Dexsil 300	聚碳硼烷甲基硅氧烷	Carborane methyl silicone	非极性	乙醚、氯仿、苯	20～225
SE-31	乙烯基(1%)甲基聚硅氧烷	Methyl vinyl polysiloxane	弱极性	乙醚、氯仿、苯、二氯甲烷	≤300
SE-54	苯基(5%)乙烯基(1%)甲基聚硅氧烷	Phenylvinyl methyl polysiloxane	弱极性	氯仿、乙醚	≤300
DC-550	苯基(25%)甲基聚硅氧烷	Phenylmethyl polysiloxane	弱极性	丙酮、苯、氯仿、乙醚	−20～220
OV-17	苯基(50%)甲基聚硅氧烷	Phenylmethyl polysi-loxane	中等极性	丙酮、苯、氯仿、乙醚	≤300
SE-60(XE-60)	氰乙基(25%)甲基聚硅氧烷	Cyanoethyl methyl polysiloxane	中等极性	氯仿、丙酮	≤275
OV-225	氰丙基(25%)苯基(25%)甲基聚硅氧烷	Cyanopropyl phenyl methyl polysiloxane	中等极性	氯仿、乙醚	≤275
PEG-20M(Carbowax-20M)	聚乙二醇-20M	Polyethylene glycol 2000	极性	丙酮、氯仿、二氯乙烷	60～250
FFAP	聚乙二醇-20M-2-硝基对苯二甲酸	Carbowax 20M-2-nitrot-erephthalic acid	极性	丙酮、氯仿、二氯乙烷	50～275
QF-1	三氟丙基甲基(50%)聚硅氧烷	Trifluoropropyl methyl polysiloxane	极性	丙酮、氯仿、二氯乙烷	≤275
OV-275	氰乙基氰丙基聚硅氧烷	Cyanoethyl cyanopropyl polysiloxane	强极性	丙酮、氯仿	≤300

附录十四　气相色谱中常用的载体（担体）

商品牌号	组成、规格和用途	产地
101	白色硅藻土载体。硅藻土经过选洗后,加碱性助熔剂,再经高温灼烧而成的弱碱性载体	上海
101 酸洗	101 载体经盐酸处理	上海
101 硅烷化	101 载体经六甲基二硅氨烷处理	上海
102	白色硅藻土载体。硅藻土经过选洗后,加中性助熔剂,再经高温灼烧而成的近中性载体	上海
201	红色硅藻土载体。由硅藻土加填料成型,再高温灼烧,适合于分析非极性物质	上海
201 酸洗	201 载体经盐酸处理而成	上海
202	红色硅藻土载体。由硅藻土成型,经高温灼烧而成。	上海
405	白色硅藻土载体。化学组成:SiO_2(89.88%),Al_2O_3(4.85%),Na_2O(0.40%),K_2O(0.02%),TiO_2(0.40%),Fe_2O_3(0.35%),$MgO+CaO$(3.95%),灼减0.15%。比表面积$1.3\times10^3 m^2\cdot kg^{-1}$,表观密度0.43。吸附性低,催化性能低,适合用于分析高沸点、极性和易分解化合物	大连
Celatom	白色 Celite 型硅藻土载体	美国
Gas Chrom A	酸洗的 Celatom	美国
Gas Chrom P	酸碱洗的 Celatom	美国
Gas Chrom Q	用二甲基二氯硅烷处理的 Gas Chrom P,催化吸附性小,为同类型中最好的载体,重现性好,表面均匀,适用于分析农药、药物、甾族化合物	美国

商品牌号	组成、规格和用途	产地
Chromosorb G	白色硅藻土载体。比表面积 $500m^2 \cdot kg^{-1}$，机械强度和红色载体相似，堆积密度 $470kg \cdot m^{-3}$，填充密度 $580kg \cdot m^{-3}$	美国
Chromosorb P	红色硅藻土载体。化学组成：SiO_2（90.6%），Al_2O_3（4.4%），Fe_2O_3（1.6%），TiO_2（0.2%），CaO（0.6%），Na_2O+K_2O（1.0%），水分（0.3%），比表面积 $4 \times 10^3 m^2 \cdot kg^{-1}$，堆积密度 $380kg \cdot m^{-3}$，填充密度 $470kg \cdot m^{-3}$，适用于分析碳氢化合物	美国
Chromosorb W	白色硅藻土载体。比表面积 $1 \times 10^3 m^2 \cdot kg^{-1}$，堆积密度 $180kg \cdot m^{-3}$，填充密度 $240kg \cdot m^{-3}$，性能与 Celite 类似	美国
Chromosorb WHP	白色高效惰性硅藻土载体。催化吸附性很低，适合于分析药物等难分析化合物	美国

附录十五　液相色谱常用流动相的性质

溶　剂	沸点 /℃	密度（20℃）/(g·cm^{-3})	黏度（20℃）/(mPa·s)	折射率	$\lambda_{uv}^{①}$ / nm	溶剂强度参数 $\varepsilon°$	溶解度参数 δ	极性参数 P'
正己烷	69	0.659	0.30	1.372	190	0.01	7.3	0.1
环己烷	81	0.779	0.90	1.423	200	0.04	8.2	−0.2
四氯化碳	77	1.590	0.90	1.457	265	0.18	8.6	1.6
苯	80	0.879	0.60	1.498	280	0.32	9.2	2.7
甲苯	110	0.866	0.55	1.494	285	0.29	8.8	2.4
二氯甲烷	40	1.336	0.41	1.421	233	0.42	9.6	3.1
异丙醇	82	0.786	1.90	1.384	205	0.82		3.9
四氢呋喃	66	0.880	0.46	1.405	212	0.57	9.1	4.0
乙酸乙酯	77	0.901	0.43	1.370	256	0.58	8.6	4.4
氯仿	61	1.500	0.53	1.443	245	0.40	9.1	4.1
二氧六环	101	1.033	1.20	1.420	215	0.56	9.8	4.8
吡啶	115	0.983	0.88	1.507	305	0.71	10.4	5.3
丙酮	56	0.818	0.30	1.356	330	0.50	9.4	5.1
乙醇	78	0.789	1.08	1.359	210	0.88		4.3
乙腈	82	0.782	0.34	1.341	190	0.65	11.8	5.8
二甲亚砜	189	1.100	2.00	1.477	268	0.75	12.8	7.2
甲醇	65	0.796	0.54	1.326	205	0.95	12.9	5.1
硝基甲烷	101	1.394	0.61	1.380	380	0.64	11.0	6.0
甲酰胺	210		3.30	1.447	210		17.9	9.6
水	100	1.00	0.89	1.333	180		21.0	10.2

① λ_{uv} 表示紫外吸收截止波长，即在紫外波长大于该波长时，该溶剂不再有吸收。

附录十六　反相液相色谱常用固定相

类　型	键合官能团	性　质	分离模式	应用范围
烷基（C_8、C_{18}）	$-(CH_2)_7-CH_3$ $-(CH_2)_{17}-CH_3$	非极性	反相，离子对	中等极性化合物，可溶于水的强极性化合物，如多环芳烃、合成药物、小肽、蛋白质、甾族化合物、核苷、核苷酸等
苯基（Phenyl）	$-(CH_2)_3-C_6H_5$	非极性	反相，离子对	非极性至中等极性化合物，如多环芳烃、合成药物、小肽、蛋白质、甾族化合物、核苷、核苷酸等

类　型	键合官能团	性　质	分离模式	应用范围
氨基(—NH₂)	—(CH₂)₃—NH₂	极性	正相、反相、阴离子交换	正相可分离极性化合物,反相可分离碳水化合物,阴离子交换可分离酚、有机酸和核苷酸
腈基(—CN)	—(CH₂)₃—CN	极性	正相、反相	正相类似于硅胶吸附剂,适于分离极性化合物,但比硅胶的保留弱;反相可提供与非极性固定相不同的选择性
二醇基(Diol)	—(CH₂)₃—O—CH₂—CH—CH₂ 　　　　　　　　　　OH　OH	弱极性	正相、反相	比硅胶的极性弱,适于分离有机酸及其齐聚物,还可作为凝胶过滤色谱固定相